直觉模糊 Petri 网理论及应用

Theory and Application of Intuitionistic Fuzzy Petri Nets

申晓勇　雷　阳
孟飞翔　王亚男　著

西安电子科技大学出版社

内 容 简 介

本书系统介绍直觉模糊 Petri 网理论及其在智能信息系统等领域中的应用。全书共 9 章，第一章介绍模糊集、直觉模糊集、Petri 网、模糊 Petri 网等基础知识；第二章介绍基于直觉模糊集的不确定时空关系；第三章介绍直觉模糊 Petri 网模型及其参数优化方法；第四章介绍基于直觉模糊 Petri 网的知识表示和推理；第五章介绍基于加权直觉模糊 Petri 网的不确定性推理；第六章介绍基于反向推理的 IFPN 推理模型简化方法；第七章介绍基于直觉模糊 Petri 网的敌战术意图识别方法；第八章介绍基于 IFTPN 的防空 C⁴ISR 指挥决策系统建模与分析；第九章介绍基于 IFPN 的弹道目标识别方法。

本书可作为高等院校计算机、自动化、电子、信息、管理、控制、系统工程等专业的高年级本科生或研究生智能信息处理类课程的教材或教学参考书，也可供从事智能信息处理、智能信息融合、智能决策等研究的教师、研究生及科技人员自学或参考。

图书在版编目（CIP）数据

直觉模糊 Petri 网理论及应用/申晓勇等著. —西安：西安电子科技大学出版社，2018.12
ISBN 978 - 7 - 5606 - 5113 - 2

Ⅰ. ① 直⋯ Ⅱ. ① 申⋯ Ⅲ. ① Petri 网—研究 Ⅳ. ① TP393.19

中国版本图书馆 CIP 数据核字（2018）第 236299 号

策划编辑　戚文艳
责任编辑　张倩
出版发行　西安电子科技大学出版社(西安市太白南路 2 号)
电　　话　(029)88242885　88201467　　邮　　编　710071
网　　址　www. xduph. com　　　　　电子邮箱　xdupfxb001@163. com
经　　销　新华书店
印刷单位　陕西利达印务有限责任公司
版　　次　2018 年 12 月第 1 版　2018 年 12 月第 1 次印刷
开　　本　787 毫米×1092 毫米　1/16　印张 12
字　　数　278 千字
印　　数　1～3000 册
定　　价　32.00 元
ISBN 978 - 7 - 5606 - 5113 - 2/TP
XDUP　5415001 - 1

＊＊＊如有印装问题可调换＊＊＊

前言

模糊集（Fuzzy Sets）理论由扎德（L. A. Zadeh）教授所创立。模糊集（合）是对经典的康托尔（Cantor）集合的扩充和发展。在语义描述上，经典集（合）只能描述"非此即彼"的"分明概念"，而模糊集则可以扩展描述外延不分明的"亦此亦彼"的"模糊概念"。作为模糊集扩充形式的直觉模糊集，可以扩展描述中立（犹豫）的"非此非彼"的"模糊概念"。随着模糊信息处理技术的发展，模糊集理论在逻辑推理、模式识别、控制、优化、决策等领域得到广泛应用，取得了举世公认的成就。同时，由于模糊集理论及其应用研究已渐趋成熟，其局限性也已逐渐显现，所以国内外学者的研究不约而同地转向对模糊集理论的扩充和发展，相继出现了各种拓展形式，如：直觉模糊集（Intuitionistic Fuzzy Sets，IFS）、L-模糊集、区间值模糊集、Vague 集等理论。这种情形，既反映出模糊集理论研究与应用的活跃态势，又反映出客观对象的复杂性对于应用研究的反作用。在这诸多的拓展形式中，直觉模糊集理论的研究最为活跃，也最富有成果。

直觉模糊集理论作为 Zadeh 模糊集理论的重要扩充和发展，由于增加了一个新的属性参数——非隶属度函数，因而在描述客观世界的模糊性时，不仅可以描述支持和反对的状态，而且可以描述中立的状态。相对于 ZFS（Zadeh 模糊集）理论，IFS 理论在描述客观世界时更全面、更细腻，再加上 IFS 理论具有较好的结合性，因此被广泛运用于解决不确定性问题。Petri 网作为优秀的建模和分析工具，不仅能以清晰的图形形式表示系统的结构，而且可以准确地描述系统的异步并发等动态行为，被广泛用于人工智能等领域。模糊 Petri 网是在基本 Petri 网的基础上扩充模糊处理能力而得到的。

为此，针对现有模糊 Petri 网隶属度单一的缺陷，本书将 IFS 理论与 Petri 网相结合，通过加入权重、时间、空间等因素，构建直觉模糊 Petri 网、加权直觉模糊 Petri 网、直觉模糊时间 Petri 网等模型，给出形式化推理算法和反向推理算法，并将其引入防空 C^4ISR 指挥决策系统领域，以解决敌意图识别、C^4ISR 指挥决策时延计算、弹道中段目标识别等问题。

全书共 9 章，第一章介绍模糊集、直觉模糊集、Petri 网、模糊 Petri 网等基础知识；第二章介绍基于直觉模糊集的不确定时空关系；第三章介绍直觉模糊 Petri 网模型及其参数优化方法；第四章介绍基于直觉模糊 Petri 网的知识表示和推理；第五章介绍基于加权直觉模糊 Petri 网的不确定性推理；第六章介绍基于反向推理的 IFPN 推理模型简化方法；第七章介绍基于直觉模糊 Petri 网的敌战术意图识别方法；第八章介绍基于 IFTPN 的防空 C^4ISR 指挥决策系统建模与分析；第九章介绍基于 IFPN 的弹道目标识别方法。

　　本书作为一本系统介绍直觉模糊 Petri 网理论及其在智能信息处理系统中应用的著作，其中部分内容取自作者研究团队近年来发表的学术论文和硕博论文，是作者系列研究成果的汇集，还有部分内容取自研究过程中所参阅学习的有关资料。在本书的撰写过程中，还参考了国内外大量的文献资料，众多学者们的研究成果是本书不可或缺的素材，在此一并对他们致以诚挚的感谢。特别要诚挚感谢西安电子科技大学出版社戚文艳老师，正是她的勤谨工作，才使本书得以呈现给读者。本书的出版得到"军队 2110 工程"建设项目资助。

　　本书内容新颖，逻辑严谨，语言通俗，理例结合，注重基础，面向应用，可作为高等院校计算机、自动化、信息、管理、控制、系统工程等专业的本科生或研究生智能信息处理类课程的教材或教学参考书，也可供从事智能信息处理、智能信息融合、智能决策等研究的教师、研究生以及科研和工程技术人员自学或参考。

　　本书由申晓勇博士主编、策划并编撰，雷阳博士、王亚男博士校核了其中各个章节内容。全书由申晓勇博士（第 2、3、7、8 章）、雷阳博士（第 1 章）、孟飞翔博士（第 4、5、6、9 章）共同编写。在此，特别感谢雷英杰教授，他为本书的出版提供了很多宝贵的意见。

　　需要说明的是，直觉模糊集是近年来新兴起的研究领域，其理论及应用研究受到国内外众多学者关注，成为当前研究的热点领域，发展很快。本书汇集的研究成果只是冰山一角，只能起抛砖之效，加之作者水平有限，书中难免有不足之处，敬请广大读者批评指正。

作　者

2018 年 10 月

目 录
MULU

1

3

第一章 基础知识

本章介绍后续章节要用到的一些基础知识，主要包括：模糊集、直觉模糊集、Petri 网、模糊 Petri 网等。

1.1 模　糊　集

德国数学家康托尔（Cantor）于 19 世纪末创立了集合论，现称其为经典集合论。在康托尔集合论中，对于论域中的任何一个对象（元素），它与集合之间的关系只能是属于或者不属于的关系，即一个对象（元素）是否属于某个集合的特征函数的取值范围被限制为 0 和 1 两个数。这种二值逻辑已成为现代数学的基础。

人们在从事社会生产实践、科学实验的活动中，大脑形成的许多概念往往都是模糊的。这些概念的外延是不清晰的，具有亦此亦彼性。例如，"肯定不可能""极小可能""极大可能"等，只用经典集合已经很难刻画如此多的模糊概念了。随着社会和科学技术的发展，人们在对某个事情或事件进行判断、推理、预测、决策时，所遇到的大部分信息常常是不精确、不完全或模糊的，这就要求人们在计算机中模拟人的智能行为时，计算机能够处理这类信息。为此，在康托尔集合论的基础上，美国加利福尼亚大学控制论专家 Zadeh 教授于 1965 年发表了关于模糊集合的第一篇开创性论文，由此建立了模糊集理论。在模糊集中，一个对象（元素）是否属于某个模糊集的隶属函数（特征函数）的取值范围是[0，1]，这就突破了传统的二值逻辑的束缚。模糊集理论使得数学的理论与应用研究范围从精确问题拓展到了模糊现象的领域。模糊集理论在近代科学发展中有着积极的作用，它为软科学（如经济管理、人工智能、心理教育、医学等）提供了数学语言与工具；它的发展使计算机模仿人脑对复杂系统进行识别判决得以实现，提高了自动化水平。1975 年，Mamdani 和 Assilian 创立了模糊控制器的基本框架，并将模糊控制器用于控制蒸汽机。这是关于模糊集理论的另一篇开创性文章，它标志着模糊集理论有其实际的应用价值。

近年来兴起的模糊推理方法是针对带有模糊性的推理而提出的，模糊控制理论的基础核心就是模糊推理理论。通过模糊集表示模糊概念，Zadeh 于 1973 年提出了著名的推理合成规则算法，即 CRI（Compositional Rule of Inference）算法。随后，Mamdani 和 Zimmermann 分别对 CRI 方法做了进一步的讨论。模糊推理一经提出，立即引起了工程技术界的关注。20 世纪 70 年代以后，各种模糊推理方法纷纷被提出，并被应用于工业控制与家电的制造中，取得了很大的成功。

模糊集理论的核心思想是把取值仅为 1 或 0 的特征函数扩展到可在闭区间[0，1]中任意取值的隶属函数，而把取定的值称为元素 x 对集合的隶属度。下面简要介绍模糊集的基本概念。

定义 1.1（模糊集） 设 U 为非空有限论域，所谓 U 上的一个模糊集 A，即一个从 U 到 $[0,1]$ 的函数 $\mu_A(x):U \to [0,1]$，对于每个 $x \in U$，$\mu_A(x)$ 是 $[0,1]$ 中的某个数，称为 x 对 A 的隶属度，即 x 属于 A 的程度，称 $\mu_A(x)$ 为 A 的隶属函数，称 U 为 A 的论域。

如给 5 个同学的性格稳重程度打分，按百分制给分，再除以 100，这样给定了一个从域 $X=\{x_1, x_2, x_3, x_4, x_5\}$ 到 $[0,1]$ 闭区间的映射，即

$$x_1: 85 \text{ 分}, \quad A(x_1)=0.85$$
$$x_2: 75 \text{ 分}, \quad A(x_2)=0.75$$
$$x_3: 98 \text{ 分}, \quad A(x_3)=0.98$$
$$x_4: 30 \text{ 分}, \quad A(x_4)=0.30$$
$$x_5: 60 \text{ 分}, \quad A(x_5)=0.60$$

这样就确定出一个模糊子集 $A=(0.85, 0.75, 0.98, 0.30, 0.60)$。

模糊集完全由隶属函数所刻画，$\mu_A(x)$ 的值越接近于 1，表示 x 隶属于模糊集合 (A) 的程度越高；$\mu_A(x)$ 的值越接近于 0，表示 x 隶属于模糊集（合）A 的程度越低；当 $\mu_A(x)$ 的值域为 $\{0,1\}$ 时，A 便退化为经典集（合），因此可以认为模糊集（合）是普通集合的一般化。

模糊集可以表示为以下两种形式：

（1）当 U 为连续论域时，U 上的模糊集 A 可以表示为

$$A = \int_U \mu_A(x)/x, x \in U$$

（2）当 $U=\{x_1, x_2, \cdots, x_n\}$ 为离散论域时，U 上的模糊集 A 可以表示为

$$A = \sum_{i=1}^n \mu_A(x_i)/x_i, \ x_i \in U$$

定义 1.2（模糊集的运算） 若 A、B 为 X 上的两个模糊集，则它们的和集、交集和余集都是模糊集，其隶属函数分别定义为

$$(A \vee B)(x) = \max(A(x), B(x))$$
$$(A \wedge B)(x) = \min(A(x), B(x))$$
$$A^c(x) = 1 - A(x)$$

关于模糊集的和、交等运算，可以推广到任意多个模糊集中去。

定义 1.3（λ 截集） 若 A 为 X 上的任一模糊集，对任意 $0 \leqslant \lambda \leqslant 1$，记 $A_\lambda = \{x \mid x \in U, A(x) \geqslant \lambda\}$，称 A_λ 为 A 的 λ 截集。

A_λ 是普通集合，而不是模糊集。由于模糊集的边界是模糊的，所以如果要把模糊概念转化为数学语言，需要选取不同的置信水平 $\lambda(0 \leqslant \lambda \leqslant 1)$ 来确定其隶属关系。λ 截集就是将模糊集转化为普通集的方法。模糊集 A 是一个具有游移边界的集合，它随 λ 值的变小而增大，即当 $\lambda_1 < \lambda_2$ 时，有 $A_{\lambda_1} \subset A_{\lambda_2}$。

对任意 $A \in F(U)$，称 A_1（$\lambda=1$ 时 A 的 λ 截集）为 A 的核，称 $\sup p(A) = \{x \mid A(x) > 0\}$ 为 A 的支集。

模糊关系是模糊数学的重要概念。普通关系强调元素之间是否存在关系，模糊关系则可以给出元素之间的相关程度。模糊关系也是一个模糊集合。

定义 1.4（模糊关系） 设 U 和 V 为论域，则 $U \times V$ 的一个模糊子集 $\boldsymbol{R}$ 称为从 U 到 V 的一个二元模糊关系。

对于有限论域 $U = \{u_1, u_2, \cdots, u_m\}$，$V = \{v_1, v_2, \cdots, v_n\}$，$U$ 对 V 的模糊关系 $\boldsymbol{R}$ 可以用一个矩阵来表示：

$$\boldsymbol{R} = (r_{ij})_{m \times n}, \quad r_{ij} = \mu_R(u_i, v_j)$$

隶属度 $r_{ij} = \mu_R(u_i, v_j)$ 表示 u_i 与 v_j 具有关系 $\boldsymbol{R}$ 的程度。特别地，当 $U = V$ 时，$\boldsymbol{R}$ 称为 U 上的模糊关系。如果论域为 n 个集合（论域）的直积，则模糊关系 $\boldsymbol{R}$ 不再是二元的，而是 n 元的，其隶属函数也不再是两个变量的函数，而是 n 个变量的函数。

定义 1.5（模糊关系的合成）　设 $\boldsymbol{R}$、$\boldsymbol{Q}$ 分别是 $U \times V$、$V \times W$ 上的两个模糊关系，$\boldsymbol{R}$ 与 $\boldsymbol{Q}$ 的合成是指从 U 到 W 上的模糊关系，记为 $\boldsymbol{R} \circ \boldsymbol{Q}$，其隶属函数为

$$\mu_{R \circ Q}(u, w) = \bigvee_{v \in V} (\mu_R(u, v) \wedge \mu_Q(v, w))$$

特别地，当 $\boldsymbol{R}$ 是 $U \times U$ 的关系，有

$$\boldsymbol{R}^2 = \boldsymbol{R} \circ \boldsymbol{R}, \quad \boldsymbol{R}^n = \boldsymbol{R}^{n-1} \circ \boldsymbol{R}$$

利用模糊关系的合成，可以推论事物之间的模糊相关性。

模糊集理论最基本的特征是：承认差异的中介过渡。也就是说，承认渐变的隶属关系，即一个模糊集 F 是满足某个（或几个）性质的一类对象，每个对象都有一个互不相同的隶属于 F 的程度，隶属函数给每个对象分派了一个 $[0, 1]$ 之间的数，作为它的隶属度。但是，要注意的是隶属函数给每个对象分派的是 $[0, 1]$ 之间的一个单值。这个单值既包括了支持 $x \in X$ 的证据，也包括了反对 $x \in X$ 的证据，它不可能表示其中的一个，更不可能同时表示支持和反对。

1.2　直觉模糊集

模糊信息处理技术已渐趋成熟，其局限性也已逐渐显现，进而引起模糊集理论出现了各种拓展，如区间值模糊集、Vague 集、直觉模糊集、L-模糊集等。这种情形既反映出模糊集理论研究与应用的活跃态势，又反映出客观对象的复杂性对于应用研究的反作用。在模糊集诸多的拓展形式中，直觉模糊集理论的研究最为活跃，也最富有成果。L-模糊集、区间值模糊集等都可以与之相结合，从而形成 L-直觉模糊集、区间值直觉模糊集等。

直觉模糊集（Intuitionistic Fuzzy Sets，IFS）最初由 Atanassov 于 1986 年提出，是对 Zadeh 模糊集理论最有影响的一种扩充和发展。

在语义描述上，经典的康托尔（Cantor）集合只能描述"非此即彼"的"分明概念"。Zadeh 模糊集（ZFS）理论可以扩展描述外延不分明的"亦此亦彼"的"模糊概念"。直觉模糊集增加了一个新的属性参数——非隶属度函数，进而还可以描述"非此非彼"的"模糊概念"，亦即"中立状态"的概念或中立的程度，且能更加细腻地刻画客观世界的模糊性本质，因而引起众多学者的关注。

对于直觉模糊集的研究，最初十多年基本处于纯数学的角度；进入 21 世纪后，除继续从数学角度进行深入研究外，逐渐出现了相关应用研究，并形成了多个研究热点。如直觉模糊集间的距离、直觉模糊熵、相似度等直觉模糊集之间的度量及应用，直觉模糊聚类分析，直觉模糊拓扑，直觉模糊推理及应用，直觉模糊集在人工智能、决策分析、信息融合、模式识别及智能信息处理等各个领域的应用等。

1.2.1 直觉模糊集的基本概念

Atanassov 对直觉模糊集给出如下定义。

定义 1.6（直觉模糊集） 设 X 是一给定论域，则 X 上的一个直觉模糊集 A 为

$$A = \{\langle x, \mu_A(x), \gamma_A(x)\rangle \mid x \in X\}$$

其中，$\mu_A(x):X \to [0,1]$、$\gamma_A(x):X \to [0,1]$ 分别代表 A 的隶属函数 $\mu_A(x)$ 和非隶属函数 $\gamma_A(x)$，且对于 A 上的所有 $x \in X$，$0 \leqslant \mu_A(x) + \gamma_A(x) \leqslant 1$ 成立，由隶属度 $\mu_A(x)$ 和非隶属度 $\gamma_A(x)$ 所组成的有序区间对 $\langle \mu_A(x), \gamma_A(x)\rangle$ 为直觉模糊数。

直觉模糊集 A 有时可以简记作 $A = \langle x, \mu_A, \gamma_A\rangle$ 或 $A = \langle \mu_A, \gamma_A\rangle/x$。显然，每个一般模糊子集对应于下列直觉模糊子集 $A = \{\langle x, \mu_A(x), 1 - \mu_A(x)\rangle \mid x \in X\}$。

对于 X 中的每个直觉模糊子集，称 $\pi_A(x) = 1 - \mu_A(x) - \gamma_A(x)$ 为 A 中 x 的直觉指数（Intuitionistic Index），它是 x 对 A 的犹豫程度（Hesitancy Degree）的一种测度。显然，对于每一个 $x \in X$，$0 \leqslant \pi_A(x) \leqslant 1$，$X$ 中的每一个一般模糊子集 A 的 $\pi_A(x) = 1 - \mu_A(x) - (1 - \mu_A(x)) = 0$。

若定义在 U 上的 Zadeh 模糊集的全体用 $F(U)$ 表示，则对于一个模糊集 $A \in F(U)$，其单一隶属度 $\mu_A(x) \in [0,1]$ 既包含了支持 x 的证据 $\mu_A(x)$，也包含了反对 x 的证据 $1 - \mu_A(x)$，但它不可能表示既不支持也不反对的"非此非彼"的中立状态的证据。若定义在 X 上的直觉模糊集的全体用 IFS(X) 表示，那么一个直觉模糊集 $A \in$ IFS(X)，其隶属度 $\mu_A(x)$、非隶属度 $\gamma_A(x)$ 以及直觉指数 $\pi_A(x)$ 分别表示对象 x 属于直觉模糊集 A 的支持、反对、中立这三种证据的程度。可见，直觉模糊集有效地扩展了 Zadeh 模糊集的表示能力。

1.2.2 直觉模糊集的基本运算

定义 1.7（直觉模糊集的基本运算） 设 A 和 B 是给定论域 X 上的直觉模糊集，则有

(1) $A \cap B = \{\langle x, \mu_A(x) \wedge \mu_B(x), \gamma_A(x) \vee \gamma_B(x)\rangle \mid \forall x \in X\}$；

(2) $A \cup B = \{\langle x, \mu_A(x) \vee \mu_B(x), \gamma_A(x) \wedge \gamma_B(x)\rangle \mid \forall x \in X\}$；

(3) $\bar{A} = A^C = \{\langle x, \gamma_A(x), \mu_A(x)\rangle \mid x \in X\}$；

(4) $A \subseteq B \Leftrightarrow \forall x \in X, \mu_A(x) \leqslant \mu_B(x) \wedge \gamma_A(x) \geqslant \gamma_B(x)$；

(5) $A \subset B \Leftrightarrow \forall x \in X, \mu_A(x) < \mu_B(x) \wedge \gamma_A(x) > \gamma_B(x)$；

(6) $A = B \Leftrightarrow \forall x \in X, \mu_A(x) = \mu_B(x) \wedge \gamma_A(x) = \gamma_B(x)$。

1.2.3 直觉模糊集的基本特点

在分析处理不精确、不完备等粗糙信息时，直觉模糊集理论是一种很有效的数学工具。直觉模糊集是对 Zadeh 模糊集理论最有影响的一种扩充和发展，较模糊集有更强的表达不确定性。从一定意义上讲，直觉模糊集为事物属性的描述提供了更多的选择，因而在学术界及工程技术领域引起了广泛的关注。

直觉模糊集是模糊集的扩充，而模糊集是经典集的扩充，因此直觉模糊集与经典集也有着密切的关系。表现直觉模糊集与经典集关系的是直觉模糊集的分解定理与表现定理。直觉模糊集与一般模糊集相比，即使直觉指数为 0，所得结果的精度仍然显著提高，因而直

觉模糊集理论也可以应用在控制系统中。直觉模糊集具有先天的负反馈性，比一般模糊集的推理性能更好、更平稳，因而可有效改善、控制或辨识结果。这里的直觉指数为0仅是表述其中立程度为0，仍然有表示其支持程度和反对程度的隶属度函数和非隶属度函数同时起作用。推理合成计算时，隶属度函数和非隶属度函数同时起作用，这是与一般模糊集不同的，因为后者在推理合成计算时仅考虑支持证据的作用，而反对证据对推理结果不产生反制影响。这一特点，正是直觉模糊集有效克服一般模糊集单一隶属度函数缺陷而呈现出来的优势所在。

理论分析与实践表明，与 Zadeh 模糊集相比，直觉模糊集至少具有两大优势：

（1）在语义表述上，直觉模糊集的隶属度、非隶属度及直觉指数可以分别表示支持、反对、中立这三种状态，而 Zadeh 模糊集的单一隶属度函数只能表示支持和反对两种状态，所以直觉模糊集可以更加细腻地描述客观对象的自然属性；

（2）直觉模糊集合成计算的精度显著改善，推理规则的符合度显著提高，明显优于 Zadeh模糊集。

1.3　Petri 网的基础理论

Petri 网是由库所（位置）、变迁（转换）、托肯（Token）值和连接库所与变迁并表示它们之间关系的有向弧线所组成的一种有向图。其中，库所用于描述可能的系统局部状态（条件或状况）；变迁用于描述修改系统状态的事件；托肯表示系统的资源，托肯个数就是资源个数；有向弧规定局部状态和事件之间的关系，它表述事件能够发生的局部状态。由事件所引发的局部状态的转换标记包含在库所中，它们在库所中的动态变化表示系统的不同状态。

1.3.1　Petri 网的基本概念

为了后面讨论方便，我们将 Petri 网的一些基本概念和术语[1]作简单介绍。

定义 1.8　（Petri 网，PN）　PN 是一个三元组，即 PN＝(P, T, F)，满足以下几个条件：

（1）$P=\{p_1, p_2, \cdots, p_n\}$ 是一个有限库所集；

（2）$T=\{t_1, t_2, \cdots, t_m\}$ 是一个有限变迁集；

（3）$P \bigcap T=\varnothing$，即集合 P 和集合 T 不相交；

（4）$P \bigcup T \neq \varnothing$，即集合 P 和集合 T 不同时为空；

（5）$F \subseteq (P \times T) \bigcup (T \times P)$，$F$ 是 PN 上的流关系，其元素叫弧，即流关系仅存在于元素 $p \in P$ 和 $t \in T$ 之间；

（6）$\mathrm{dom}(F) \bigcup \mathrm{cod}(F)=P \bigcap T$，其中，$\mathrm{dom}(F)=\{x \mid \exists y:(x, y) \in F\}$，$\mathrm{cod}(F)=\{x \mid \exists y:(y, x) \in F\}$，即不存在孤立元素。

定义 1.9（Petri 网系统，Σ）　Petri 网系统是个六元组 Σ，$\Sigma=(P, T, F, W, K, M_0)$，满足以下几个条件：

（1）(P, T, F) 是一个网；

（2）$K:P \rightarrow N^+ \bigcup \{\infty\}$ 是库所容量函数；

（3）$W:F \rightarrow N^+$ 是弧权函数；

（4）$M_0:P \rightarrow N$ 是初始 Token 值，满足 $\forall p \in P: M_0(p) \leqslant k(p)$；

(5) 函数 $M:P \to N$ 是 Σ 的 Token 值，如果 $\forall p \in P: M(p) \leqslant k(p)$。

定义 1.10（前置集和后置集） $X = P \bigcup T$，对于 $\forall x \in X$，称 $\cdot x = \{y \mid (y,x) \in F\}$ 为 x 的前置集；$x \cdot = \{y \mid (x,y) \in F\}$ 为 x 的后置集。

定义 1.11（变迁发生条件） t 在 M 下有发生权的条件是

$$\forall p_i \in \cdot t: M(s) \geqslant W(s,t), \text{且} \forall p_i \in t \cdot: M(s) + W(s,t) \leqslant K(s)$$

t 在 M 下发生记作 $M[t\rangle$，也说 M 授权 t 发生或 t 在 M 授权下发生。

定义 1.12（输入库所和输出库所） 若 $p_i \in I(t_i)$，$t_i \in T$，则从库所 p_i 到变迁 t_i 的有向弧，即为变迁 t 的输入弧，称 p_i 是变迁 t_i 的输入库所；若 $p_j \in O(t_i)$，$t_i \in T$，则从变迁 t_i 到库所 p_j 的有向弧，即为变迁 t_i 的输出弧，称 p_j 是变迁 t_i 的输出库所。

定义 1.13（初始库所和终止库所） 若存在变迁 t_1，使得库所 $p \in I(t_1)$，但不存在变迁 t_2，使得 $p \in O(t_2)$，则称库所 p 为初始库所；若存在变迁 t_1，使得库所 $p \in O(t_1)$，但不存在变迁 t_2，使得 $p \in I(t_2)$，则称库所 p 为终止库所。

对不同应用，Petri 网的构成及构成元素的意义均不相同，但其基本结构相同，如图 1.1 所示。

图 1.1　Petri 网基本结构

其中，p_j 与 p_k 分别表示第 j 个和第 k 个库所，y_j 与 y_k 分别表示这两个位置对应的 Token 值，t_i 是一个变迁，p_j 和 p_k 分别为 t_i 的输入库所和输出库所。

1.3.2　Petri 网的基本性质

Petri 网研究的系统模型性质，包括网系统运行过程中的性质（动态性质）和网结构所决定的性质（结构性质）。本书只讨论 Petri 网的动态性质，包括：可达性、可逆性、可覆盖性、有界性、安全性、活性、公平性和持续性等。比较重要的性质有可达性、有界性、安全性和活性[2]。

（1）有界性和安全性。

设 $\Sigma = (P, T, F, M_0)$ 为一个 Petri 网。若存在正整数 B，使得 $\forall M \in R(M_0): M(s) \leqslant B$，则称库所 s 是有界的，并称满足条件的最小正整数 B 为库所 s 的界，记为 $B(s)$，即

$$B(s) = \min\{B \mid \forall M \in R(M_0): M(s) \leqslant B\}$$

当 $B(s) = 1$ 时，称库所 s 为安全的。若每个 $s \in P$ 都是有界的，则称 Σ 是有界 Petri 网，称 $B(\Sigma) = \max\{B(s) \mid s \in P\}$ 为 Σ 的界，当 $B(\Sigma) = 1$ 时，称 Σ 为安全的。

（2）活性。

M_0 为初始标识，$t \in T$，如果对任意 $M \in R(M_0)$，都存在 $M' \in R(M)$，使得 $M'[t\rangle$，则称变迁 t 是活的。如果每个 $t \in T$ 都是活的，则称 Σ 为活 Petri 网。

（3）可达性。

如果存在 $t \in T$，使得 $M[t\rangle M'$，则称 M' 为从 M 直接可达的。如果存在变迁序列 t_1，$t_2, \cdots, t_k$ 和标识序列 $M_1, M_2, \cdots, M_k$，使得 $M[t_1\rangle M_1[t_2\rangle \cdots \rangle M_{k-1}[t_k\rangle M_k$，则称 M_k 是从

M 可达的。从 M 可达的一切标识的集合为可达集 $R(M)$。

1.4　模糊 Petri 网

Petri 网建模的灵活性允许对基于 Petri 网的基本定义进行一些扩展,如对托肯赋予不同信息,可以将其扩展为各种形式的 Petri 网。

模糊 Petri 网是在基本 Petri 网的基础上扩充模糊处理能力而得到的,它与普通 Petri 网的最大不同在于:库所结点中的 Token 值是任意模糊数 t_k;变迁结点具有启动阈值 τ($0<\tau\leqslant1$);变迁结点是否启动取决于各输入弧上的输入量、连接强度及其某个相应的计算函数 ST(我们称之为输入强度计算函数)的值是否大于该变迁结点的启动阈值。

模糊 Petri 网的动态行为是通过变迁启动引起标识改变来体现的,下面给出变迁启动的条件和结果。

(1)变迁启动的条件。

若在标识 M 下有 $\sum\limits_{\forall p_i,\ p_i\in{}^{\cdot}t} M(p_i)\times\alpha_i>\tau(t)$,则称 t 在 M 下是有效的,其中 $M(p_i)$ 为库所结点 p_i 在标识 M 下的 Token 值,α_i 是库所 p_i 到变迁 t 输出弧上的连接强度。

(2)变迁启动的结果。

若 t 在 M 下是有效的,则变迁 t 就可以启动,启动后将 M 变成新标识 M',称 M' 为 M 的后继标识。对 $p\in P$,库所结点的 Token 值有如下变化:

$$M'(p)=\begin{cases} M(p), & p\in{}^{\cdot}t \\ F[M(p),\ \mathrm{ST}(t),\ \beta_{t\to p}], & p\in t^{\cdot} \end{cases}$$

其中,ST 为输入强度计算函数,F 为新标识 M' 下库所 p 中的 Token 增量计算函数,它们具体的算式要根据不同的应用而定;当 $p\in{}^{\cdot}t$ 时,其标识根据实际应用而定,在知识推理中,规则的前件即事实,推理后仍然存在,故其 Token 值不变。

在上述定义中,输入强度计算函数 ST、Token 增量计算函数 F 以及变迁结点的启动阈值 τ 对 FPN 的行为特征起着决定作用,决定变迁结点能否被启动以及库所结点 Token 值如何被改变。

参 考 文 献

[1]　袁崇义. Petri 网原理与应用[M]. 北京:电子工业出版社,2005.

[2]　李丹. 基于面向对象有色 Petri 网的合同网协议建模研究[D]. 武汉:华中师范大学,2008.

[3]　Gao M M, Zhou M C, Huang X G, et al. Fuzzy reasoning Petri Nets[J]. IEEE Transactions on system, man and Cybernetics part A, 2003,33(3):314 - 32.

[4]　史志富,张安,刘海燕,等. 基于模糊 Petri 网的空战战术决策研究[J]. 系统仿真学报,2007,19(1):63 - 66.

第二章 基于直觉模糊集的不确定时空关系

本章对不确定时空关系的描述和推理方法进行了研究，并应用于态势评估领域。首先，本章提出了基于直觉模糊集的不确定时序逻辑，再分别定义了不确定时刻、时段以及时序逻辑判定公式；其次，基于直觉模糊时序逻辑，提出一种在态势评估中的直觉模糊时间推理方法，对未知时刻进行模糊预测；最后，利用直觉模糊集对不确定空间实体以及实体间的拓扑关系进行模糊描述，给出一种抽象化方法解决态势评估中的拓扑空间判定问题。

2.1 基于直觉模糊集的不确定时序逻辑

战场上，我们经常不能准确判断事件发生的时间及其时态关系，有时只知道事件发生的大概时间。由于这类时间信息的广泛性，研究不确定时间及其时态关系很有必要。国内外很多学者对不确定时间信息的表示方法进行研究。贾超[1]研究了两个端点不明确的时间间隔表示方法及时态运算；郑琪[2]对不确定时间概念进行描述，并建立了概率模型；林闯等[3]在点时段时序逻辑的基础上，提出了扩展时段时序逻辑（Extended Interval Temporal Logic，EITL），通过扩展时段结束的最早时刻和最晚时刻，描绘持续时间段结束时间不确定的情形。在实际情况下，由于系统的随机性、缺乏相关属性（参数）或信息不精确等原因，时段的开始时间也可能没有被预先确定，因此文献[4]定义了模糊时间区间 $[a, b, c, d]$，其中子区间 $[a, b]$ 和 $[c, d]$ 分别表示不确定时段的起始时间和结束时间，从而全面描述时段的不确定情形。但是，时间的不确定性往往不能单纯地通过四元组形式的梯形函数进行描述，用模糊集来研究不确定时间更能反映客观世界。文献[5]提出利用模糊集对不确定时间区间进行描述，但是其只讨论了离散论域下的隶属度函数及其关系运算且存在隶属度单一的问题。

针对现有时序逻辑在描述复杂不确定时间信息方面的局限性，本书提出了一种基于直觉模糊集的不确定时序逻辑模型。通过定义在离散或连续论域上的直觉模糊集对不确定时间信息进行描述，构建不确定点时序逻辑、点-时段时序逻辑以及时段时序逻辑。

下面分别给出基于直觉模糊集的不确定时刻、不确定时段的定义及其时序逻辑判定方法。

2.1.1 不确定时刻

所谓不确定时刻，是指我们不知道某个时刻落在哪个确切的时间点，只知道它可能落在一个时间区间上，这个区间可能是单一时间区间，也可能是时间区间的交、并等，即这个时刻是不确定的。

定义 2.1（不确定时刻） 假设不确定时刻落在确定时间区间 $\alpha = [t_1, t_2]$ 上，则不确定

时刻 T 表示为

$$T=(\langle t_1, t_2 \rangle, A(x)) \tag{2.1}$$

其中，$A(x)$ 表示不确定时刻落在区间 α 上的直觉模糊集，$A(x)=\{\langle x, \mu_A(x), \gamma_A(x), \pi_A(x)\rangle | x\in\alpha\}$。

某一时刻 x，当 $\mu_A(x)+\pi_A(x)/2$ 接近于 1 时表示事件在 x 时刻发生的可能性很大；而当 $\gamma_A(x)+\pi_A(x)/2$ 接近于 1 时表示事件在 x 时刻发生的可能性很小。

特别地，当 $\begin{cases}\mu_A(x)+\pi_A(x)/2=1, & x=m \\ \mu_A(x)+\pi_A(x)/2=0, & x\neq m\end{cases}$ 时，不确定时刻转化为确定时间点 m。因此，确定时间点是不确定时刻的特殊形式。

2.1.2 不确定时段

时段由开始时刻和结束时刻两个不确定的时刻限制，开始时刻的区间与结束时刻的区间可能会出现重叠，这样可以表达更加复杂的不确定时间信息。

定义 2.2（不确定时段） 假设开始时刻落在区间 α 上，结束时刻落在区间 β 上，则不确定时段 T 表示为

$$T=(\langle \alpha, \beta \rangle, A(x), B(y)) \tag{2.2}$$

其中，$A(x)=\{\langle x, \mu_A(x), \gamma_A(x), \pi_A(x)\rangle | x\in\alpha\}$ 表示开始时刻落在区间 α 上的直觉模糊集，$B(y)=\{\langle y, \mu_B(y), \gamma_B(y), \pi_B(y)\rangle | y\in\beta\}$ 表示结束时刻落在区间 β 上的直觉模糊集。

某一时刻 x 或 y，当 $\mu_A(x)+\pi_A(x)/2$ 接近于 1 时表示事件在 x 时刻开始的可能性很大，同样 $\mu_B(y)+\pi_B(y)/2$ 接近于 1 时表示事件在 y 时刻结束的可能性很大；而当 $\gamma_A(x)+\pi_A(x)/2$ 接近于 1 时表示事件在 x 时刻开始的可能性很小，同样 $\gamma_B(y)+\pi_B(y)/2$ 接近于 1 时表示事件在 y 时刻结束的可能性很小。

特别地，当 $\begin{cases}\mu_A(x)+\pi_A(x)/2=1, \mu_B(y)+\pi_B(y)/2=1, & x=m, y=n \\ \mu_A(x)+\pi_A(x)/2=0, \mu_B(y)+\pi_B(y)/2=0, & x\neq m, y\neq n\end{cases}$ 时，不确定时段转化为确定时段 $\langle m, n\rangle$；当 $\alpha=\beta$，$A(x)=B(y)$ 时，定义 2.2 表示不确定时刻 T 落在确定时间区间 α 上的直觉模糊集为 $A(x)$。可见，确定时段以及不确定时刻均是不确定时段的特殊形式。

2.1.3 不确定时序逻辑

考虑到实际应用中，有时候需要关注两个不确定时刻或者时段以及不确定时刻和不确定时段之间的时序逻辑，故下面分三部分对其进行讨论。

1. 不确定点时序逻辑

假设两个不确定时刻分别为 $T_1=(\alpha, A(x))$，$T_2=(\beta, B(y))$，其中，$\alpha=[t_1, t_2]$，$\beta=[t_3, t_4]$，$x\in\alpha$，$y\in\beta$。不确定点时序逻辑关系是以 R 为论域的模糊集，即其关系存在着多种可能性，其中 $Q=\{$早于$(x<y)$，迟于$(x>y)$，相等$(x=y)\}$，隶属度 μ_R 表示两个不确定点时序逻辑关系为 $R\in Q$ 的可能性大小，$\mu_R\in[0, 1]$。

由于描述不确定时刻的隶属度函数和犹豫度函数可能在离散论域，也可能在连续论域，故需要分情况讨论。

（1）离散论域：

$$\mu_R = \frac{\sum\limits_{xRy} (\mu_A(x) + \pi_A(x)/2) \circ (\mu_B(y) + \pi_B(y)/2)}{\sum\limits_{x \in \alpha, \, y \in \beta} (\mu_A(x) + \pi_A(x)/2) \circ (\mu_B(y) + \pi_B(y)/2)} \tag{2.3}$$

其中，xRy 表示区间 α 与区间 β 中各取一个时间点，两时间点满足关系 R，如对于关系"早于"，满足 $x < y$ 关系；对于操作符"$\circ$"可以根据实际情况进行定义，一般可以将其定义为：$a \circ b = (a+b)/2$ 或者 $a \circ b = a \cdot b$ 等。

(2) 连续论域：

$$\mu_R = \frac{\iint\limits_{D_R} \left(\frac{\mu_A(x) + \pi_A(x)}{2}\right) \circ \left(\frac{\mu_B(y) + \pi_B(y)}{2}\right) \mathrm{d}x \mathrm{d}y}{\iint\limits_{D} \left(\frac{\mu_A(x) + \pi_A(x)}{2}\right) \circ \left(\frac{\mu_B(y) + \pi_B(y)}{2}\right) \mathrm{d}x \mathrm{d}y} \tag{2.4}$$

其中，积分区域 D 可以用不等式 $t_1 \leqslant x \leqslant t_2$，$t_3 \leqslant y \leqslant t_4$ 来表示；积分区域 D_R 表示区间 α 与区间 β 中各取一个时间点，两时间点满足关系 R，对于该积分区域需要分情况讨论，具体如下：

① 如果 $t_2 < t_3$ 或 $t_4 < t_1$，即相离，那么

$$D_R \Leftrightarrow D \ \text{或} \ \varnothing \tag{2.5(a)}$$

② 如果 $t_2 = t_3$ 或 $t_4 = t_1$，即相接，那么

$$D_R \Leftrightarrow (x = t_2, \ y = t_3) \ \text{或} \ D_R \Leftrightarrow (x = t_1, \ y = t_4) \tag{2.5(b)}$$

③ 如果是其他情况，即交叉，那么

$$D_R \Leftrightarrow \begin{cases} \min(t_1, t_3) \leqslant x \leqslant \max(t_1, t_3), \ \max(t_1, t_3) \leqslant y \leqslant (\text{IF } \max(t_1, t_3) = t_1 \text{ THEN } t_2 \text{ ELSE } t_4) \\ \max(t_1, t_3) \leqslant x, \ y \leqslant \min(t_2, t_4) \\ \min(t_2, t_4) \leqslant x \leqslant \max(t_2, t_4), \ (\text{IF } \min(t_2, t_4) = t_2 \text{ THEN } t_1 \text{ ELSE } t_3) \leqslant y \leqslant \min(t_2, t_4) \end{cases}$$

$$\tag{2.5(c)}$$

通过式(2.3)和式(2.4)可以获取各种关系存在的可能性，并根据实际情况给出最终的判断结果，一般取其可能性最大的逻辑关系作为求解答案。

2. 不确定点-时段时序逻辑

假设不确定时刻为 $T_1 = (\alpha, A(k))$，不确定时段为 $T_2 = (\langle \beta, \eta \rangle, B(x), C(y))$，其中 $\alpha = [t_1, t_2]$，$\beta = [t_3, t_4]$，$\eta = [t_5, t_6]$，$k \in \alpha$，$x \in \beta$，$y \in \eta$；$B(x)$ 表示开始时刻落在区间 β 上的直觉模糊集，$C(y)$ 表示结束时刻落在区间 η 上的直觉模糊集。不确定点-时段时序逻辑关系是以 $Q = \{$早于$(k<x)$，迟于$(k>y)$，包含$(x \leqslant k \leqslant y)\}$ 为论域的模糊集，其中隶属度 μ_R 表示不确定点与不确定时段时序逻辑关系为 $R \in Q$ 的可能性大小，$\mu_R \in [0, 1]$。

对于关系"早于"和"迟于"可以通过式(2.3)和式(2.4)进行计算，而对于关系"包含"定义如下：

(1) 离散论域：

$$\mu_R = \frac{\sum\limits_{k \geqslant x} \left(\frac{\mu_A(k) + \pi_A(k)}{2}\right) \circ \left(\frac{\mu_B(x) + \pi_B(x)}{2}\right)}{\sum \left(\frac{\mu_A(k) + \pi_A(k)}{2}\right) \circ \left(\frac{\mu_B(x) + \pi_B(x)}{2}\right)} \times \frac{\sum\limits_{k \leqslant y} \left(\frac{\mu_A(k) + \pi_A(k)}{2}\right) \circ \left(\frac{\mu_C(y) + \pi_C(y)}{2}\right)}{\sum \left(\frac{\mu_A(k) + \pi_A(k)}{2}\right) \circ \left(\frac{\mu_C(y) + \pi_C(y)}{2}\right)}$$

$$\tag{2.6}$$

其中，$k \geqslant x$ 表示区间 α 与区间 β 中各取一个时间点 k 与 x，两个时间点满足关系 $k \geqslant x$；对于操作符"。"可以根据实际情况进行定义。

（2）连续论域：

$$
\mu_R = \frac{\iint\limits_{D_{k \geqslant x}} \left[\frac{\mu_A(k)+\pi_A(k)}{2}\right] \circ \left[\frac{\mu_B(x)+\pi_B(x)}{2}\right] \mathrm{d}k\mathrm{d}x}{\iint\limits_{D_1} \left[\frac{\mu_A(k)+\pi_A(k)}{2}\right] \circ \left[\frac{\mu_B(x)+\pi_B(x)}{2}\right] \mathrm{d}k\mathrm{d}x} \times
$$

$$
\frac{\iint\limits_{D_{k \leqslant y}} \left[\frac{\mu_A(k)+\pi_A(k)}{2}\right] \circ \left[\frac{\mu_C(y)+\pi_C(y)}{2}\right] \mathrm{d}k\mathrm{d}y}{\iint\limits_{D_2} \left[\frac{\mu_A(k)+\pi_A(k)}{2}\right] \circ \left[\frac{\mu_C(y)+\pi_C(y)}{2}\right] \mathrm{d}k\mathrm{d}y}
\tag{2.7}
$$

其中，积分区域 D_1 由不等式 $t_1 \leqslant k \leqslant t_2$，$t_3 \leqslant x \leqslant t_4$ 表示，积分区域 D_2 由不等式 $t_1 \leqslant k \leqslant t_2$，$t_5 \leqslant y \leqslant t_6$ 表示；积分区域 $D_{k \geqslant x}$ 表示区间 α 与区间 β 中各取一个时间点，两时间点满足关系 $k \geqslant x$，积分区域 $D_{k \leqslant y}$ 表示区间 α 与区间 η 中各取一个时间点，两时间点满足关系 $k \leqslant y$，根据式(2.5)进行计算。

3. 不确定时段时序逻辑

假设两个不确定时段分别为 $T_1 = (\langle \alpha, \beta \rangle, A(x), B(y))$，$T_2 = (\langle \eta, \zeta \rangle, C(k), D(l))$，其中 $\alpha=[t_1, t_2]$，$\beta=[t_3, t_4]$，$\eta=[t_5, t_6]$，$\zeta=[t_7, t_8]$，$x \in \alpha$，$y \in \beta$，$k \in \eta$，$l \in \zeta$。各个参数含义见定义 2.2。不确定时段时序逻辑关系同样是以 R 为论域的模糊集，其中 R 及其对应条件如表 2.1 所示。

表 2.1　不确定时段时序逻辑条件表

时段时序逻辑关系	条件
T_1 after T_2	$y<k$
T_1 before T_2	$x>l$
T_1 meet - by T_2	$x=l$
T_1 meets T_2	$y=k$
T_1 overlapped - by T_2	$k<x<l \wedge y>l$
T_1 overlaps T_2	$k<y<l \wedge x<k$
T_1 starts T_2	$x=k \wedge y<l$
T_1 started - by T_2	$x=k \wedge y>l$
T_1 ends T_2	$y=l \wedge x>k$
T_1 ends - by T_2	$y=l \wedge x<k$
T_1 during T_2	$x>k \wedge y<l$
T_1 includes T_2	$x<k \wedge y>l$
T_1 equals T_2	$x=k \wedge y=l$

判定两个不确定时段的时序逻辑关系，可根据表 2.1 中开始时刻与结束时刻之间的条

件进行计算；如果只有一个条件，按照式(2.3)和式(2.4)进行计算；如果有两个条件，按照式(2.6)和式(2.7)进行计算，即不确定时段逻辑的判断可以转换为对点时序逻辑进行判断。

2.1.4 算例分析

下面通过两个例子来验证本书提出的不确定时序逻辑判定方法在离散论域和连续论域应用的可行性和优越性。

算例 2.1 离散论域： 假设有两个不确定时段，$T_1 = (\langle \alpha, \beta \rangle, A(x), B(y))$，$T_2 = (\langle \eta, \zeta \rangle, C(k), D(l))$。其中，$\alpha = [1, 3]$，$\beta = [2, 4]$，$\eta = [2, 3]$，$\zeta = [3, 5]$。

$A = \{\langle 0.85, 0.15 \rangle / 1 + \langle 0.65, 0.25 \rangle / 2 + \langle 0.3, 0.6 \rangle / 3\}$；

$B = \{\langle 0.5, 0.4 \rangle / 2 + \langle 0.8, 0.1 \rangle / 3 + \langle 0.35, 0.65 \rangle / 4\}$；

$C = \{\langle 0.8, 0.1 \rangle / 2 + \langle 0.5, 0.4 \rangle / 3\}$；

$D = \{\langle 0.2, 0.7 \rangle / 3 + \langle 0.5, 0.4 \rangle / 4 + \langle 0.9, 0.1 \rangle / 5\}$。

定义操作符"∘"为：$a \circ b = a \cdot b$，根据本书提到的方法进行计算，各个时序逻辑关系的可能性如表 2.2 所示。

表 2.2 离散论域下不确定时段的可能性度量

时段时序逻辑关系	可能性
T_1 after T_2	0.1200
T_1 before T_2	0
T_1 meet - by T_2	0.0271
T_1 meets T_2	0.3710
T_1 overlapped - by T_2	0.4079
T_1 overlaps T_2	**0.7816**
T_1 starts T_2	0.2864
T_1 started - by T_2	0.0515
T_1 ends T_2	0.0577
T_1 ends - by T_2	0.1255
T_1 during T_2	0.3946
T_1 includes T_2	0.0710
T_1 equals T_2	0.0418

从表 2.2 看出，T_1 与 T_2 最可能的时序逻辑关系是"T_1 overlaps T_2"，可能性为 0.7816；其次为"T_1 overlapped - by T_2"，可能性是 0.4079。

算例 2.2 连续论域： 假设有两个不确定时间段，$T_1 = (\langle \alpha, \beta \rangle, A(x), B(y))$，$T_2 = (\langle \eta, \zeta \rangle, C(k), D(l))$，其中 $\alpha = [1, 3]$，$\beta = [2, 4]$，$\eta = [2, 3]$，$\zeta = [3, 5]$，犹豫度均为常

数 0，有 $\mu_A(x)=\begin{cases} x-1, & 1\leqslant x\leqslant 2 \\ -x+3, & 2\leqslant x\leqslant 3 \end{cases}$，$\mu_B(y)=0.5y-1$，$\mu_C(k)=k^2/8-1$，$\mu_D(l)=-l/3+2$。

定义操作符"$\circ$"为：$a\circ b=(a+b)/2$，根据本书提到的方法进行计算，各个时序逻辑关系的可能性如表 2.3 所示。

表 2.3　连续论域下不确定时段的可能性度量

时段时序逻辑关系	可能性
T_1 after T_2	0.3520
T_1 before T_2	0
T_1 meet - by T_2	0.0071
T_1 meets T_2	0.1210
T_1 overlapped - by T_2	0.2653
T_1 overlaps T_2	**0.6243**
T_1 starts T_2	0.2818
T_1 started - by T_2	0.0316
T_1 ends T_2	0.0678
T_1 ends - by T_2	0.0975
T_1 during T_2	0.2542
T_1 includes T_2	0.0210
T_1 equals T_2	0.2168

从表 2.3 中可以看出，T_1 与 T_2 最可能的时序逻辑关系是"T_1 overlaps T_2"，其可能性是 0.6243；其次为"T_1 after T_2"，可能性是 0.3520。

可见，本书提出的不确定时序逻辑无论在离散论域还是在连续论域都能适用，而且由于犹豫度参数的引入，使得推理结果更加精确。

2.2　基于直觉模糊时序逻辑的时间推理方法

在态势评估过程中，由于受到各种战场条件制约，对事件的观测不可能总是连续进行的，能观测到的只是事件发展过程中的片断，这就需要根据这些片断来外推事件的实际起始时间和终止时间，并据此推断事件间的时间关系；或者根据已识别计划或待进一步验证的计划，通过时间推理预测某个事件可能会在什么时间发生。

目前，确定时间推理的研究一般基于 Allen 提出的确定时间区间之间的 13 种关系，而不确定性时间推理的方法主要有两类：统计方法和模糊方法。文献[6][7]均采用统计方法对态势评估中的不确定时间信息进行描述和推理，但是统计方法要求的时间变量之间统计独立及已知时间变量的先验知识在许多情况下较难得到满足。专家知识和观测数据的不确定性经常表现为模糊性，甚至有些含有统计不确定性的问题也可以转换为模糊问题，文献[8]提出了一种态势评估中的模糊时间推理方法，但是其提到的方法只适用于隶属度函数为正规可能性分布且为单峰曲线的情形，简单的梯形函数边界运算容易使得误差扩大，不能解决复杂不确定时间信息。

因此，本书基于上节提到的直觉模糊时序逻辑建立未知时刻的模糊预测模型，并在此基础上建立前向和后向直觉模糊时间推理方法，通过实例进行验证。

2.2.1 未知时刻的模糊预测模型

当两事件发生时刻 t_i 和 t_j 之间的时间间隔 Δt_{ij} 已知时，它们的基本时间关系可表示为：$t_i + \Delta t_{ij} = t_j$。其中，$t_i$ 和 t_j 表示不确定时刻，根据定义 2.1，$A(i)$ 表示不确定时刻 t_i 落在区间 α 上的直觉模糊集，$B(j)$ 表示不确定时刻 t_j 落在区间 β 上的直觉模糊集；Δt_{ij} 表示模糊时间间隔，其定义如下：

定义 2.3（模糊时间间隔） 假设该时间间隔落在区间 $\sigma = [\tau_1, \tau_2]$ 上，则模糊时间间隔 ΔT 表示为

$$\Delta T = (\sigma, F(k)) \tag{2.8}$$

其中，$F(k) = \{\langle \mu_F(k), \gamma_F(k)\rangle \mid k \in \sigma\}$ 表示在区间 σ 上的直觉模糊集，τ_1 和 τ_2 表示时间数值。

由于 t_i、t_j 和 Δt_{ij} 均由直觉模糊集表示，故可利用直觉模糊集间的交并运算解决时间关系运算问题。

我们用直觉模糊集 ΔT_{ij} 表示时间间隔 Δt_{ij} 的取值，T_i 和 T_j 分别表示模糊时刻 t_i 和 t_j 的取值。这样，就可以建立一个未知时刻预测模型：$\psi(t_i, \Delta t_{ij}, t_j)$。

当 t_i 和 Δt_{ij} 已知时，事件发生时刻 t_j 可以表示为

$$T_j = T_i \oplus \Delta T_{ij} \tag{2.9}$$

其中，$j \in \beta = [t_1 + \tau_1, t_2 + \tau_2]$，$\oplus$ 表示扩展加法，t_j 在区间 β 上的直觉模糊集合隶属度和非隶属度定义如下：

$$\begin{cases} \mu_{T_j}(j) = \bigvee\limits_{i+k=j} \dfrac{[\mu_{T_i}(i) + \mu_{\Delta T_{ij}}(k)]}{2} \\ \gamma_{T_j}(j) = \bigwedge\limits_{i+k=j} \dfrac{[\gamma_{T_i}(i) + \gamma_{\Delta T_{ij}}(k)]}{2} \end{cases} \tag{2.10}$$

当 t_j 和 Δt_{ij} 已知时，事件发生时刻 t_i 可以表示为

$$T_i = T_j \oplus (-\Delta T_{ij}) \tag{2.11}$$

其中，$i \in \alpha = [t_3 - \tau_2, t_4 - \tau_1]$，$t_i$ 在区间 α 上的直觉模糊集合隶属度和非隶属度定义如下

$$\begin{cases} \mu_{T_i}(i) = \bigvee\limits_{j-k=i} \dfrac{[\mu_{T_j}(j) + \mu_{\Delta T_{ij}}(k)]}{2} \\ \gamma_{T_i}(i) = \bigwedge\limits_{j-k=i} \dfrac{[\gamma_{T_j}(j) + \gamma_{\Delta T_{ij}}(k)]}{2} \end{cases} \tag{2.12}$$

未知时刻预测关系 ψ 具有传递性，如式（2.13）所示：

$$\forall (i, j, k)\ \psi(t_i, \Delta T_{ij}, t_j) \wedge \psi(t_j, \Delta T_{jk}, t_k) \rightarrow \psi(t_i, \Delta T_{ij} \oplus \Delta T_{jk}, t_k) \tag{2.13}$$

这样，利用未知时刻预测模型 ψ 就可以将时间谓词 $T(t, t_0)$ 进行分解，下面分别讨论直觉模糊前向和后向时间推理方法。

2.2.2　直觉模糊时间推理方法

简单起见，假设在前向时间推理中，$T(t, t_0)$ 可以分解为

$$T(t, t_0) \rightarrow \bigwedge_{k=1}^{n} \psi(t_k, \Delta t_{k0}, t_0) \tag{2.14}$$

该式表示 $t_0, t_1, \cdots, t_n$ 之间的时间关系由 n 个关于 t_0 的预测关系组成。

对 $\forall k \in M = \{1, 2, \cdots, n\}$，只要给定 t_k 落在区间 $[t_{k1}, t_{k2}]$ 的模糊估计值 T_k，以及 Δt_{k0} 落在区间 $[\tau_{k1}, \tau_{k2}]$ 的模糊估计值 ΔT_{k0}，按照式(2.10)计算就可获得 t_0 的 n 个预测值，我们称其为局部预测值，记为 t_{k0}，取值为直觉模糊集 T_{k0}。t_0 的最终预测值 T_0 需同时满足这 n 个时间关系，那么

$$\begin{cases} \mu_{T_0}(x) = \bigwedge_{k=1}^{n} \mu_{T_{k0}}(x) \\ \gamma_{T_0}(x) = \bigvee_{k=1}^{n} \gamma_{T_{k0}}(x) \end{cases} \tag{2.15}$$

其中，$x \in \bigcap_{k=1}^{n} [t_{k1} + \tau_{k1}, t_{k2} + \tau_{k2}]$。

同理，假设在后向时间推理中，$T(t_0, t)$ 可分解为

$$T(t_0, t) \rightarrow \bigwedge_{k=1}^{n} \psi(t_0, \Delta t_{0k}, t_k) \tag{2.16}$$

对 $\forall k \in M$，只要给定 t_k 的模糊估计值 T_k 落在区间 $[t_{k1}, t_{k2}]$，以及 Δt_{0k} 的模糊估计值 ΔT_{0k} 落在区间 $[\tau_{k1}, \tau_{k2}]$，按照式(2.12)即可获得 t_0 的 n 个预测值，我们称其为局部预测值，记为 t_{0k}，取值为直觉模糊集 T_{0k}。t_0 的最终预测值 T_0 计算如下

$$\begin{cases} \mu_{T_0}(x) = \bigwedge_{k=1}^{n} \mu_{T_{0k}}(x) \\ \gamma_{T_0}(x) = \bigvee_{k=1}^{n} \gamma_{T_{0k}}(x) \end{cases} \tag{2.17}$$

其中，$x \in \bigcap_{k=1}^{n} [t_{k1} - \tau_{k1}, t_{k2} - \tau_{k2}]$。

对于更加复杂的时间谓词 $T(t, t_0)$ 均可化简为式(2.14)和式(2.16)进行推理。

2.2.3　知识模型一致性检验方法

专家系统以专家知识为基础，而领域专家提供的知识往往存在某些不一致、不完整，甚至错误的知识，这样就必然影响到知识库的一致性，从而出现知识矛盾、冲突等现象。所以，在时间推理过程中需要考虑知识库的一致性问题。

时间谓词 $T(t, t_0)$ 可以通过一个有向图进行表示，时间变量对应图中结点，每个由专家给出的模糊预测模型对应一条有向弧。下面给出一个例子，如图 2.1 所示。

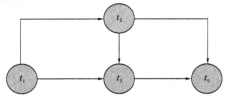

图 2.1　有向图表示时间知识模型

图 2.1 表示了四个时间变量间的关系，具体如下

$$T(t_1, t_2, t_3, t_0) \rightarrow \psi(t_1, \Delta T_{12}, t_2) \wedge \psi(t_1, \Delta T_{13}, t_3) \wedge \psi(t_2, \Delta T_{23}, t_3) \\ \wedge \psi(t_2, \Delta T_{20}, t_0) \wedge \psi(t_3, \Delta T_{30}, t_0) \tag{2.18}$$

可见，从 t_1 到 t_0 有三条路径：(t_1, t_2, t_0)、(t_1, t_3, t_0) 和 (t_1, t_2, t_3, t_0)，运用预测模型的传递性可知，$\Delta T_{10}{}^1 = \Delta T_{12} \oplus \Delta T_{20}$，$\Delta T_{10}{}^2 = \Delta T_{13} \oplus \Delta T_{30}$，$\Delta T_{10}{}^3 = \Delta T_{12} \oplus \Delta T_{23} \oplus \Delta T_{30}$。这样同一对时间点之间便有三个模糊预测模型：$\psi(t_1, \Delta T_{10}{}^1, t_0)$，$\psi(t_1, \Delta T_{10}{}^2, t_0)$ 和 $\psi(t_1, \Delta T_{10}{}^3, t_0)$。那么如何判断这三种模型能够在一定程度上保持一致，这就需要研究知识模型的一致性检验方法。

对任意两个给定的时间变量 t_i 和 t_j，时间谓词 $T(t, t_0)$ 经分解获得 m 个 t_i 与 t_j 之间不同的模糊预测模型，对应 m 个不同的模糊时间间隔 ${}^m \Delta T_{ij}$，令

$$\begin{cases} \mu_{\Delta \tilde{T}_{ij}}(x) = \bigwedge_{k=1}^{m} \mu_{\Delta T_{ij}{}^k}(x) \\ \gamma_{\Delta \tilde{T}_{ij}}(x) = \bigvee_{k=1}^{m} \gamma_{\Delta T_{ij}{}^k}(x) \end{cases} \tag{2.19}$$

其中，$x \in [\tau_1, \tau_2]$。

为了判定知识模型的一致性，我们给出两个直觉模糊集间重叠度的概念。

定义 2.4（重叠度） 直觉模糊集合 ${}^m \Delta T_{ij}$ 与 $\Delta \tilde{T}_{ij}$ 之间的重叠程度定义如下

$$\rho(\Delta \tilde{T}_{ij}, \Delta T_{ij}{}^k) = \frac{\|\Delta \tilde{T}_{ij} \bigcap \Delta T_{ij}{}^k\|}{\|\Delta \tilde{T}_{ij} \bigcup \Delta T_{ij}{}^k\|} \tag{2.20}$$

根据式（2.19），可知

$$\rho(\Delta \tilde{T}_{ij}, \Delta T_{ij}{}^k) = \frac{\|\Delta \tilde{T}_{ij}\|}{\|\Delta T_{ij}{}^k\|} \tag{2.21}$$

其中，

$$\|\Delta \tilde{T}_{ij}\| = \int_{\tau_1}^{\tau_2} \frac{(\mu_{\Delta \tilde{T}_{ij}}(x) + (1 - \gamma_{\Delta \tilde{T}_{ij}}(x)))}{2} \, \mathrm{d}x \tag{2.22}$$

给定一个接受门限 τ，当 $\max\limits_{k=1}^{m} \rho(\Delta T_{ij}, \Delta T_{ij}{}^k) \geqslant \tau$ 时，该知识模型是一致的，否则是不一致的，不能进行前向和后向推理。

当该知识模型有 n 个时间变量时，最多可进行 $n(n-1)/2$ 次一致性检验，以保证其一致性。

2.2.4 实例分析

为了验证算法可行，下面对文献[8]中的实例，利用直觉模糊集对其不确定时间信息进行描述。

红方导弹部队在某地驻训，据报告，一架蓝方侦察机已起飞，起飞时间无法肯定，只有一个大概范围。要求我们根据逐步到来的情报推测蓝方可能开始攻击的时间。我们假定蓝方进行导弹攻击，需对蓝方可能的一些关键事件间的时间关系进行估计，如：蓝方侦察机起飞、发现红方力量、蓝方攻击机部署完毕、攻击机进入攻击阵位、开始攻击，如图 2.2 所示。

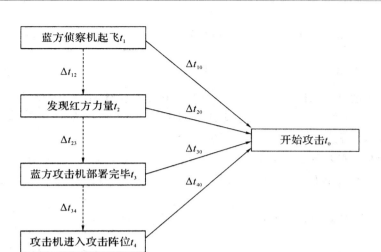

图 2.2 各关键事件间时间关系知识模型

对各时间的估计，主要是基于对飞机携带油量、航行路线、最可能的导弹发射位置、最大飞行高度以及专家经验等因素确定。对各个不确定时间以及时间间隔用直觉模糊集描述如下，同时为与文献[8]数据保持一致，令直觉指数为 0。

$$\mu_{T_1}(x)=\begin{cases}\dfrac{1}{30}(x-800),&800\leqslant x<830\\[2mm]1,&830\leqslant x<840\\[2mm]\dfrac{1}{60}(900-x),&840\leqslant x\leqslant900\end{cases},\quad \mu_{\Delta T_{10}}(x)=\begin{cases}\dfrac{1}{170}(x-400),&400\leqslant x<570\\[2mm]1,&570\leqslant x<760\\[2mm]\dfrac{1}{140}(900-x),&760\leqslant x\leqslant900\end{cases}$$

$$\mu_{\Delta T_{20}}(x)=\begin{cases}\dfrac{1}{70}(x-260),&260\leqslant x<330\\[2mm]1,&330\leqslant x<420\\[2mm]\dfrac{1}{140}(560-x),&420\leqslant x\leqslant560\end{cases},\quad \mu_{\Delta T_{30}}(x)=\begin{cases}\dfrac{1}{90}(x-210),&210\leqslant x<300\\[2mm]1,&300\leqslant x<350\\[2mm]\dfrac{1}{20}(370-x),&350\leqslant x\leqslant370\end{cases}$$

$$\mu_{\Delta T_{40}}(x)=\begin{cases}\dfrac{1}{10}(x-50),&50\leqslant x<60\\[2mm]1,&60\leqslant x<90\\[2mm]\dfrac{1}{10}(100-x),&90\leqslant x\leqslant100\end{cases},\quad \mu_{\Delta T_{12}}(x)=\begin{cases}\dfrac{1}{80}(x-120),&120\leqslant x<200\\[2mm]1,&200\leqslant x<370\\[2mm]\dfrac{1}{30}(400-x),&370\leqslant x\leqslant400\end{cases}$$

$$\mu_{\Delta T_{23}}(x)=\begin{cases}1,&30\leqslant x<100\\[2mm]\dfrac{1}{100}(200-x),&100\leqslant x\leqslant200\end{cases},\quad \mu_{\Delta T_{34}}(x)=\begin{cases}\dfrac{1}{30}(x-70),&70\leqslant x<100\\[2mm]1,&100\leqslant x<260\\[2mm]\dfrac{1}{140}(400-x),&260\leqslant x\leqslant400\end{cases}$$

逐步到来的三个报告为

$$\mu_{T_2}(x)=\begin{cases}\dfrac{1}{80}(x-1040),&1040\leqslant x<1120\\[2mm]1,&1120\leqslant x<1130\\[2mm]\dfrac{1}{10}(1140-x),&1130\leqslant x\leqslant1140\end{cases},\quad \mu_{T_3}(x)=\begin{cases}1,&1140\leqslant x<1200\\[2mm]\dfrac{1}{10}(1210-x),&1200\leqslant x\leqslant1210\end{cases}$$

$$\mu_{T_4}(x)=\begin{cases}\dfrac{1}{10}(1450-x), & 1440\leqslant x<1450\\[2mm]\dfrac{1}{10}(1460-x), & 1450\leqslant x\leqslant 1460\end{cases}$$

在进行推理之前需验证知识模型的一致性。在图 2.2 中共有 5 个时间变量，因此需要 $5\times(5-1)/2=10$ 次检验，而事实上只有三对时间点之间存在多条路径，即 (t_1, t_0)、(t_2, t_0) 和 (t_3, t_0)，故只需对这三对时间进行检验。

首先，t_1 到 t_0 有四条路径：(t_1, t_0)、(t_1, t_2, t_0)、(t_1, t_2, t_3, t_0) 和 $(t_1, t_2, t_3, t_4, t_0)$，因此，$\Delta T_{10}{}^1=\Delta T_{10}$，$\Delta T_{10}{}^2=\Delta T_{12}\oplus\Delta T_{20}$，$\Delta T_{10}{}^3=\Delta T_{12}\oplus\Delta T_{23}\oplus\Delta T_{30}$，$\Delta T_{10}{}^4=\Delta T_{12}\oplus\Delta T_{23}\oplus\Delta T_{34}\oplus\Delta T_{40}$。

根据式(2.10)计算可知：

$$\mu_{\Delta T_{10}{}^1}(x)=\begin{cases}\dfrac{1}{170}(x-400), & 400\leqslant x<570\\[2mm]1, & 570\leqslant x<760,\\[2mm]\dfrac{1}{140}(900-x), & 760\leqslant x\leqslant 900\end{cases}\quad \mu_{\Delta T_{10}{}^2}(x)=\begin{cases}\dfrac{1}{140}(x-380), & 380\leqslant x<450\\[2mm]\dfrac{1}{160}(x-370), & 450\leqslant x<530\\[2mm]1, & 530\leqslant x\leqslant 790\\[2mm]\dfrac{1}{280}(1070-x), & 790\leqslant x\leqslant 930\\[2mm]\dfrac{1}{60}(960-x), & 930\leqslant x\leqslant 960\end{cases}$$

$$\mu_{\Delta T_{10}{}^3}(x)=\begin{cases}\dfrac{1}{340}(x-190), & 360\leqslant x<530\\[2mm]1, & 530\leqslant x<820\\[2mm]\dfrac{1}{200}(1020-x), & 820\leqslant x\leqslant 920\\[2mm]\dfrac{1}{100}(970-x), & 920\leqslant x\leqslant 970\end{cases}\quad \mu_{\Delta T_{10}{}^4}(x)=\begin{cases}\dfrac{1}{240}(x-150), & 270\leqslant x<390\\[2mm]1, & 390\leqslant x<820\\[2mm]\dfrac{1}{200}(1020-x), & 820\leqslant x\leqslant 920\\[2mm]\dfrac{1}{360}(1100-x), & 920\leqslant x\leqslant 1100\end{cases}$$

根据式(2.19)计算可知，$\mu_{\Delta\tilde{T}_{ij}}(x)=\mu_{\Delta T_{10}{}^1}(x)$，那么易知 $\max\limits_{1\leqslant k\leqslant 4}\rho(\Delta T_{10}, \Delta T_{10}{}^k)=1$，同理，经计算可知 $\max\limits_{1\leqslant k\leqslant 3}\rho(\Delta T_{20}, \Delta T_{20}{}^k)=1$，$\max\limits_{1\leqslant k\leqslant 2}\rho(\Delta T_{30}, \Delta T_{30}{}^k)=1$。因此，该知识模型是一致的，可以进行时间推理。

根据式(2.10)计算可知，

$$\mu_{T_{10}}(x)=\begin{cases}\dfrac{1}{340}(x-1200), & 1200\leqslant x<1370\\[2mm]\dfrac{1}{60}(x-1340), & 1370\leqslant x<1400\\[2mm]1, & 1440\leqslant x<1600,\\[2mm]\dfrac{1}{280}(1880-x), & 1600\leqslant x<1740\\[2mm]\dfrac{1}{120}(1800-x), & 1740\leqslant x\leqslant 1800\end{cases}\quad \mu_{T_{20}}(x)=\begin{cases}\dfrac{1}{140}(x-1300), & 1300\leqslant x<1370\\[2mm]\dfrac{1}{160}(x-1290), & 1370\leqslant x<1450\\[2mm]1, & 1450\leqslant x<1550\\[2mm]\dfrac{1}{280}(1830-x), & 1550\leqslant x<1690\\[2mm]\dfrac{1}{20}(1700-x), & 1690\leqslant x\leqslant 1700\end{cases}$$

$$\mu_{T_{30}}(x)=\begin{cases}\dfrac{1}{180}(x-1350), & 1350\leqslant x<1440\\[2mm]1, & 1440\leqslant x<1550\\[2mm]\dfrac{1}{20}(1570-x), & 1550\leqslant x<1560\\[2mm]\dfrac{1}{40}(1580-x), & 1560\leqslant x\leqslant 1580\end{cases}, \quad \mu_{T_{40}}(x)=\begin{cases}\dfrac{1}{20}(x-1490), & 1490\leqslant x<1510\\[2mm]1, & 1510\leqslant x<1540\\[2mm]\dfrac{1}{20}(x-1540), & 1540\leqslant x<1560\end{cases}$$

根据式(2.15)，得

$$\mu_{T_0}(x)=\bigwedge_{k=1}^{4}\mu_{T_{k0}}(x)=\begin{cases}\dfrac{1}{20}(x-1490), & 1490\leqslant x<1510\\[2mm]1, & 1510\leqslant x<1540\\[2mm]\dfrac{1}{20}(x-1540), & 1540\leqslant x\leqslant 1560\end{cases}$$

可见，随着对 t_0 约束较强报告的获得，t_0 的可能范围逐渐缩小，最后得到一个模糊度较小的 T_0 值。该方法计算结果与文献[8]一致，但整个计算过程避免了由于简单的梯形函数边界运算而造成的误差扩大，因此更加符合实际。尤其对于复杂的不确定时间信息，可通过各种形式的隶属度函数和非隶属度函数进行描述和推理，将更能体现该方法的优越性。

通过实例验证分析，本书提出的直觉模糊时间推理方法，充分利用了直觉模糊集合对不确定性时间在描述和推理方面的巨大优势，可以表达任意模糊时间信息，并通过隶属度函数和非隶属度函数之间的直觉模糊逻辑运算进行推理，使得推理结果更加准确可信。

2.3　基于直觉模糊集的不确定空间关系描述方法

空间位置是事件的固有属性之一。态势评估中，各事件发生的空间模式常常为意图模式分类提供有力依据，因此空间知识处理是意图识别中不可缺少的一个方面。在实际战场态势中，采样点的位置和属性数据往往是不精确的，所描述的空间关系与真实目标关系间总存在差异，即空间关系是不确定的。如何描述和处理此类不确定空间关系，并将其应用于空间分析和推理越来越受到相关领域学者的重视。文献[9]提出了几种常用的基本空间关系在模糊不确定条件下的匹配方法和模糊空间变量的估计方法。该空间关系的数学模型和处理方法比较局限，只能解决个别典型空间问题，对于大部分空间问题无法解决，同时对不确定空间实体和空间关系没有统一的描述和划分方法，无法准确描述。

空间拓扑关系是空间实体间的基本关系之一，是空间模拟、空间查询、空间分析和推理的基础，态势评估中很多空间知识可以转换为拓扑空间关系。因此，本书在现有不确定空间关系描述研究的基础上，首先利用直觉模糊集描述各种不确定空间实体，对其拓扑空间进行模糊划分；然后构建直觉模糊九交模型，研究各实体间的空间拓扑关系；最后给出一种基于直觉模糊集的空间拓扑关系抽象方法对空间关系进行判定，并应用于态势评估领域。

2.3.1 不确定空间实体的直觉模糊描述

如何表达空间实体的模糊性对于研究其拓扑关系非常重要。在 GIS 中，地理实体一般分为：点、线、面和体。本文主要研究模糊点、模糊线和模糊面。

有关空间实体的模糊不确定性如何表示，至今研究得比较少，没有统一认识。因此，如何对模糊实体的描述更加科学化、合理化是研究重点。本书尝试用直觉模糊集对不确定空间实体进行描述。

1. 模糊点实体

模糊点实体表示在有限的点集范围内，具有某种属性的实体。它与某一参考点 (a,b) 的距离有关，与 (a,b) 越近就越具有某种属性。针对态势评估研究，这里的属性只是指位置属性，即由于位置随机性引起地理目标模糊的情形。

模糊点实体可以表示为 $(x,y,\mu_A(x,y),\gamma_A(x,y))$。其中，$\mu_A(x,y)$ 表示位于点 (x,y) 的可能性程度，$\gamma_A(x,y)$ 表示位于点 (x,y) 的非可能性程度。点对象拓扑空间模糊划分如图 2.3 所示。

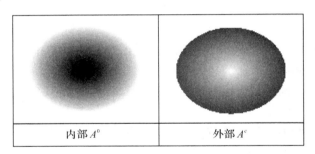

内部 A^0　　　　　外部 A^c

图 2.3　点对象拓扑空间模糊划分

点对象的模糊内部 A^0 由一个模糊圆组成，内部的隶属度由模糊圆心向边界逐渐减小；外部 A^c 的隶属度由模糊圆心向边界逐渐增加，其隶属度函数和非隶属度函数定义如下

$$\mu_{A^0}(x,y)=\gamma_{A^c}(x,y)=\begin{cases}1-\dfrac{\sqrt{(x-a)^2+(y-b)^2}}{\tau\cdot r}, & (x-a)^2+(y-b)^2\leqslant r^2 \\ 0, & (x-a)^2+(y-b)^2>r^2\end{cases} \quad (2.23)$$

$$\mu_{A^c}(x,y)=\gamma_{A^0}(x,y)=\begin{cases}\dfrac{\sqrt{(x-a)^2+(y-b)^2}}{r}, & (x-a)^2+(y-b)^2\leqslant r^2 \\ 1, & (x-a)^2+(y-b)^2>r^2\end{cases} \quad (2.24)$$

其中，r 表示以参考点 (a,b) 为中心的圆半径，表示制约边界；a 和 b 的值可以通过连续观测样本计算其期望值获取；当 $\tau\geqslant 1$ 时，用来调节犹豫度，当 $\tau=1$ 时，犹豫度为 0。

2. 模糊线实体

线实体的模糊性比点实体的模糊性复杂，线对象分为内部 A^0、边界 ∂A 和外部 A^c 三部分，且三部分之间有一定重叠，线的内部、边界不再是一条曲线或点，而是一个带有隶属度的面。线对象空间上的任意一点都有属于内部、边界和外部的隶属度，而不再是唯一的属于某一个部分。线对象拓扑空间模糊划分如图 2.4 所示。

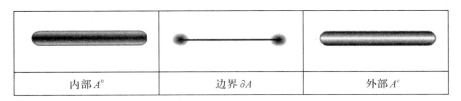

图 2.4　线对象拓扑空间模糊划分

内部 A^0　　　　　　边界 ∂A　　　　　　外部 A^c

从图 2.4 可以看出，线的模糊内部和外部均是由以线上的点为圆心、以一定距离为半径的模糊圆所经过的轨迹组成。模糊内部圆心的隶属度最大，圆外点的隶属度最小，圆内的隶属度由模糊圆边界到圆心逐渐增大。模糊外部由内部的补组成，由模糊圆的边界向圆心，隶属度逐渐变小。线的模糊边界是由以线的两个端点为圆心、以一定的距离为半径的两个模糊圆组成，由模糊圆圆心到其边界，隶属度逐渐减小。

各部分隶属度函数和非隶属度函数定义如下

$$\mu_{A^0}(x,y)=\gamma_{A^c}(x,y)=\begin{cases}1-\dfrac{d_1}{\tau_1 \cdot r_1}, & d_1 \leqslant r_1 \\ 0, & d_1 > r_1\end{cases} \qquad (2.25)$$

$$\mu_{A^c}(x,y)=\gamma_{A^0}(x,y)=\begin{cases}\dfrac{d_1}{r_1}, & d_1 \leqslant r_1 \\ 1, & d_1 > r_1\end{cases} \qquad (2.26)$$

$$\mu_{\partial A}(x,y)=\begin{cases}1-\dfrac{d_2}{\tau_2 \cdot r_2}, & d_2 \leqslant r_2 \\ 0, & d_2 > r_2\end{cases}, \quad \gamma_{\partial A}(x,y)=\begin{cases}\dfrac{d_1}{r_2}, & d_1 \leqslant r_2 \\ 1, & d_1 > r_2\end{cases} \qquad (2.27)$$

其中，r_1 表示以线上点为圆心的圆半径，r_2 表示以线端点为圆心的圆半径；d_1 表示点 (x,y) 到线边界的最小距离，d_2 表示点 (x,y) 到线端点的最小距离；当 τ_1、$\tau_2 \geqslant 1$，用来调节犹豫度，当 $\tau_1 = \tau_2 = 1$，犹豫度为 0。

3. 模糊面实体

模糊面实体的边界是一个过渡、逐渐变化的区域，沿着面对象分别向外或向内以一定间隔平行作无数个相似于面对象的嵌套对象。如果间隔足够小，则可看作是对面对象所在空间的嵌套划分。我们将面对象所在的空间模糊划分为内部 A^0、边界 ∂A 和外部 A^c 三个模糊概念。面对象拓扑空间模糊划分如图 2.5 所示。

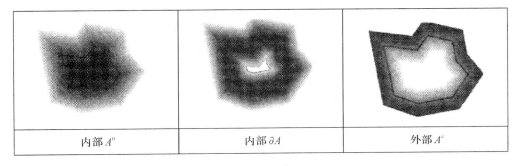

内部 A^0　　　　　　内部 ∂A　　　　　　外部 A^c

图 2.5　面对象拓扑空间模糊划分

面对象的边界不单纯是指其边界矢量坐标点数组或边界栅格化后形成的栅格序列，应该存在一个空间范围。该范围以面对象的边界为中心，向内部和外部扩散，离对象边界越远，其隶属于对象边界的隶属度越小，反之则越大。在面的边界处达到最大隶属度值 1。

各部分隶属度函数和非隶属度函数定义如下

$$\mu_{\partial A}(x, y) = \begin{cases} 0, & d_1 \leqslant -b \\ 1 + \dfrac{d_1}{\tau_1 \cdot b}, & -b < d_1 \leqslant 0 \\ 1 - \dfrac{d_1}{\tau_1 \cdot a}, & 0 < d_1 \leqslant a \\ 0, & d_1 > a \end{cases}, \quad \gamma_{\partial A}(x, y) = \begin{cases} 1, & d_1 \leqslant -b \\ -\dfrac{d_1}{b}, & -b < d_1 \leqslant 0 \\ \dfrac{d_1}{a}, & 0 < d_1 \leqslant a \\ 1, & d_1 > a \end{cases} \quad (2.28)$$

$$\mu_{A^0}(x, y) = \begin{cases} 1, & d_1 \leqslant -b \\ \dfrac{-d_1}{\tau_2 \cdot b}, & -b < d_1 \leqslant 0, \\ 0, & d_1 > 0 \end{cases} \gamma_{A^0}(x, y) = \begin{cases} 0, & d_1 \leqslant -b \\ 1 + \dfrac{d_1}{b}, & -b < d_1 \leqslant 0 \\ 1, & d_1 > 0 \end{cases} \quad (2.29)$$

$$\mu_{A^c}(x, y) = \begin{cases} 0, & d_1 \leqslant 0 \\ \dfrac{d_1}{\tau_3 \cdot a}, & 0 \leqslant d_1 < a, \\ 1, & d_1 \geqslant a \end{cases} \gamma_{A^c}(x, y) = \begin{cases} 1, & d_1 \leqslant 0 \\ 1 - \dfrac{d_1}{a}, & 0 \leqslant d_1 < a \\ 0, & d_1 \geqslant a \end{cases} \quad (2.30)$$

其中，参数 a，$b > 0$，分别表示面对象外模糊区域和内模糊区域的宽度；d_1 表示点 (x, y) 到面对象边界的最小距离；τ_1、τ_2 和 τ_3 的含义同上。

本书基于直觉模糊集的不确定空间实体描述方法加入了非隶属度函数，使得对事物的描述更加精确、更加符合实际。

2.3.2 模糊对象空间拓扑关系的描述

模糊对象空间范围的不确定性往往使得拓扑关系具有模糊性，已有的基于二值逻辑的定性表达方法无法表达拓扑关系的认知模糊性。上一节通过直觉模糊集合描述的空间模糊实体，对其拓扑关系进行分析，以统一处理精确对象与模糊对象间的模糊拓扑关系。

借鉴杜世宏[10]提出的模糊九交模型的思想，把对象拓扑空间模糊划分后形成的空间看作三个直觉模糊集，任意一个点都在这三个模糊集中对应一个直觉模糊数。

拓扑关系中两个对象 A 和 B 对它们所在的空间 U_{AB} 形成了两个模糊划分，其内部、外部和边界对应的直觉模糊集分别为 A^0、A^c、∂A，B^0、B^c、∂B。那么 Egenhofer 九交模型可以扩展为直觉模糊九交模型：

$$\tilde{T}(A, B) = \begin{bmatrix} \langle \mu(A^0, B^0), \gamma(A^0, B^0) \rangle & \langle \mu(A^0, \partial B), \gamma(A^0, \partial B) \rangle & \langle \mu(A^0, B^c), \gamma(A^0, B^c) \rangle \\ \langle \mu(\partial A, B^0), \gamma(\partial A, B^0) \rangle & \langle \mu(\partial A, \partial B), \gamma(\partial A, \partial B) \rangle & \langle \mu(\partial A, B^c), \gamma(\partial A, B^c) \rangle \\ \langle \mu(A^c, B^0), \gamma(A^c, B^0) \rangle & \langle \mu(A^c, \partial B), \gamma(A^c, \partial B) \rangle & \langle \mu(A^c, B^c), \gamma(A^c, B^c) \rangle \end{bmatrix}$$

$$(2.31)$$

其中，$\mu(A^0, B^0)$ 表示取两个模糊集合交集中最大隶属度值，$\gamma(A^0, B^0)$ 表示取两个模糊集合交集中最小非隶属度值，如

$$\mu(A^0, B^0) = \bigvee_{(x, y) \in U_{AB}} \min[\mu_{A^0}(x, y), \mu_{B^0}(x, y)]$$

$$\gamma(A^0, B^0) = \bigwedge_{(x, y) \in U_{AB}} \max[\gamma_{A^0}(x, y), \gamma_{B^0}(x, y)]$$

当模糊划分退化为精确划分时，直觉模糊集合也就退化为经典集合，故该模型同样可以描述精确对象间的拓扑关系。

为方便使用，将直觉模糊九交矩阵表示为

$$\widetilde{T}(A,B) = \begin{bmatrix} \langle \mu_{11}, \gamma_{11} \rangle & \langle \mu_{12}, \gamma_{12} \rangle & \langle \mu_{13}, \gamma_{13} \rangle \\ \langle \mu_{21}, \gamma_{21} \rangle & \langle \mu_{22}, \gamma_{22} \rangle & \langle \mu_{23}, \gamma_{23} \rangle \\ \langle \mu_{31}, \gamma_{31} \rangle & \langle \mu_{32}, \gamma_{32} \rangle & \langle \mu_{33}, \gamma_{33} \rangle \end{bmatrix}$$

模糊实体间的拓扑关系主要研究点与点、点与线、点与面、线与线、线与面以及面与面之间的拓扑关系。现就其拓扑关系中隶属度函数和非隶属度函数的计算进行论述。

1. 点与点拓扑关系分析

点与点拓扑关系比较简单。点对象没有边界，那么在直觉模糊九交矩阵中与边界有关的五个元素均没有意义，只有$\langle \mu_{11}, \gamma_{11} \rangle$、$\langle \mu_{13}, \gamma_{13} \rangle$、$\langle \mu_{31}, \gamma_{31} \rangle$和$\langle \mu_{33}, \gamma_{33} \rangle$有意义。点与点拓扑关系根据点对象$A$和$B$之间的距离$D(A,B)$分为三种情况：(a) $D(A,B) \geqslant 2r$；(b) $r \leqslant D(A,B) < 2r$；(c) $0 \leqslant D(A,B) < r$。r为式(2.23)和式(2.24)的控制参数。

下面分情况讨论直觉模糊九交矩阵中各元素的计算方法：

(1) 将点A和点B中心连线的中点坐标代入式(2.23)得到μ_{11}，代入式(2.24)得到γ_{11}。

(2) 当(a)或(b)成立时，$\mu_{13} = \mu_{31} = 1$，$\gamma_{13} = \gamma_{31} = 0$；当(c)成立时，点$A$和点$B$中心连线的延长线与$A$的模糊轮廓线交于$C$点，将线段$BC$的中点坐标代入式(2.23)得到$\mu_{13}$，代入式(2.24)得到$\gamma_{13}$，$\langle \mu_{31}, \gamma_{31} \rangle = \langle \mu_{13}, \gamma_{13} \rangle$。

(3) $\langle \mu_{33}, \gamma_{33} \rangle$始终为$\langle 1, 0 \rangle$。

这样，点与点拓扑关系的直觉模糊九交矩阵即可确定，根据矩阵我们可推理判断给定两未知点的拓扑关系。

2. 点与线拓扑关系分析

由于点对象B没有边界，所以在直觉模糊九交矩阵中只有$\langle \mu_{11}, \gamma_{11} \rangle$、$\langle \mu_{13}, \gamma_{13} \rangle$、$\langle \mu_{21}, \gamma_{21} \rangle$、$\langle \mu_{23}, \gamma_{23} \rangle$、$\langle \mu_{31}, \gamma_{31} \rangle$和$\langle \mu_{33}, \gamma_{33} \rangle$有意义。线的边界与点的模糊划分相同，因而$\langle \mu_{21}, \gamma_{21} \rangle$和$\langle \mu_{23}, \gamma_{23} \rangle$的取值方法类似于点与点拓扑关系中隶属度和非隶属度的计算方式，$\langle \mu_{33}, \gamma_{33} \rangle$始终为$\langle 1, 0 \rangle$。对另外三个元素，需分情况讨论：

(1) 若点B与线A上的点O间的距离为B与A间的最短距离，则将线段BO中点坐标代入式(2.25)得到μ_{11}，代入式(2.26)得到γ_{11}。

(2) 若点B在线A的模糊区域外（含边界），则$\langle \mu_{31}, \gamma_{31} \rangle = \langle 1, 0 \rangle$；否则，线段$BO$朝向端点$B$的延长线与线模糊区域边界的交点为$C$，将线段$BC$的中点坐标代入式(2.26)得到$\mu_{31}$，代入式(2.25)得到$\gamma_{31}$。

(3) 若线A的两个端点中至少有一个在点B模糊区域外部，则$\langle \mu_{13}, \gamma_{13} \rangle = \langle 1, 0 \rangle$；否则，将点$B$与线$A$的两个端点$a$、$a'$分别相连，并交$B$的模糊区域轮廓线于点$p$与$p'$，将线段$pa$和$p'a'$的中点分别带入式(2.25)和式(2.26)取隶属度较大值为μ_{13}，取非隶属度较小值为γ_{13}。

(4) 当点B在线A上时，$\langle \mu_{11}, \gamma_{11} \rangle = \langle 1, 0 \rangle$，$\langle \mu_{13}, \gamma_{13} \rangle = \langle \mu_{31}, \gamma_{31} \rangle = \langle 0.5, 0.5 \rangle$。

3. 点与面拓扑关系分析

点与面拓扑关系同点与线拓扑关系的模糊描述相似，只有六个元素有效，$\langle \mu_{33}, \gamma_{33} \rangle$始终为$\langle 1,0 \rangle$。设点$O'$、$O''$和$O'''$分别为面$A$的模糊内轮廓线、边界和模糊外部轮廓线离点$B$最近的点，则

(1) 将线段BO'的中点坐标代入式(2.29)，可得$\langle \mu_{11}, \gamma_{11} \rangle$的值。

(2) 若面A的模糊区域内轮廓线完全在点的模糊区域内，则将其内轮廓线的所有点坐标代入式(2.29)，其中最大隶属度、最小非隶属度值即为$\langle \mu_{13}, \gamma_{13} \rangle$的值；否则，$\langle \mu_{13}, \gamma_{13} \rangle = \langle 1,0 \rangle$。

(3) 将线段BO''的中点坐标代入式(2.28)，即可得$\langle \mu_{21}, \gamma_{21} \rangle$的值。

(4) 若面A的边界线在点B的模糊区域内部，则将其边界线的所有点坐标代入式(2.24)，其中最大隶属度、最小非隶属度值即为$\langle \mu_{23}, \gamma_{23} \rangle$的值；否则，$\langle \mu_{23}, \gamma_{23} \rangle = \langle 1,0 \rangle$。

(5) 若点B在A的外部模糊轮廓线外，则$\langle \mu_{31}, \gamma_{31} \rangle = \langle 1,0 \rangle$；否则将线段$BO'''$中点坐标代入式(2.30)即可得到$\langle \mu_{31}, \gamma_{31} \rangle$的值。

(6) 当点及其模糊区域在面的模糊区域内轮廓内时，$\langle \mu_{11}, \gamma_{11} \rangle = \langle 1,0 \rangle$，$\langle \mu_{13}, \gamma_{13} \rangle = \langle \mu_{23}, \gamma_{23} \rangle = \langle 1,0 \rangle$，$\langle \mu_{21}, \gamma_{21} \rangle = \langle \mu_{31}, \gamma_{31} \rangle = \langle 0,1 \rangle$。

4. 线与线拓扑关系分析

线与线拓扑关系对应的直觉模糊九交矩阵中九个元素均有效，$\langle \mu_{22}, \gamma_{22} \rangle$的计算同点与点拓扑关系的计算类似，$\langle \mu_{12}, \gamma_{12} \rangle$、$\langle \mu_{21}, \gamma_{21} \rangle$、$\langle \mu_{23}, \gamma_{23} \rangle$和$\langle \mu_{32}, \gamma_{32} \rangle$的计算同点与线拓扑关系的计算类似，不再赘述，$\langle \mu_{33}, \gamma_{33} \rangle$始终为$\langle 1,0 \rangle$。下面仅给出其他四个元素的求解方法。

(1) 当线A和线B的内部模糊区域不相交时，$\langle \mu_{11}, \gamma_{11} \rangle = \langle 0,1 \rangle$，$\langle \mu_{13}, \gamma_{13} \rangle = \langle \mu_{31}, \gamma_{31} \rangle = \langle 1,0 \rangle$。

(2) 当线A和线B的内部模糊区域相交时，设线A上的点O和线B上的点O'间的距离为A和B的最短距离，将OO'的中点坐标代入式(2.25)，得到$\langle \mu_{11}, \gamma_{11} \rangle$的值。

(3) 若线A不在线B的外部模糊区域内，则$\langle \mu_{13}, \gamma_{13} \rangle = \langle 1,0 \rangle$；否则，将线$A$上的各点坐标代入式(2.26)，其中最大隶属度、最小非隶属度值即为$\langle \mu_{13}, \gamma_{13} \rangle$的值。

(4) 若线B不在线A的外部模糊区域内，则$\langle \mu_{31}, \gamma_{31} \rangle = \langle 1,0 \rangle$；否则，将线$B$上的各点坐标代入式(2.26)，其中最大隶属度、最小非隶属度值即为$\langle \mu_{31}, \gamma_{31} \rangle$的值。

(5) 当线A和线B的模糊区域相等时，$\langle \mu_{11}, \gamma_{11} \rangle = \langle 1,0 \rangle$，$\langle \mu_{13}, \gamma_{13} \rangle = \langle \mu_{31}, \gamma_{31} \rangle = \langle 0.5, 0.5 \rangle$。

5. 线与面拓扑关系分析

对于线与面拓扑关系来说，线的边界与面的拓扑关系$\langle \mu_{12}, \gamma_{12} \rangle$、$\langle \mu_{22}, \gamma_{22} \rangle$和$\langle \mu_{32}, \gamma_{32} \rangle$的计算同点与面拓扑关系类似，不再赘述，$\langle \mu_{33}, \gamma_{33} \rangle$始终为$\langle 1,0 \rangle$。下面仅给出其他五个元素的求解方法。

(1) 若面A模糊区域内部轮廓线上的点C和线B上点D间的距离为内部轮廓线和线的最短距离，则将线段CD的中点坐标代入式(2.29)，得到$\langle \mu_{11}, \gamma_{11} \rangle$的值。

(2) 若面A边界线上的点C'和线B上的点D'间的距离为边界线和线的最短距离，则将线段$C'D'$的中点坐标代入式(2.28)，得到$\langle \mu_{21}, \gamma_{21} \rangle$的值。

(3) 若线B不在A的外部模糊轮廓线内，则$\langle \mu_{31}, \gamma_{31} \rangle = \langle 1,0 \rangle$；否则设面$A$模糊区域外部轮廓线上的点$C''$和线$B$上的点$D''$间的距离为外部轮廓线和线的最短距离，将线段

$C''D''$的中点坐标代入式(2.30)，得到$\langle\mu_{31}, \gamma_{31}\rangle$的值；

（4）若面A模糊区域内部轮廓线不在线B的内部模糊区域内，则$\langle\mu_{13}, \gamma_{13}\rangle=\langle1, 0\rangle$；否则，将面$A$的模糊区域内轮廓线上的各点坐标代入式(2.29)，其中最大隶属度、最小非隶属度值即为$\langle\mu_{13}, \gamma_{13}\rangle$的值。

（5）若面A的边界线不在线B的内部模糊区域内，则$\langle\mu_{23}, \gamma_{23}\rangle=\langle1, 0\rangle$；否则，将面$A$的边界线上的各点坐标代入式(2.28)，其中最大隶属度、最小非隶属度值即为$\langle\mu_{23}, \gamma_{23}\rangle$的值。

6. 面与面拓扑关系分析

对于面与面拓扑关系来说，模糊九交矩阵中九个元素均有效，$\langle\mu_{33}, \gamma_{33}\rangle$始终为$\langle1, 0\rangle$，面与面拓扑关系隶属度与非隶属度可以根据面与面模糊区域轮廓线间距离来计算。

（1）把A和B的模糊区域内轮廓线间最短距离的中点坐标代入式(2.29)，可求得属于对象A和B内部的隶属度，取最大隶属度、最小非隶属度值即为$\langle\mu_{11}, \gamma_{11}\rangle$的值。

（2）把A模糊区域内轮廓线和B的边界线间最短距离的中点坐标代入式(2.28)，即可得到$\langle\mu_{12}, \gamma_{12}\rangle$的值。

（3）把A的模糊区域内轮廓线和B的模糊区域外轮廓线间最短距离的中点坐标代入式(2.30)，即可得到$\langle\mu_{13}, \gamma_{13}\rangle$的值。

（4）把A的边界线和B的模糊区域内轮廓线、边界线、外轮廓线间最短距离的中点坐标分别代入式(2.30)、式(2.28)和式(2.29)，得到$\langle\mu_{21}, \gamma_{21}\rangle$、$\langle\mu_{22}, \gamma_{22}\rangle$和$\langle\mu_{23}, \gamma_{23}\rangle$的值；把$A$的模糊区域外轮廓线和$B$的模糊区域内轮廓线、边界线间最短距离的中点坐标分别代入式(2.30)，得到$\langle\mu_{31}, \gamma_{31}\rangle$和$\langle\mu_{32}, \gamma_{32}\rangle$的值。

基于直觉模糊集的拓扑关系模型将经典模糊对象和精确对象作为特例来统一建模和分析，使得分析结果更加精确；可以利用直觉模糊九交矩阵进行拓扑关系判定，进而对空间问题进行推理、决策，适于解决基于GIS的实际应用问题。

2.3.3 基于直觉模糊集的空间拓扑关系抽象化方法

本小节在分析模糊对象空间拓扑关系的基础上，用空间关系向量定量描述拓扑关系，通过计算向量之间的相关程度，提出一种空间拓扑关系抽象化方法，并根据空间拓扑关系的区域分布特征对抽象后的结果进行调整。

1. 空间关系向量

首先，将直觉模糊九交矩阵表示为空间某关系向量形式：

$\boldsymbol{R}=(\langle\mu_{11}, \gamma_{11}\rangle, \langle\mu_{12}, \gamma_{12}\rangle, \langle\mu_{13}, \gamma_{13}\rangle, \langle\mu_{21}, \gamma_{21}\rangle, \langle\mu_{22}, \gamma_{22}\rangle, \langle\mu_{23}, \gamma_{23}\rangle, \langle\mu_{31}, \gamma_{31}\rangle, \langle\mu_{32}, \gamma_{32}\rangle, \langle\mu_{33}, \gamma_{33}\rangle)$

$\boldsymbol{R}$为直觉模糊九交模型区分的对象之间的拓扑关系。如果模糊对象中有点对象，则空间关系向量形式需适当变化。

点与点拓扑关系的空间某关系向量形式为

$$\boldsymbol{R}=(\langle\mu_{11}, \gamma_{11}\rangle, \langle\mu_{13}, \gamma_{13}\rangle, \langle\mu_{31}, \gamma_{31}\rangle, \langle\mu_{33}, \gamma_{33}\rangle)$$

点与线和点与面拓扑关系的空间某关系向量形式为

$$\boldsymbol{R}=(\langle\mu_{11}, \gamma_{11}\rangle, \langle\mu_{13}, \gamma_{13}\rangle, \langle\mu_{21}, \gamma_{21}\rangle, \langle\mu_{23}, \gamma_{23}\rangle, \langle\mu_{31}, \gamma_{31}\rangle, \langle\mu_{33}, \gamma_{33}\rangle)$$

我们将具有标准空间关系值的向量叫做参考空间关系向量，一般将其值定义为$\langle 1，0\rangle$、$\langle 0，1\rangle$或$\langle 0.5，0.5\rangle$。

2. 空间向量相关度

为了对空间拓扑关系进行抽象，我们首先引入空间向量相关度的定义。

定义 2.5（空间向量相关度） 设 P 和 T 是两个 n 维空间向量，其相关度定义为

$$S(\boldsymbol{P}，\boldsymbol{T}) = 1 - \frac{1}{\sqrt{2n}} \sqrt{\sum_{i=1}^{n} (|\mu_P(x_i) - \mu_T(x_i)|^2 + |\gamma_P(x_i) - \gamma_T(x_i)|^2 + |\pi_P(x_i) - \pi_T(x_i)|^2)}$$

$$(2.32)$$

可见，两个空间向量间的相关度可用两个直觉模糊集间的相似度进行表示，根据式（2.12），令 $p=2$，$w=1/n$，即得上式。

根据空间向量相关度的定义，相关度越大表示两个空间向量越相似，那么通过计算一个被考察的空间向量与参考空间向量的相关度，可以将这个空间向量进行归类。

3. 空间拓扑关系抽象方法

空间拓扑关系抽象方法是人类空间认知和思维的基本方法之一，抽象的结果必须更易于理解和表达，以及进行信息的交流，因此必须有一个标准。

前面所考虑的参考空间关系向量中的分量为 0、1 或 1/2，在实际应用中有必要对其进行优化，根据空间拓扑关系的区域分布特征重新确定参考空间关系向量，以增强判别的准确性。

空间拓扑关系抽象方法的步骤如下：

（1）设有 M 对同类别的模糊空间实体对象，运用上节各实体间拓扑关系中隶属度函数和非隶属度函数的计算方法，求出每一对模糊对象的定量化实体空间关系向量 $\boldsymbol{R}_M^i$；

（2）根据式（2.32），分别计算这些定量化空间关系向量与参考空间关系向量的相关度 S，然后比较相关度大小，确定这个向量所属空间关系；

（3）将初步抽象的结果进行归类，然后取平均值计算每一类的中心，作为新的参考空间关系向量；

（4）根据式（2.32），重新计算定量化空间关系向量与每个新参考空间关系向量的相关度，取相关度最大的空间关系为推理结果。

运用该方法，可以将过于复杂的模糊空间拓扑关系抽象为最基本、实用的空间拓扑关系。下面通过态势评估中一个例子验证该方法的正确性和优越性。

2.3.4 实例分析

态势估计中，常常需要判断某目标 P_1 是否在另一目标 P_2 的火力范围或探测范围内。当 P_2 是敌方目标且距离较远时，对它的定位误差较大。此时尽管敌方目标的火力作用范围或探测范围的不确定性较小，但由于 P_2 本身位置的不确定性较大，使得目标 P_2 的火力作用范围和探测范围的不确定性较大，我们可用模糊区域对其进行表示。这样，判断某目标 P_1 是否在另一目标 P_2 的火力范围内或探测范围内这一问题实质上可以看作是判断点与区域的拓扑关系问题。

点与面拓扑关系包括外模糊邻接、内模糊邻接、外模糊相交、内模糊相交、相离、外包含和内包含关系。根据实际需要，我们只讨论：相离 $\boldsymbol{R}_d$、内包含 $\boldsymbol{R}_{ic}$、外包含 $\boldsymbol{R}_{oc}$ 和相交 $\boldsymbol{R}_t$

四种关系。

1. 问题描述

我们把某防空要地 P_1 的中心坐标设为坐标原点，目标 P_2 为某敌方武器重地。通过测量，其相对坐标为 $(2500, 3000)$，根据情报获悉该武器的最大射程约为 $3000 \sim 3500$ 千米，最小射程约为 500 千米。按照点对象和面对象拓扑空间的模糊划分方法，点对象 P_1 和面对象 A 对应的空间关系如图 2.6 所示。

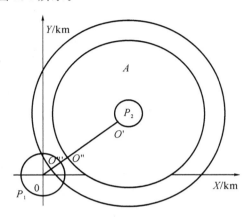

图 2.6　目标点 P_1 与目标区域 A 的空间关系

图 2.6 中，点 O'、O'' 和 O''' 分别为面 A 的模糊内轮廓线、边界和模糊外轮廓线上离 P_1 最近的点。

点对象所在空间中任意点隶属于模糊内部与外部的隶属度和非隶属度用直觉模糊集表示，对式(2.23)和式(2.24)中的参数进行确定，其隶属度函数和非隶属度函数定义如下

$$\mu_{P_1^0}(x, y) = \gamma_{P_1^c}(x, y) = \begin{cases} 1 - \dfrac{\sqrt{x^2 + y^2}}{0.98 \times 5}, & x^2 + y^2 \leqslant 25 \\ 0, & x^2 + y^2 > 25 \end{cases} \quad (2.33)$$

$$\mu_{P_1^c}(x, y) = \gamma_{P_1^0}(x, y) = \begin{cases} \dfrac{\sqrt{x^2 + y^2}}{5}, & x^2 + y^2 \leqslant 25 \\ 1, & x^2 + y^2 > 25 \end{cases} \quad (2.34)$$

同样，对式(2.28)、式(2.29)和式(2.30)中的参数进行确定，即可得到面对象各部分隶属度函数和非隶属度函数具体如下

$$\mu_{\partial A}(x, y) = \begin{cases} 0, & d_1 \leqslant -2700 \\ 1 + \dfrac{d_1}{0.95 \times 2700}, & -2700 < d_1 \leqslant 0 \\ 1 - \dfrac{d_1}{0.95 \times 800}, & 0 < d_1 \leqslant 800 \\ 0, & d_1 > 800 \end{cases}, \quad \gamma_{\partial A}(x, y) = \begin{cases} 1, & d_1 \leqslant -2700 \\ -\dfrac{d_1}{2700}, & -2700 < d_1 \leqslant 0 \\ \dfrac{d_1}{800}, & 0 < d_1 \leqslant 800 \\ 1, & d_1 > 800 \end{cases} \quad (2.35)$$

$$\mu_{A^0}(x, y) = \begin{cases} 1, & d_1 \leqslant -2700 \\ \dfrac{-d_1}{0.95 \times 2700}, & -2700 < d_1 \leqslant 0, \\ 0, & d_1 > 0 \end{cases} \gamma_{A^0}(x, y) = \begin{cases} 0, & d_1 \leqslant -2700 \\ 1 + \dfrac{d_1}{2700}, & -2700 < d_1 \leqslant 0 \\ 1, & d_1 > 0 \end{cases} \quad (2.36)$$

$$\mu_{A^c}(x,y)=\begin{cases} 0, & d_1\leqslant 0 \\ \dfrac{d_1}{0.95\times 800}, & 0\leqslant d_1<800, \\ 1, & d_1\geqslant 800 \end{cases} \quad \gamma_{A^c}(x,y)=\begin{cases} 1, & d_1\leqslant 0 \\ 1-\dfrac{d_1}{800}, & 0\leqslant d_1<800 \\ 0, & d_1\geqslant 800 \end{cases} \qquad (2.37)$$

2. 直觉模糊九交模型计算

由于点对象 P_1 没有边界，所以在直觉模糊九交矩阵中只有 $\langle\mu_{11},\gamma_{11}\rangle$、$\langle\mu_{13},\gamma_{13}\rangle$、$\langle\mu_{21},\gamma_{21}\rangle$、$\langle\mu_{23},\gamma_{23}\rangle$、$\langle\mu_{31},\gamma_{31}\rangle$ 和 $\langle\mu_{33},\gamma_{33}\rangle$ 有意义，我们将直觉模糊九交矩阵简化为

$$\widetilde{T}(P_1,A)=\begin{bmatrix} \langle\mu_{11},\gamma_{11}\rangle & \langle\mu_{13},\gamma_{13}\rangle \\ \langle\mu_{21},\gamma_{21}\rangle & \langle\mu_{23},\gamma_{23}\rangle \\ \langle\mu_{31},\gamma_{31}\rangle & \langle\mu_{33},\gamma_{33}\rangle \end{bmatrix}$$

下面分别对矩阵中各元素进行计算，易知 $\langle\mu_{33},\gamma_{33}\rangle$ 始终为 $\langle 1,0\rangle$。将线段 P_1O' 的中点坐标代入式(2.36)，可得 $\langle\mu_{11},\gamma_{11}\rangle=\langle 0.41,0.56\rangle$；由于面 A 模糊区域的内轮廓线在点的模糊区域外，易知 $\langle\mu_{13},\gamma_{13}\rangle=\langle 1,0\rangle$；将线段 P_1O' 的中点坐标代入式(2.25)，可得 $\langle\mu_{21},\gamma_{21}\rangle=\langle 0.66,0.32\rangle$；由于面 A 的边界线不在 P_1 的模糊区域内部，所以 $\langle\mu_{23},\gamma_{23}\rangle=\langle 1,0\rangle$；将线段 P_1O'' 的中点坐标代入式(2.37)得到 $\langle\mu_{31},\gamma_{31}\rangle=\langle 0.75,0.23\rangle$，则直觉模糊九交矩阵为

$$\widetilde{T}(P_1,A)=\begin{bmatrix} \langle 0.41,0.56\rangle & \langle 1,0\rangle \\ \langle 0.66,0.32\rangle & \langle 1,0\rangle \\ \langle 0.75,0.23\rangle & \langle 1,0\rangle \end{bmatrix}$$

那么，该点与面拓扑关系对应的空间向量为

$$\boldsymbol{R}=(\langle 0.41,0.56\rangle,\langle 1,0\rangle,\langle 0.66,0.32\rangle,\langle 1,0\rangle,\langle 0.75,0.23\rangle,\langle 1,0\rangle)$$

3. 空间关系判定

通过分析，分别给出四种关系的初始参考空间向量如下

$\boldsymbol{R}_d=(\langle 0,1\rangle,\langle 1,0\rangle,\langle 0,1\rangle,\langle 1,0\rangle,\langle 1,0\rangle,\langle 1,0\rangle)$；

$\boldsymbol{R}_{ic}=(\langle 1,0\rangle,\langle 1,0\rangle,\langle 0,1\rangle,\langle 1,0\rangle,\langle 0,1\rangle,\langle 1,0\rangle)$；

$\boldsymbol{R}_{oc}=(\langle 0.5,0.5\rangle,\langle 1,0\rangle,\langle 1,0\rangle,\langle 1,0\rangle,\langle 0.5,0.5\rangle,\langle 1,0\rangle)$；

$\boldsymbol{R}_t=(\langle 0.5,0.5\rangle,\langle 1,0\rangle,\langle 0.5,0.5\rangle,\langle 1,0\rangle,\langle 1,0\rangle,\langle 1,0\rangle)$。

然后，随机产生 50 对点与面拓扑关系向量，利用上节所提到的方法对其进行优化，经优化后这四种关系的参考空间向量调整如下

$\boldsymbol{R}_d=(\langle 0.12,0.95\rangle,\langle 0.96,0.03\rangle,\langle 0.05,0.92\rangle,\langle 0.98,0.02\rangle,\langle 0.95,0.05\rangle,\langle 1,0\rangle)$；

$\boldsymbol{R}_{ic}=(\langle 0.96,0.01\rangle,\langle 0.95,0.05\rangle,\langle 0.05,0.93\rangle,\langle 0.94,0.06\rangle,\langle 0.07,0.92\rangle,\langle 1,0\rangle)$；

$\boldsymbol{R}_{oc}=(\langle 0.52,0.46\rangle,\langle 0.97,0.03\rangle,\langle 0.95,0.03\rangle,\langle 0.98,0.02\rangle,\langle 0.48,0.50\rangle,\langle 1,0\rangle)$；

$\boldsymbol{R}_t=(\langle 0.47,0.52\rangle,\langle 0.98,0.02\rangle,\langle 0.52,0.48\rangle,\langle 0.96,0.02\rangle,\langle 0.97,0.02\rangle,\langle 1,0\rangle)$。

根据式(2.32)，分别计算该空间向量与参考向量间的相关度：

$S(\boldsymbol{R}, \boldsymbol{R}_d) = 0.7103$，$S(\boldsymbol{R}, \boldsymbol{R}_{tc}) = 0.5637$，$S(\boldsymbol{R}, \boldsymbol{R}_{\alpha}) = 0.7996$，$S(\boldsymbol{R}, \boldsymbol{R}_t) = 0.8873$。

可见，该空间向量与 $\boldsymbol{R}_t$ 的相关度最大，$\boldsymbol{R}_{\alpha}$ 次之，那么我们可以断定目标 P_1 在 P_2 火力范围的边缘位置，接近外包含，最不可能的关系是内包含。而我们用精确九交模型分析得到的结果是相离，与事实不符。可见本文尝试用直觉模糊集描述不确定空间信息是成功的，不仅对问题的描述和推理更加合理，同时还能获取更多的空间信息。

该拓扑关系的抽象化方法同样可以解决点与点、点与线、线与线、线与面以及面与面之间的空间拓扑关系问题。不确定空间关系涉及的内容很多，本书只针对空间实体之间的基本关系——拓扑关系进行研究，下一步需在此基础上继续研究不确定空间方向关系、距离关系以及复合关系的描述和推理方法，并将其应用于态势评估领域。

本 章 小 结

本章在第一章直觉模糊集基础理论研究的基础上，尝试用直觉模糊集对不确定时间、空间信息进行描述和推理，并应用于态势评估领域，具体如下

（1）针对现有时序逻辑在描述复杂不确定时间信息方面的局限性，提出一种基于直觉模糊集的不确定时序逻辑，分别在离散和连续论域下对不确定时间信息进行描述，构建不确定点时序逻辑、点-时段时序逻辑以及时段时序逻辑判定公式。

（2）基于直觉模糊时序逻辑构建未知时刻预测模型，给出前向和后向直觉模糊时间推理方法，并对知识模型的一致性进行检验，解决了态势评估中的一些不确定时间推理问题。

（3）利用直觉模糊集描述不确定空间实体，对其拓扑空间进行模糊划分；构建直觉模糊九交模型，研究各实体间的空间拓扑关系，并给出一种抽象化方法，应用于态势评估中空间关系的判定。

该不确定时间、空间关系描述和推理方法，由于非隶属度参数的加入以及直觉模糊逻辑运算的引入，使得描述更加符合实际，推理更加准确，同时获取更多信息方便指挥员进行决策。

参 考 文 献

[1] 贾超. 不明确时间间隔的表示及时态运算的扩展[J]. 计算机工程，2002，28(8)：123-124，237.

[2] 郑琪. 有效时间不确定的时态数据的关联规则挖掘研究[D]. 广州：暨南大学，2003.

[3] 林闯，曲扬，李雅娟. 扩展时段时序逻辑的模型、一致性和推理[J]. 计算机学报，2002，25(12)：1338-1346.

［4］　杜彦华，范玉顺. 扩展模糊时间工作流网的建模与仿真研究［J］. 计算机集成制造系统，2007，13(12)：2358－2364，2381.

［5］　莫孙冶，林嘉宜，彭宏. 基于模糊集的不确定时间的表示及时态关系［J］. 计算机工程，2005，31(18)：197－199.

［6］　姚春燕，胡卫东，郁文贤. 态势估计中的统计时间区间推理方法［J］. 系统工程与电子技术，2002，24(3)：32－35.

［7］　孙兆林，杨宏文，胡卫东. 基于贝叶斯网络的态势估计时间推理方法［J］. 火力与指挥控制，2007，32(1)：30－33，44.

［8］　姚春燕，杨宏文，胡卫东，等. 态势估计中一种模糊时间推理方法［J］. 模糊系统与数学，2000，14(3)：66－71.

［9］　姚春燕，胡卫东，庄钊文. 态势估计中的二维模糊空间知识处理［J］. 火力与指挥控制，2003，28(1)：56－58，61.

［10］　杜世宏. 空间关系模糊描述及组合推理的理论和方法研究［D］. 北京：中国科学院研究生院，2004.

［11］　申晓勇. 直觉模糊 Petri 网理论及其在防空 C⁴ISR 中的应用研究［D］. 西安：空军工程大学，2010.

第三章　直觉模糊 Petri 网模型及其参数优化方法

本章针对现有模糊 Petri 网隶属度单一的缺陷，将直觉模糊集与 Petri 网相结合构建直觉模糊 Petri 网模型，并给出形式化推理算法；利用 BP 误差反传算法通过训练样本对直觉模糊 Petri 网中的权值、阈值以及可信度等参数进行反复学习训练、优化参数、提高推理精度。

3.1　IFPN 模型及形式化推理方法

针对现有模糊 Petri 网隶属度单一的缺陷，将直觉模糊集与 Petri 网相结合构建直觉模糊 Petri 网模型，并给出推理算法。利用直觉模糊数描述各个库所的 Token 值以及变迁的可信度和阈值，在输入矩阵和输出矩阵中分别加入权重系数和可信度因子，不仅解决了各输入库所对变迁作用程度不同的问题，而且简化了模型及其运算；同时，在推理过程中充分发挥 Petri 网的图形描述和并行推理能力，使得推理更加高效，由于非隶属参数的作用，其推理结果更加准确可信。

3.1.1　直觉模糊 Petri 网模型的定义

定义 3.1（IFPN 模型）　IFPN 的结构可用如下的六元组来表示：

$$\text{IFPN} = (P, T, I, O, \tau, \theta) \tag{3.1}$$

其中：

$P = \{p_1, p_2, \cdots, p_n\}$ 是一个有限库所集合，每个库所表示一个命题。

$T = \{t_1, t_2, \cdots, t_m\}$ 是一个有限变迁集合，每个变迁表示一条规则。

$I: P \times T \to [0, 1]$ 是 $n \times m$ 维加权输入矩阵，其矩阵元素 a_{ij} 满足：如果 p_i 是 t_j 的输入，则 $a_{ij} = \omega_{ij}$；否则为 0。其中，ω_{ij} 表示输入库所 p_i 对变迁 t_j 产生影响的权值，满足归一化条件：$\forall j \in \{1, 2, \cdots, m\}$，满足 $\sum\limits_{0 \leqslant i \leqslant n} \omega_{ij} = 1$。

$O: P \times T \to [0, 1]$ 是 $n \times m$ 阶输出矩阵，其矩阵元素 b_{ij} 满足：如果 p_i 是 t_j 的输出，则 $b_{ij} = C_j$；否则为 $(0, 1)$。C_j 表示变迁 t_j 的可信度，值得一提的是，这里的可信度为一直觉模糊数，$C_j = \langle C\mu_j, C\gamma_j \rangle$，$j = 1, 2, \cdots, m$，$C\mu_j$ 表示规则 t_j 可信度的支持度，这里称其为置信度，$C\gamma_j$ 表示可信度的反对度，这里称其为非置信度。

$\tau = (\tau_1, \tau_2, \cdots, \tau_m)^T$ 表示变迁阈值向量，即启动推理规则的条件，$\tau_j = \langle \alpha_j, \beta_j \rangle$，满足：$0 < \alpha_j + \beta_j \leqslant 1$，$0 < \alpha_j \leqslant 1$，$0 \leqslant \beta_j < 1$，其中 α_j 表示置信度阈值，β_j 表示非置信度阈值。

$\theta: P \to [0, 1]$ 是库所 P 的一个关联函数向量，表示命题的模糊真值，初始 Token 值记作 $\theta^{(0)} = (\theta_1^0, \theta_2^0, \cdots, \theta_n^0)^T$，其中 θ_i^0 为一直觉模糊数 $\langle \theta\mu_i^{(0)}, \theta\gamma_i^{(0)} \rangle$。

IFPN 与以往 FPN 模型的不同之处主要表现在以下三个方面：

（1）利用直觉模糊数描述各个库所的 Token 值以及变迁的可信度和阈值，解决了目前模糊 Petri 网隶属度单一的问题，由于非隶属参数的作用，其推理结果更加准确可信；

（2）对输入矩阵和输出矩阵进行改造，加入权重系数和可信度因子，不仅解决了文献 [8]，[9] 中各输入库所对变迁作用程度不同的问题，而且简化了模型及其运算；

（3）当多条规则推出同一结论时取极大值计算最终 Token 值，避免了文献 [1] 的 Token 值大于 1 的可能。

3.1.2　基于直觉模糊 Petri 网的知识表示方法

产生式规则表示法是人们常用的一种表达因果关系的知识表示形式，直观自然便于推理。直觉模糊集理论可将产生式规则直觉模糊化，通常有下面三种直觉模糊产生式规则，其他形式的产生式规则均可以化简为这三种形式之一，故只对这三种形式进行讨论。

（1）简单的直觉模糊产生式规则。

规则 1：IF x THEN y（CF，λ）。

（2）复合的直觉模糊合取产生式规则。

规则 2：IF x_1 AND x_2 AND $\cdots$ AND x_n THEN y（CF，λ，ω_1，ω_2，$\cdots$，ω_n）。

（3）复合的直觉模糊析取产生式规则。

规则 3：IF x_1 OR x_2 OR $\cdots$ OR x_n THEN y（CF_1，CF_2，$\cdots$，CF_n，λ_1，λ_2，$\cdots$，λ_n）。
其中，规则前提条件 $x=\{x_1, x_2, \cdots, x_n\}$ 和结论 $y=\{y_1, y_2, \cdots, y_n\}$ 均为直觉模糊集合，$\omega_i (i=1, 2, \cdots, n)$ 是前提条件 x_i 的权重系数；λ_k 是启动规则的阈值，CF_k 是每条规则的可信度因子，均用直觉模糊数表示。

IFPN 的每个变迁都有相应的规则，变迁的输入库所和输出库所分别是规则的前提条件和结论命题，IFPN 中变迁的发生即是相应的规则匹配成功。模糊规则与 IFPN 映射关系表如表 3.1 所示。

表 3.1　模糊规则与 IFPN 映射关系表

模糊规则	IFPN
前提条件	输入库所
结论命题	输出库所
推理规则	变迁
权重系数	输入强度
可信度	输出强度
规则应用阈值	变迁启动阈值

下面利用直觉模糊 Petri 网模型对以上三类规则进行描述，规则 1 是规则 2 的特殊情况，故只讨论规则 2 和规则 3。

（1）规则 2 的直觉模糊 Petri 网模型。

规则 2 用直觉模糊 Petri 网模型表示，如图 3.1 所示。

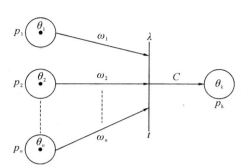

图 3.1 直觉模糊合取产生式规则对应的 IFPN 模型

其中，规则前提条件 x_1，x_2，$\cdots$，x_n 分别用库所 p_1，p_2，$\cdots$，p_n 表示，规则结论 y 用库所 p_k 表示；λ 表示变迁 t 的阈值，$C = \langle C\mu, C\gamma \rangle$ 表示变迁的可信度。

假设库所的模糊 Token 值分别为 θ_1，θ_2，$\cdots$，θ_n，则库所 p_k 的模糊 Token 值为 $\theta_k = (\mu_k, \gamma_k)$，其中：

$$\begin{cases} \mu_k = (\omega_1 \times \mu_1 + \omega_2 \times \mu_2 + \cdots + \omega_n \times \mu_n) \times C\mu \\ \gamma_k = (\omega_1 \times \gamma_1 + \omega_2 \times \gamma_2 + \cdots + \omega_n \times \gamma_n) \times (1 - C\gamma) + C\gamma \end{cases} \tag{3.2}$$

（2）规则 3 的直觉模糊 Petri 网模型。

规则 3 用直觉模糊 Petri 网模型表示，如图 3.2 所示。

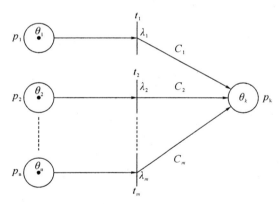

图 3.2 直觉模糊析取产生式规则对应的 IFPN 模型

其中，规则前提条件 x_1，x_2，$\cdots$，x_n 分别用库所 p_1，p_2，$\cdots$，p_n 表示，规则结论 y 用库所 p_k 表示；λ_i 表示变迁 t_i 的阈值，$C_i = \langle C\mu_i, C\gamma_i \rangle$ 表示变迁 t_i 的可信度，$i = 1, 2, \cdots, n$。

假设库所的模糊 Token 值分别为 θ_1，θ_2，$\cdots$，θ_n，则库所 p_k 的模糊 Token 值为 $\theta_k = (\mu_k, \gamma_k)$，其中：

$$\begin{cases} \mu_k = (\mu_1 \times C\mu_1) \vee (\mu_2 \times C\mu_2) \vee \cdots \vee (\mu_n \times C\mu_n) \\ \gamma_k = (\gamma_1 \times (1 - C\gamma_1) + C\gamma_1) \wedge (\gamma_2 \times (1 - C\gamma_2) + C\gamma_2) \wedge \cdots \wedge (\gamma_n \times (1 - C\gamma_n) + C\gamma_n) \end{cases} \tag{3.3}$$

3.1.3 直觉模糊 Petri 网的形式化推理算法

为清晰简洁地表示矩阵运算，定义矩阵运算算子如下：

（1）加法算子 $\oplus$：$\boldsymbol{C} = \boldsymbol{A} \oplus \boldsymbol{B} \Rightarrow C_{ij} = \max(a_{ij}, b_{ij})$，其中 $\boldsymbol{A}$、$\boldsymbol{B}$ 和 $\boldsymbol{C}$ 均为 $n \times m$ 维的直觉

模糊矩阵；

（2）乘法算子 $\otimes$：$\boldsymbol{C}=\boldsymbol{A}\otimes\boldsymbol{B}\Rightarrow C_{ij}=\max_{1\leqslant k\leqslant l}(a_{ik}\cdot b_{kj})$，其中 $\boldsymbol{A}$、$\boldsymbol{B}$ 和 $\boldsymbol{C}$ 分别为 $n\times l$、$l\times m$ 和 $n\times m$ 维的直觉模糊矩阵；

（3）比较算子 $\copyright$：$\boldsymbol{C}=\boldsymbol{A}\ \copyright\ \boldsymbol{B}\Rightarrow\begin{cases}C_{ij}=1,\ \alpha_{ij}\geqslant b_{ij}\\C_{ij}=0,\ \alpha_{ij}<b_{ij}\end{cases}$，其中 $\boldsymbol{A}$、$\boldsymbol{B}$ 和 $\boldsymbol{C}$ 均为 $n\times m$ 维的直觉模糊矩阵；

（4）直乘算子 $\odot$：$\boldsymbol{C}=\boldsymbol{A}\odot\boldsymbol{B}\Rightarrow C_{ij}=a_{ij}\cdot b_{ij}$，其中 $\boldsymbol{A}$、$\boldsymbol{B}$ 和 $\boldsymbol{C}$ 均为 $n\times m$ 维的直觉模糊矩阵。

需要注意的是，$\boldsymbol{A}$、$\boldsymbol{B}$ 和 $\boldsymbol{C}$ 矩阵元素均为直觉模糊数，元素间按照直觉模糊逻辑进行运算：

① $a_{ij}\cdot b_{ij}=(\mu(a_{ij})\cdot\mu(b_{ij}),\gamma(a_{ij})+\gamma(b_{ij})-\gamma(a_{ij})\cdot\gamma(b_{ij}))$；

② $\max(a_{ij},b_{ij})\Leftrightarrow(\max(\mu(a_{ij}),\mu(b_{ij})),\min(\gamma(a_{ij}),\gamma(b_{ij})))$；

③ $a_{ij}\geqslant b_{ij}\Leftrightarrow\mu(a_{ij})\geqslant\mu(b_{ij})$ 与 $\gamma(a_{ij})\leqslant\gamma(b_{ij})$。

假设推理过程中有 n 个命题、m 个推理规则，根据定义 3.1，则表现在直觉模糊 Petri 网模型中有 n 个库所和 m 个变迁。下面给出基于直觉模糊 Petri 网模型的推理算法。

算法 3.1 IFPN 推理算法

输入：库所初始 Token 值 $\theta^{(0)}$、变迁阈值 τ、加权输入矩阵 $\boldsymbol{I}_{n\times m}$ 以及输出矩阵 $\boldsymbol{O}_{n\times m}$。

输出：库所最终 Token 值 θ 与迭代次数 k。

过程：

Step1：初始化各输入变量，令迭代次数 $k=0$；

Step2：计算各变迁的等效模糊输入 Token 值向量 $\boldsymbol{E}$，即将同一变迁中多个模糊输入按照它们的模糊 Token 值和权重系数等效成权系数为 1 的单个模糊输入，表达式为：

$$\boldsymbol{E}=\boldsymbol{I}^{\mathrm{T}}\times\theta^{(k)} \tag{3.4}$$

其中，$\boldsymbol{E}$ 是 m 维列向量，$e_i=\langle\boldsymbol{E\mu}_i,\boldsymbol{E\gamma}_i\rangle$ 为一直觉模糊数，$i=1,2,\cdots,m$；$\boldsymbol{I}$ 表示 $n\times m$ 维加权输入矩阵，$\theta^{(k)}$ 表示第 k 次迭代时库所的模糊 Token 值，$\theta^{(0)}$ 已知；

Step3：对获取的 Token 值向量与变迁阈值 τ 比较，去掉无法使变迁触发的输入项，令：

$$\boldsymbol{G}=\boldsymbol{E}\odot(\boldsymbol{E}\ \copyright\ \tau) \tag{3.5}$$

其中，$\boldsymbol{G}$ 与 τ 均为 m 维列向量，$\tau_i=\langle\alpha_i,\beta_i\rangle$，当等效模糊输入的 Token 值向量大于等于变迁阈值，即 $\boldsymbol{E\mu}_i\geqslant\alpha_i$ 且 $\boldsymbol{E\gamma}_i\leqslant\beta_i$ 时，$g_i=e_i$，否则为 0，$i=1,2,\cdots,m$；经过这步计算后，$\boldsymbol{G}$ 中只包含可使变迁触发的等效模糊输入；

Step4：计算模糊输出库所的 Token 值，令：

$$\boldsymbol{S}=\boldsymbol{O}\otimes\boldsymbol{G} \tag{3.6}$$

式中，$\boldsymbol{S}$ 为 n 维列向量，表示经过这轮推理后得到的结论命题真值；

Step5：计算当前得到的所有库所 Token 值：

$$\theta^{(k+1)}=\theta^{(k)}\oplus\boldsymbol{S} \tag{3.7}$$

Step6：如果 $\theta^{(k+1)}\neq\theta^{(k)}$，令 $k++$，转到 Step2；否则，推理结束，输出库所 Token 值 $\theta^{(k+1)}$ 与迭代次数 k。

该算法与以往矩阵推理算法的不同之处主要有以下几点：

（1）在 Step2 中输入矩阵 $\boldsymbol{I}$ 加入权重系数，通过加权求和获取单个模糊输入，相较于取极大值更加符合实际；同时，某一变迁的几个输入库所中，即使存在模糊 Token 值为⟨0，1⟩的库所，只要其他库所 Token 值的隶属度和权重系数足够大，变迁照样可以触发；

（2）在 Step4 中当多条规则推出同一个结论时，综合考虑各条规则对结论的支持度和不支持度，取极大值计算结论的可信度，这不仅避免了文献[1]可信度大于 1 的可能，而且得出的极大值是隶属度最大、非隶属度最小的值，更加符合实际；

（3）在推理过程中矩阵元素之间通过直觉模糊逻辑进行运算，由于非隶属参数的作用，直觉模糊推理较模糊推理在结果精度方面具有一定优势，且能获取更多推理信息。

3.1.4　算例分析

为了验证本文提出的直觉模糊 Petri 网模型的正确性与合理性，下面采用文献[1]中的实例，用直觉模糊集进行描述，并给出具体应用步骤。

算例 3.1　假设故障诊断的推理规则如下：

R_1：IF $U_1(0.5)$ AND $U_2(0.2)$ AND $U_3(0.3)$ THEN U_6 $(C_1=\langle 0.8, 0.18\rangle$，$\tau_1=\langle 0.4, 0.55\rangle)$；

R_2：IF $U_1(0.7)$ AND $U_4(0.3)$ THEN U_7 $(C_2=\langle 0.8, 0.15\rangle$，$\tau_2=\langle 0.4, 0.58\rangle)$；

R_3：IF $U_5(1.0)$ THEN U_8 $(C_3=\langle 1.0, 0.0\rangle$，$\tau_3=\langle 0.3, 0.66\rangle)$；

R_4：IF $U_6(1.0)$ THEN U_8 $(C_4=\langle 0.9, 0.1\rangle$，$\tau_4=\langle 0.3, 0.67\rangle)$。

其中，前提条件括号中的数字表示命题在该规则中的权重系数，结论命题括号中的数字分别表示规则的可信度和阈值。

该规则库对应的直觉模糊 Petri 网模型如图 3.3 所示，下面给出推理过程。

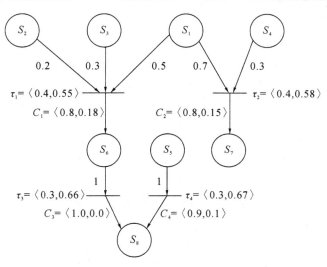

图 3.3　直觉模糊 Petri 网推理模型

首先，初始化输入变量。

（1）加权输入矩阵：

$$I=\begin{bmatrix} 0.5 & 0.2 & 0.3 & 0 & 0 & 0 & 0 & 0 \\ 0.7 & 0 & 0 & 0.3 & 0 & 0 & 0 & 0 \\ 0 & 0 & 0 & 0 & 1 & 0 & 0 & 0 \\ 0 & 0 & 0 & 0 & 0 & 1 & 0 & 0 \end{bmatrix}^T$$

（2）输出矩阵：

$$\boldsymbol{O} = \begin{bmatrix} \langle 0,1 \rangle & \langle 0,1 \rangle & \langle 0,1 \rangle & \langle 0,1 \rangle & \langle 0,1 \rangle & \langle 0.8,0.18 \rangle & \langle 0,1 \rangle & \langle 0,1 \rangle \\ \langle 0,1 \rangle & \langle 0,1 \rangle & \langle 0,1 \rangle & \langle 0,1 \rangle & \langle 0,1 \rangle & \langle 0,1 \rangle & \langle 0.8,0.15 \rangle & \langle 0,1 \rangle \\ \langle 0,1 \rangle & \langle 0,1 \rangle & \langle 0,1 \rangle & \langle 0,1 \rangle & \langle 0,1 \rangle & \langle 0,1 \rangle & \langle 0,1 \rangle & \langle 1,0 \rangle \\ \langle 0,1 \rangle & \langle 0,1 \rangle & \langle 0,1 \rangle & \langle 0,1 \rangle & \langle 0,1 \rangle & \langle 0,1 \rangle & \langle 0,1 \rangle & \langle 0.9,0.1 \rangle \end{bmatrix}^{\mathrm{T}}$$

（3）库所初始 Token 值：

$$\boldsymbol{\theta}^{(0)} = (\langle 1,0 \rangle \langle 0.2,0.78 \rangle \langle 0.3,0.69 \rangle \langle 0.8,0.18 \rangle \langle 0,1 \rangle \langle 0,1 \rangle \langle 0,1 \rangle \langle 0,1 \rangle)^{\mathrm{T}}$$

（4）变迁阈值向量：

$$\boldsymbol{\tau} = (\langle 0.4,0.55 \rangle \langle 0.4,0.58 \rangle \langle 0.3,0.66 \rangle \langle 0.3,0.67 \rangle)^{\mathrm{T}}$$

然后，利用算法 3.1 进行迭代运算，运算结果如下：

$$\boldsymbol{\theta}^{(1)} = \langle 1,0 \rangle \langle 0.2,0.78 \rangle \langle 0.3,0.69 \rangle \langle 0.8,0.18 \rangle \langle 0,1 \rangle \langle 0.514,0.4677 \rangle$$
$$\langle 0.772,0.1759 \rangle \langle 0,1 \rangle^{\mathrm{T}}$$

$$\boldsymbol{\theta}^{(2)} = (\langle 1,0 \rangle \langle 0.2,0.78 \rangle \langle 0.3,0.69 \rangle \langle 0.8,0.18 \rangle \langle 0,1 \rangle \langle 0.514,0.4677 \rangle$$
$$\langle 0.7720,0.1759 \rangle \langle 0.4436,0.5399 \rangle)^{\mathrm{T}}$$

$$\boldsymbol{\theta}^{(3)} = \boldsymbol{\theta}^{(2)}$$

由于 $\boldsymbol{\theta}^{(3)} = \boldsymbol{\theta}^{(2)}$，迭代结束，库所最终 Token 值 $\boldsymbol{\theta} = \boldsymbol{\theta}^{(2)}$，迭代次数为 2。从推理结果看，所有输出库所中隶属度最大、非隶属度最小的库所均为 S_7，即故障原因是 $S_7 = (0.772,0.1759)$ 的可能性最大，不是 S_7 的可能性最小，其次是 $S_6 = (0.514,0.4677)$，与文献[1]推理结论一致。但是，文献[1]输出库所的最终 Token 值为 $(1.0,0.2,0.3,0.8,0,0.504,0.752,0.486)^{\mathrm{T}}$，通过比较发现利用该方法推理后库所 S_7 最大显得更加突出，库所 S_8 显得更小，从而充分说明故障是 S_7。可见，IFPN 推理较 FPN 推理结果更加精确，且能同时获取不是该故障的可能性值的更多推理信息。

通过实例验证分析，本书提出的直觉模糊 Petri 网模型及其推理算法，充分利用了直觉模糊集对不确定性问题在描述和推理方面的巨大优势，较模糊 Petri 网描述更加贴切实际，推理更加精确合理；同时其推理过程完全并行，推理计算的迭代步数只和推理进行的最大深度有关，而与规则的多少无关，这对于规则繁多且错综复杂的大型系统来说，基于 IFPN 的推理就显得尤为重要。可见，该模型可以作为对不确定性问题进行建模和求解的重要工具之一，在目标识别、意图识别等信息融合领域有良好的应用前景。

3.2　IFPN 模型参数优化方法

直觉模糊产生式规则用 IF-THEN 结构表示知识，其中权值、阈值、可信度等均不容易确定，多是根据人的经验，难以精确获得，有时甚至无法获得，这阻碍了直觉模糊 Petri 网的知识推理和泛化能力。自学习能力差是模糊系统本身的一个缺点，而神经网络具有较强的自适应和自学习能力，如何把神经网络的学习功能结合进直觉模糊 Petri 网中，经过一批样本数据的学习和训练，使得各参数更加符合系统实际情况显得尤为重要。

文献[2]提出一种适合模糊 Petri 网模型自学习的模糊推理算法和学习算法。在模糊推理算法中，通过对没有回路的 FPN 模型结构进行层次式划分以及建立变迁点燃和模糊推理的 Sigmoid 近似连续函数，把神经网络中的 BP 网络算法自然地引入到 FPN 模型中。用 BP 误差反传算法计算一阶梯度的方式对模糊产生式规则中的参数进行学习和训练。

本节基于该思路，把神经网络中的 BP 误差反传算法通过扩展应用到 IFPN 模型中，使得 IFPN 模型经过样本数据训练后，能获取权值、阈值、可信度等参数的参考值，提高推理精度。

3.2.1 模糊推理中连续函数的建立

为了把判断变迁是否使能转化成一个连续函数自变量是否满足一定要求，这里参照文献[3]中的 Sigmoid 函数，建立变迁点燃连续函数和最大运算连续函数。

1. 变迁点燃连续函数的建立

设 $f(x, y)$ 是一个二元函数，b 是一个常量，$f(x, y)$ 的表达式为

$$f(x, y) = \frac{1}{(1 + e^{-b(x-\tau_1)}) \cdot (1 + e^{b(y-\tau_2)})}$$

当 b 足够大时，

(1) 若 $x > \tau_1$ 且 $y < \tau_2$，则 $e^{-b(x-\tau_1)} \approx 0$，$e^{b(y-\tau_2)} \approx 0$，那么 $f(x, y) \approx 1$；

(2) 若 $x < \tau_1$ 或 $y > \tau_2$，则 $e^{-b(x-\tau_1)} \to \infty$ 或 $e^{b(y-\tau_2)} \to \infty$，那么 $f(x, y) \approx 0$。

显然，连续函数 $f(x, y)$ 的这种二值性，可作为判断变迁是否使能的标志。

令 $x = x_\mu = \sum_{j=1}^{n} M_\mu(p_{ij}) \times \omega_{ij}$，$y = x_\gamma = \sum_{j=1}^{n} M_\gamma(p_{ij}) \times \omega_{ij}$，$\tau_1 = \tau\mu_i$，$\tau_2 = \tau\gamma_i$，则函数 $f(x_\mu, x_\gamma) = \dfrac{1}{(1 + e^{-b(x_\mu - \tau\mu_i)}) \cdot (1 + e^{b(x_\gamma - \tau\gamma_i)})}$ 可作为变迁使能的判断依据。

当 b 足够大时，由以上分析可知

(1) 若 $x_\mu > \tau\mu_i$ 且 $x_\gamma < \tau\gamma_i$，则 $f(x, y) \approx 1$，表示变迁 t_i 使能；

(2) 若 $x_\mu < \tau\mu_i$ 或 $x_\gamma > \tau\gamma_i$，则 $f(x, y) \approx 0$，表示变迁 t_i 没有被点燃。

2. 最大/最小运算连续函数的建立

假设 $y(x) = 1/(1 + e^{-b(x-k)})$，当 b 足够大时，显然下式推导正确：

$$t = \max(x_1, x_2) \approx \frac{x_1}{(1 + e^{-b(x_1 - x_2)})} + \frac{x_2}{(1 + e^{-b(x_2 - x_1)})}$$

$$h = \max(x_1, x_2, x_3) = \max(t, x_3) \approx \frac{t}{(1 + e^{-b(t - x_3)})} + \frac{x_3}{(1 + e^{-b(x_3 - t)})}$$

$$g = \max(x_1, x_2, x_3, x_4) = \max(h, x_4) \approx \frac{h}{(1 + e^{-b(h - x_4)})} + \frac{x_4}{(1 + e^{-b(x_4 - h)})}$$

依此类推。

同理，假设 $\Phi(x) = 1/(1 + e^{b(x-k)})$，当 b 足够大时，显然下式推导正确：

$$t = \min(x_1, x_2) \approx \frac{x_1}{(1 + e^{b(x_1 - x_2)})} + \frac{x_2}{(1 + e^{b(x_2 - x_1)})}$$

$$h = \min(x_1, x_2, x_3) = \min(t, x_3) \approx \frac{t}{(1 + e^{b(t - x_3)})} + \frac{x_3}{(1 + e^{b(x_3 - t)})}$$

$$g = \min(x_1, x_2, x_3, x_4) = \min(h, x_4) \approx \frac{h}{(1 + e^{b(h - x_4)})} + \frac{x_4}{(1 + e^{b(x_4 - h)})}$$

依此类推。

3. IFPN 推理中连续函数的定义

形如规则 2 的 IFPN 模型，可用连续函数 $f(x_\mu, x_\gamma) \cdot C \cdot \sum_{j=1}^{n} (M_\mu(p_{ij}) \times \omega_{ij})$ 来表示变

迁 t_i 是否点燃，其输出库所 p 的 Token 值可以定义为

$$\begin{cases} M_\mu(p) = G_\mu(x_\mu, x_\gamma) = f(x_\mu, x_\gamma) \cdot C_i \cdot \sum_{j=1}^n (M_\mu(p_{ij}) \times \omega_{ij}) \\ M_\gamma(p) = G_\gamma(x_\mu, x_\gamma) = 1 - f(x_\mu, x_\gamma) \cdot C_i \cdot \sum_{j=1}^n (M_\mu(p_{ij}) \times \omega_{ij}) - M_\pi(p) \end{cases} \tag{3.8}$$

其中，$M_\mu(p_{ij})$ 为库所 p_{ij} 的隶属度值，$M_\pi(p)$ 为库所 p 的犹豫度值，可为常数或者已知函数，$M_\mu(p) + M_\gamma(p) + M_\pi(p) = 1$，$C_i = (1 + C\mu_i - C\gamma_i)/2$。

形如规则 3 的 IFPN 模型，经过每个变迁 t_i，其输出库所 p 的 Token 值可以定义为

$$\begin{cases} M_\mu(p) = G_\mu(x_\mu, x_\gamma) = f(x_\mu, x_\gamma) \cdot C_i \cdot M_\mu(p_{ij}) \\ M_\gamma(p) = G_\gamma(x_\mu, x_\gamma) = 1 - f(x_\mu, x_\gamma) \cdot C_i \cdot M_\mu(p_{ij}) - M_\pi(p) \end{cases} \tag{3.9}$$

然后，利用最大、最小运算连续函数，当有多个变迁使能时，对应的输出库所 p 总可以得到一个获取最大隶属度值和最小非隶属度值的连续函数。

3.2.2 IFPN 中的 BP 误差反传算法

IFPN 模型可看作是由结点构成，每个结点以变迁为中心。仿照神经网络中的 BP 算法，在每一层上对每一个 IFPN 结点用误差反传算法来设计调整参数。

设 IFPN 模型分为 l 层，有 n 个库所、d 个变迁。其中，有 b 个终止库所 p_k，$k=1, 2, \cdots, b$，用 r 批样本数据进行学习。

设每批输入样本为 s，其对应的误差函数为

$$E_s = \frac{1}{2} \left(\sum_{k=1}^b (M_\mu(p_k)^s - M_\mu^*(p_k)^s)^2 + \sum_{k=1}^b (M_\gamma(p_k)^s - M_\gamma^*(p_k)^s)^2 \right) \tag{3.10}$$

其中，$M_\mu(p_k)^s$ 和 $M_\mu^*(p_k)^s$ 分别为样本 s 作用下的终止库所 p_k 的隶属度实际输出和期望输出，$M_\gamma(p_k)^s$ 和 $M_\gamma^*(p_k)^s$ 分别为非隶属度实际输出和期望输出。

r 批样本的平均误差函数为

$$E = \frac{1}{2r} \sum_{s=1}^r \left(\sum_{k=1}^b (M_\mu(p_k)^s - M_\mu^*(p_k)^s)^2 + \sum_{k=1}^b (M_\gamma(p_k)^s - M_\gamma^*(p_k)^s)^2 \right) \tag{3.11}$$

1. 扩展 BP 误差反传算法

各参数应按 E_s 函数梯度变化的反方向进行调整，从而使网络收敛。按照最速下降法，可得到第 l 层各参数的修正公式：

$$\Delta \omega_{ij}^l = -\eta \frac{\partial E_s}{\partial \omega_{ij}^l} = -\eta \left(\frac{\partial E_s}{\partial M_\mu^l(p_k)^s} \frac{\partial M_\mu^l(p_k)^s}{\partial \omega_{ij}^l} + \frac{\partial E_s}{\partial M_\gamma^l(p_k)^s} \frac{\partial M_\gamma^l(p_k)^s}{\partial \omega_{ij}^l} \right) \tag{3.12}$$

$$\begin{cases} \Delta C\mu_i^l = -\eta \frac{\partial E_s}{\partial C\mu_i^l} = -\eta \left(\frac{\partial E_s}{\partial M_\mu^l(p_k)^s} \frac{\partial M_\mu^l(p_k)^s}{\partial C\mu_i^l} + \frac{\partial E_s}{\partial M_\gamma^l(p_k)^s} \frac{\partial M_\gamma^l(p_k)^s}{\partial C\mu_i^l} \right) \\ \Delta C\gamma_i^l = -\eta \frac{\partial E_s}{\partial C\gamma_i^l} = -\eta \left(\frac{\partial E_s}{\partial M_\mu^l(p_k)^s} \frac{\partial M_\mu^l(p_k)^s}{\partial C\gamma_i^l} + \frac{\partial E_s}{\partial M_\gamma^l(p_k)^s} \frac{\partial M_\gamma^l(p_k)^s}{\partial C\gamma_i^l} \right) \end{cases} \tag{3.13}$$

$$\begin{cases} \Delta \tau\mu_i^l = -\eta \frac{\partial E_s}{\partial \tau\mu_i^l} = -\eta \left(\frac{\partial E_s}{\partial M_\mu^l(p_k)^s} \frac{\partial M_\mu^l(p_k)^s}{\partial \tau\mu_i^l} + \frac{\partial E_s}{\partial M_\gamma^l(p_k)^s} \frac{\partial M_\gamma^l(p_k)^s}{\partial \tau\mu_i^l} \right) \\ \Delta \tau\gamma_i^l = -\eta \frac{\partial E_s}{\partial \tau\gamma_i^l} = -\eta \left(\frac{\partial E_s}{\partial M_\mu^l(p_k)^s} \frac{\partial M_\mu^l(p_k)^s}{\partial \tau\gamma_i^l} + \frac{\partial E_s}{\partial M_\gamma^l(p_k)^s} \frac{\partial M_\gamma^l(p_k)^s}{\partial \tau\gamma_i^l} \right) \end{cases} \tag{3.14}$$

其中，$M_\mu^l(p_k)^s$ 表示第 l 层终止库所 p_k 的隶属度值，$j=1,2,\cdots,m-1$，$\dfrac{\partial E_s}{\partial \omega_{ij}^l}$ 为 E_s 关于 ω_{ij}^l 的增长率，为了使误差减小，所以取 $\Delta\omega_{ij}^l$ 与它成反比。若 $\dfrac{\partial E_s}{\partial \omega_{ij}^l}>0$，则系统当前所处的位置在极小点的右侧，$\omega_{ij}^l$ 的值应该减小；若 $\dfrac{\partial E_s}{\partial \omega_{ij}^l}<0$，则系统当前所处的位置在极小点的左侧，$\omega_{ij}^l$ 的值应该增大。$\dfrac{\partial E_s}{\partial C\mu_i^l}$ 和 $\dfrac{\partial E_s}{\partial C\gamma_i^l}$ 分别为 E_s 关于置信度 $C\mu_i^l$ 和非置信度 $C\gamma_i^l$ 的增长率；$\dfrac{\partial E_s}{\partial \tau\mu_i^l}$ 和 $\dfrac{\partial E_s}{\partial \tau\gamma_i^l}$ 分别为 E_s 关于置信度阈值 $\tau\mu_i^l$ 和非置信度阈值 $\tau\gamma_i^l$ 的增长率。

假设 $t_i^l\in T_l$ 是 IFPN 第 l 层的一个变迁，t_i^l 输入弧上的权重系数分别为 $\omega_{i1},\omega_{i2},\cdots,\omega_{im}$，其阈值为 $\tau_i^l=\langle\tau\mu_i^l,\tau\gamma_i^l\rangle$，可信度为 $C_i^l=\langle C\mu_i^l,C\gamma_i^l\rangle$。若 $p_k^l\in O(t_i^l)$，则 p_k^l 为终止库所，其中 $i=1,2,\cdots,d$。下面计算各参数的一阶梯度。

权重系数：

$$\begin{aligned}\frac{\partial E_s}{\partial \omega_{ij}^l}&=\frac{\partial E_s}{\partial M_\mu^l(p_k)^s}\frac{\partial M_\mu^l(p_k)^s}{\partial \omega_{ij}^l}+\frac{\partial E_s}{\partial M_\gamma^l(p_k)^s}\frac{\partial M_\gamma^l(p_k)^s}{\partial \omega_{ij}^l}\\&=(M_\mu(p_k)^s-M_\mu^*(p_k)^s)\cdot\frac{\partial M_\mu^l(p_k)^s}{\partial \omega_{ij}^l}+(M_\gamma(p_k)^s-M_\gamma^*(p_k)^s)\cdot\frac{\partial M_\gamma^l(p_k)^s}{\partial \omega_{ij}^l}\\&=\frac{(M_\mu(p_k)^s-M_\mu^*(p_k)^s)\cdot C_i}{(1+e^{-b(x_\mu(t_i)-\tau\mu_i)})\cdot(1+e^{b(x_\gamma(t_i)-\tau\gamma_i)})}\left(M_\mu(p_x)+b\frac{M_\mu(p_x)\cdot e^{-b(x_\mu(t_i)-\tau\mu_i)}}{1+e^{-b(x_\mu(t_i)-\tau\mu_i)}}-b\frac{M_\gamma(p_x)\cdot e^{b(x_\gamma(t_i)-\tau\gamma_i)}}{1+e^{b(x_\gamma(t_i)-\tau\gamma_i)}}\right)\\&\quad-\frac{(M_\gamma(p_k)^s-M_\gamma^*(p_k)^s)\cdot C_i}{(1+e^{-b(x_\mu(t_i)-\tau\mu_i)})\cdot(1+e^{b(x_\gamma(t_i)-\tau\gamma_i)})}\left(M_\mu(p_x)+b\frac{M_\mu(p_x)\cdot e^{-b(x_\mu(t_i)-\tau\mu_i)}}{1+e^{-b(x_\mu(t_i)-\tau\mu_i)}}-b\frac{M_\gamma(p_x)\cdot e^{b(x_\gamma(t_i)-\tau\gamma_i)}}{1+e^{b(x_\gamma(t_i)-\tau\gamma_i)}}\right)\end{aligned}$$

$$(3.15)$$

可信度：

$$\begin{cases}\begin{aligned}\frac{\partial E_s}{\partial C\mu_i^l}&=\frac{\partial E_s}{\partial M_\mu^l(p_k)^s}\frac{\partial M_\mu^l(p_k)^s}{\partial C\mu_i^l}+\frac{\partial E_s}{\partial M_\gamma^l(p_k)^s}\frac{\partial M_\gamma^l(p_k)^s}{\partial C\mu_i^l}\\&=\frac{(M_\mu(p_k)^s-M_\mu^*(p_k)^s)\cdot x_\mu(t_i)}{2(1+e^{-b(x_\mu(t_i)-\tau\mu_i)})\cdot(1+e^{b(x_\gamma(t_i)-\tau\gamma_i)})}-\frac{(M_\gamma(p_k)^s-M_\gamma^*(p_k)^s)\cdot x_\mu(t_i)}{2(1+e^{-b(x_\mu(t_i)-\tau\mu_i)})\cdot(1+e^{b(x_\gamma(t_i)-\tau\gamma_i)})}\end{aligned}\\\begin{aligned}\frac{\partial E_s}{\partial C\gamma_i^l}&=\frac{\partial E_s}{\partial M_\mu^l(p_k)^s}\cdot\frac{\partial M_\mu^l(p_k)^s}{\partial C\gamma_i^l}+\frac{\partial E_s}{\partial M_\gamma^l(p_k)^s}\frac{\partial M_\gamma^l(p_k)^s}{\partial C\gamma_i^l}\\&=-\frac{(M_\mu(p_k)^s-M_\mu^*(p_k)^s)\cdot x_\mu(t_i)}{2(1+e^{-b(x_\mu(t_i)-\tau\mu_i)})\cdot(1+e^{b(x_\gamma(t_i)-\tau\gamma_i)})}+\frac{(M_\gamma(p_k)^s-M_\gamma^*(p_k)^s)\cdot x_\mu(t_i)}{2(1+e^{-b(x_\mu(t_i)-\tau\mu_i)})\cdot(1+e^{b(x_\gamma(t_i)-\tau\gamma_i)})}\end{aligned}\end{cases}$$

$$(3.16)$$

阈值：

$$\begin{cases}\begin{aligned}\frac{\partial E_s}{\partial \tau\mu_i^l}&=\frac{\partial E_s}{\partial M_\mu^l(p_k)^s}\frac{\partial M_\mu^l(p_k)^s}{\partial \tau\mu_i^l}+\frac{\partial E_s}{\partial M_\gamma^l(p_k)^s}\frac{\partial M_\gamma^l(p_k)^s}{\partial \tau\mu_i^l}\\&=\frac{-b\cdot C_i\cdot x_\mu(t_i)\cdot e^{-b(x_\mu(t_i)-\tau\mu_i)}}{(1+e^{-b(x_\mu(t_i)-\tau\mu_i)})^2\cdot(1+e^{b(x_\gamma(t_i)-\tau\gamma_i)})}((M_\mu(p_k)^s-M_\mu^*(p_k)^s)-(M_\gamma(p_k)^s-M_\gamma^*(p_k)^s))\end{aligned}\\\begin{aligned}\frac{\partial E_s}{\partial \tau\gamma_i^l}&=\frac{\partial E_s}{\partial M_\mu^l(p_k)^s}\cdot\frac{\partial M_\mu^l(p_k)^s}{\partial \tau\gamma_i^l}+\frac{\partial E_s}{\partial M_\gamma^l(p_k)^s}\frac{\partial M_\gamma^l(p_k)^s}{\partial \tau\gamma_i^l}\\&=\frac{b\cdot C_i\cdot x_\mu(t_i)\cdot e^{b(x_\gamma(t_i)-\tau\gamma_i)}}{(1+e^{-b(x_\mu(t_i)-\tau\mu_i)})\cdot(1+e^{b(x_\gamma(t_i)-\tau\gamma_i)})^2}((M_\mu(p_k)^s-M_\mu^*(p_k)^s)-(M_\gamma(p_k)^s-M_\gamma^*(p_k)^s))\end{aligned}\end{cases}$$

$$(3.17)$$

令 $\delta_\mu^{(l)} = \dfrac{\partial E_s}{\partial M_\mu^l(p_k)^s}$，$\delta_\gamma^{(l)} = \dfrac{\partial E_s}{\partial M_\gamma^l(p_k)^s}$，$x = 1, 2, \cdots, n$。

若 $t_i^{l-1} \in T_{l-1}$ 是 IFPN 第 $l-1$ 层的一个变迁，t_i^{l-1} 输入弧上的权重系数分别为 ω_{i1}^{l-1}，ω_{i2}^{l-1}，$\cdots$，ω_{im}^{l-1}，其阈值为 $\tau_i^{l-1} = \langle \tau\mu_i^{l-1}, \tau\gamma_i^{l-1} \rangle$，可信度为 $C_i^{l-1} = \langle C\mu_i^{l-1}, C\gamma_i^{l-1} \rangle$，$p_x^{l-1} \in O(t_i^{l-1})$。下面需分情况讨论，如果 p_x^{l-1} 为终止库所，计算方法类似于上面计算；否则，$\exists\, t_i^l \in T_l$，$p_x^{l-1} \in I(t_i^l)$，$p_k^l \in O(t_i^l)$，p_k^l 为终止库所，$l-1$ 层上变迁的一阶梯度计算如下：

可信度：

$$
\begin{cases}
\dfrac{\partial E_s}{\partial C\mu_i^{l-1}} = \dfrac{\partial E_s}{\partial M_\mu^{l-1}(p_k)^s} \dfrac{\partial M_\mu^{l-1}(p_k)^s}{\partial C\mu_i^{l-1}} + \dfrac{\partial E_s}{\partial M_\gamma^{l-1}(p_k)^s} \dfrac{\partial M_\gamma^{l-1}(p_k)^s}{\partial C\mu_i^{l-1}} \\[2mm]
\qquad = \dfrac{\partial E_s}{\partial M_\mu^l(p_k)^s} \dfrac{\partial M_\mu^l(p_k)^s}{\partial M_\mu^{l-1}(p_x)^s} \dfrac{\partial M_\mu^{l-1}(p_x)^s}{\partial C\mu_i^{l-1}} + \dfrac{\partial E_s}{\partial M_\gamma^l(p_k)^s} \dfrac{\partial M_\gamma^l(p_k)^s}{\partial M_\gamma^{l-1}(p_x)^s} \dfrac{\partial M_\gamma^{l-1}(p_x)^s}{\partial C\mu_i^{l-1}} \\[2mm]
\qquad = \delta_\mu^{(l-1)} \cdot \dfrac{\partial M_\mu^{l-1}(p_x)^s}{\partial C\mu_i^{l-1}} + \delta_\gamma^{(l-1)} \cdot \dfrac{\partial M_\gamma^{l-1}(p_x)^s}{\partial C\mu_i^{l-1}} \\[3mm]
\dfrac{\partial E_s}{\partial C\gamma_i^{l-1}} = \dfrac{\partial E_s}{\partial M_\mu^{l-1}(p_k)^s} \dfrac{\partial M_\mu^{l-1}(p_k)^s}{\partial C\gamma_i^{l-1}} + \dfrac{\partial E_s}{\partial M_\gamma^{l-1}(p_k)^s} \dfrac{\partial M_\gamma^{l-1}(p_k)^s}{\partial C\gamma_i^{l-1}} \\[2mm]
\qquad = \dfrac{\partial E_s}{\partial M_\mu^l(p_k)^s} \dfrac{\partial M_\mu^l(p_k)^s}{\partial M_\mu^{l-1}(p_x)^s} \dfrac{\partial M_\mu^{l-1}(p_x)^s}{\partial C\gamma_i^{l-1}} + \dfrac{\partial E_s}{\partial M_\gamma^l(p_k)^s} \dfrac{\partial M_\gamma^l(p_k)^s}{\partial M_\gamma^{l-1}(p_x)^s} \dfrac{\partial M_\gamma^{l-1}(p_x)^s}{\partial C\gamma_i^{l-1}} \\[2mm]
\qquad = \delta_\mu^{(l-1)} \cdot \dfrac{\partial M_\mu^{l-1}(p_x)^s}{\partial C\gamma_i^{l-1}} + \delta_\gamma^{(l-1)} \cdot \dfrac{\partial M_\gamma^{l-1}(p_x)^s}{\partial C\gamma_i^{l-1}}
\end{cases}
\tag{3.18}
$$

阈值：

$$
\begin{cases}
\dfrac{\partial E_s}{\partial \tau\mu_i^{l-1}} = \dfrac{\partial E_s}{\partial M_\mu^{l-1}(p_k)^s} \dfrac{\partial M_\mu^{l-1}(p_k)^s}{\partial \tau\mu_i^{l-1}} + \dfrac{\partial E_s}{\partial M_\gamma^{l-1}(p_k)^s} \dfrac{\partial M_\gamma^{l-1}(p_k)^s}{\partial \tau\mu_i^{l-1}} \\[2mm]
\qquad = \dfrac{\partial E_s}{\partial M_\mu^l(p_k)^s} \dfrac{\partial M_\mu^l(p_k)^s}{\partial M_\mu^{l-1}(p_x)^s} \dfrac{\partial M_\mu^{l-1}(p_x)^s}{\partial \tau\mu_i^{l-1}} + \dfrac{\partial E_s}{\partial M_\gamma^l(p_k)^s} \dfrac{\partial M_\gamma^l(p_k)^s}{\partial M_\gamma^{l-1}(p_x)^s} \dfrac{\partial M_\gamma^{l-1}(p_x)^s}{\partial \tau\mu_i^{l-1}} \\[2mm]
\qquad = \delta_\mu^{(l-1)} \cdot \dfrac{\partial M_\mu^{l-1}(p_x)^s}{\partial \tau\mu_i^{l-1}} + \delta_\gamma^{(l-1)} \cdot \dfrac{\partial M_\gamma^{l-1}(p_x)^s}{\partial \tau\mu_i^{l-1}} \\[3mm]
\dfrac{\partial E_s}{\partial \tau\gamma_i^l} = \dfrac{\partial E_s}{\partial M_\mu^{l-1}(p_k)^s} \dfrac{\partial M_\mu^{l-1}(p_k)^s}{\partial \tau\gamma_i^l} + \dfrac{\partial E_s}{\partial M_\gamma^{l-1}(p_k)^s} \dfrac{\partial M_\gamma^{l-1}(p_k)^s}{\partial \tau\gamma_i^l} \\[2mm]
\qquad = \dfrac{\partial E_s}{\partial M_\mu^l(p_k)^s} \dfrac{\partial M_\mu^l(p_k)^s}{\partial M_\mu^{l-1}(p_x)^s} \dfrac{\partial M_\mu^{l-1}(p_x)^s}{\partial \tau\gamma_i^l} + \dfrac{\partial E_s}{\partial M_\gamma^l(p_k)^s} \dfrac{\partial M_\gamma^l(p_k)^s}{\partial M_\gamma^{l-1}(p_x)^s} \dfrac{\partial M_\gamma^{l-1}(p_x)^s}{\partial \tau\gamma_i^l} \\[2mm]
\qquad = \delta_\mu^{(l-1)} \cdot \dfrac{\partial M_\mu^{l-1}(p_x)^s}{\partial \tau\gamma_i^l} + \delta_\gamma^{(l-1)} \cdot \dfrac{\partial M_\gamma^{l-1}(p_x)^s}{\partial \tau\gamma_i^l}
\end{cases}
\tag{3.19}
$$

权重系数：

$$
\begin{aligned}
\dfrac{\partial E_s}{\partial \omega_{ij}^{l-1}} &= \dfrac{\partial E_s}{\partial M_\mu^{l-1}(p_x)^s} \dfrac{\partial M_\mu^{l-1}(p_x)^s}{\partial \omega_{ij}^{l-1}} + \dfrac{\partial E_s}{\partial M_\gamma^{l-1}(p_x)^s} \dfrac{\partial M_\gamma^{l-1}(p_x)^s}{\partial \omega_{ij}^{l-1}} \\[2mm]
&= \dfrac{\partial E_s}{\partial M_\mu^l(p_k)^s} \dfrac{\partial M_\mu^l(p_k)^s}{\partial M_\mu^{l-1}(p_x)^s} \dfrac{\partial M_\mu^{l-1}(p_x)^s}{\partial \omega_{ij}^{l-1}} + \dfrac{\partial E_s}{\partial M_\gamma^l(p_k)^s} \dfrac{\partial M_\gamma^l(p_k)^s}{\partial M_\gamma^{l-1}(p_x)^s} \dfrac{\partial M_\gamma^{l-1}(p_x)^s}{\partial \omega_{ij}^{l-1}} \\[2mm]
&= \delta_\mu^{(l-1)} \cdot \dfrac{\partial M_\mu^{l-1}(p_x)^s}{\partial \omega_{ij}^{l-1}} + \delta_\gamma^{(l-1)} \cdot \dfrac{\partial M_\gamma^{l-1}(p_x)^s}{\partial \omega_{ij}^l}
\end{aligned}
\tag{3.20}
$$

其中，$\delta_\mu^{(l-1)} = \delta_\mu^{(l)} \cdot \dfrac{\partial M_\mu^l(p_k)^s}{\partial M_\mu^{l-1}(p_x)^s}$，$\delta_\gamma^{(l-1)} = \delta_\gamma^{(l)} \cdot \dfrac{\partial M_\gamma^l(p_k)^s}{\partial M_\gamma^{l-1}(p_x)^s}$。在模型推理过程中存在 p_x 到 p_k 的连续函数，故 $\partial M_\mu^l(p_k)^s / \partial M_\mu^{l-1}(p_x)^s$ 有解。

据此类推，依次对 $h=l-2,l-1,\cdots,1$ 层反向递推，计算出 $\dfrac{\partial E_s}{\partial \omega_{ij}^h}$、$\dfrac{\partial E_s}{\partial C\mu_i^h}$、$\dfrac{\partial E_s}{\partial C\gamma_i^h}$、$\dfrac{\partial E_s}{\partial \tau\mu_i^h}$ 和 $\dfrac{\partial E_s}{\partial \tau\gamma_i^h}$，求得所需一阶梯度后，给出每个变迁的参数学习过程。

权重系数调整学习过程如下：

$$\omega_{ij}^h(q+1)=\omega_{ij}^h(q)-\eta\frac{\partial E_s}{\partial \omega_{ij}^h} \tag{3.21}$$

为保证变迁 t_i 输入弧上的权值总和为 1，令

$$\omega_{im}^h(q+1)=1-\sum_{j=1}^{m-1}\omega_{ij}^h(q+1) \tag{3.22}$$

同理，对于阈值和可信度调整的学习过程，与上面类似，只是其数值为直觉模糊数，需分开计算。

可信度的学习过程如下：

$$\begin{cases} C\mu_i^h(q+1)=C\mu_i^h(q)-\eta\dfrac{\partial E_s}{\partial C\mu_i^h} \\[2mm] C\gamma_i^h(q+1)=C\gamma_i^h(q)-\eta\dfrac{\partial E_s}{\partial C\gamma_i^h} \end{cases} \tag{3.23}$$

阈值的学习过程如下：

$$\begin{cases} \tau\mu_i^h(q+1)=\tau\mu_i^h(q)-\eta\dfrac{\partial E_s}{\partial \tau\mu_i^h} \\[2mm] \tau\gamma_i^h(q+1)=\tau\gamma_i^h(q)-\eta\dfrac{\partial E_s}{\partial \tau\gamma_i^h} \end{cases} \tag{3.24}$$

其中，q 表示学习次数，$\omega_{ij}^h(q)$ 表示第 q 次学习后第 h 层对应变迁 t_i 的输入库所 p_x 的权重，$j=1,2,\cdots,m-1$，$h=1,2,\cdots,l$，η 为学习系数，$0<\eta<1$。

2. 学习率调整

在 IFPN 模型上应用 BP 误差反传算法的主要缺陷是收敛速度慢，对 BP 算法优化的一些方法，例如：引入动量项、变尺度法、变步长法等都可以应用在 IFPN 模型的学习算法中，减小学习过程中的振荡趋势，改善收敛性。

为增强学习过程的鲁棒性，减少个别受扰点误差大的影响，将学习率修改为

$$\eta(q)=\frac{\eta_0}{1-SE_s(q)} \tag{3.25}$$

其中，η_0 为初始学习率，$SE_s(q)$ 表示第 q 次学习后终止库所的误差和。

在参数学习过程中学习率 η 的选择很重要，η 大收敛速度快，但可能不稳定而引起振荡；η 小虽然可避免不稳定，但是收敛速度慢。解决这一问题的最简便方法是加入"动量项"，即在式（3.21）、式（3.23）和式（3.24）后分别加入一项，同时结合式（3.25），修正公式具体如下：

权重系数调整：

$$\omega_{ij}^h(q+1)=\omega_{ij}^h(q)-\eta\frac{\partial E_s}{\partial \omega_{ij}^h}+\partial\cdot\omega_{ij}^h(q) \tag{3.26}$$

可信度参数调整：

$$\begin{cases} C\mu_i^h(q+1)=C\mu_i^h(q)-\eta\,\dfrac{\partial E_s}{\partial C\mu_i^h}+\partial\cdot C\mu_i^h(q) \\[2mm] C\gamma_i^h(q+1)=C\gamma_i^h(q)-\eta\,\dfrac{\partial E_s}{\partial C\gamma_i^h}+\partial\cdot C\gamma_i^h(q) \end{cases} \tag{3.27}$$

阈值参数调整：

$$\begin{cases} \tau\mu_i^h(q+1)=\tau\mu_i^h(q)-\eta\,\dfrac{\partial E_s}{\partial \tau\mu_i^h}+\partial\cdot \tau\mu_i^h(q) \\[2mm] \tau\gamma_i^h(q+1)=\tau\gamma_i^h(q)-\eta\,\dfrac{\partial E_s}{\partial \tau\gamma_i^h}+\partial\cdot \tau\gamma_i^h(q) \end{cases} \tag{3.28}$$

其中，∂ 为调节因子，$0\leqslant\partial<1$，η 为学习率。为了避免振荡同时加快收敛速度，可选取如下规则：

$$\partial=\begin{cases} 0, & SE_s(q)\leqslant0 \\ \partial, & SE_s(q)>0 \end{cases} \tag{3.29}$$

3.2.3　IFPN 模型学习和训练算法

根据扩展的 BP 误差反传算法，结合 IFPN 的推理过程，给出 IFPN 模型的学习和训练步骤。本书提出的学习算法适用于无回路的 IFPN 模型，故需对其进行分层，这里首先给出 IFPN 模型分层算法。

算法 3.2　IFPN 模型分层算法

输入：库所 P，变迁 T，输入矩阵 $\boldsymbol{I}$ 和输出矩阵 $\boldsymbol{O}$。

输出：T_i，$x_\mu(t_i)$ 和 $x_\gamma(t_i)$。

过程：

Step1：若 $p_k\in R(p_k)$，则该 IFPN 模型中有回路，算法终止，退出；

Step2：初始化各输入变量：给定集合 $H=\{p_k\,|\,p_k$ 为初始库所$\}$，对 $\forall\,p_k\in P-H$，令 $M_\mu(p_k)=0$，$M_\gamma(p_k)=1$，设 i 为模型的分层数，初始为 1；

Step3：建立变迁集合 $T_i=\{t_j\in T\,|\,\forall\,p_k\in I(t_j),\,p_k\in H\}$，即在变迁集合中寻找所有输入库所均属于 H 的变迁，这样的变迁组成集合 T_i；

Step4：若 $t_j\in T_i$，$t\in T-T_i$，$\exists\,p\in O(t_j)\bigcap O(t)$，则 $T_i=T_i-\{t_j\}$，这样就保证若一个库所是多个变迁的输出库所，则这些变迁分在同一层；

Step5：$H=H\bigcup\{p\,|\,p\in O(t_j),\,t_j\in T_i\}$，即将 T_i 中所有变迁的输出库所插在集合 H 中；

Step6：若 $T_i=\varnothing$，则需要对模型添加虚库所和虚变迁，并返回 Step3 循环执行，否则 $T=T-\{T_i\}$；

Step7：若 $T=\varnothing$，则 $l=i$，否则 $i=i+1$，返回 Step2 循环执行；

Step8：利用式（3.8）和式（3.9）逐层点燃 T_i 中的所有变迁，计算除初始库所以外所有库所的连续函数表达式，算法终止。

该算法用来对 IFPN 模型分层，并给出各层库所 Token 值的计算函数表达式，分析可知其时间复杂度为 $O(n^2)$。模型按照变迁结构分为 l 层，每一层的变迁集合为 T_i，$i=1,2,\cdots,l$；虚库所和虚变迁在模型中只起一个中间过渡作用，它们的增加不会影响规则库系统，虚变迁对应的阈值为 $\langle0,1\rangle$，确信度为 $\langle1,0\rangle$。

对于分好层的 IFPN 模型，就可以给出基于 BP 误差反传算法的 IFPN 模型参数学习方法 BP - IFPN。

算法 3.3　BP - IFPN 算法

输入：库所初始 Token 值 $\theta^{(0)}$，权重系数、变迁阈值以及可信度等学习参数初始值，输出阈值 ε。

输出：终止库所 Token 值 θ 以及各参数学习值、学习次数 q。

过程：

Step1：对需要学习的参数赋予初值，预处理 r 批样本数据，$q=0$；

Step2：对 r 批样本数据，利用算法 3.2 的输出结果计算各个库所的 Token 值；

Step3：计算 r 批样本的平均误差函数 E，若 $E<\varepsilon$，则跳到 Step5，否则转到 Step4；

Step4：利用算法 3.2 的输出结果，根据式(3.22)和式(3.26)对权重系数进行调整，根据式(3.27)对可信度进行调整，根据式(3.28)对阈值进行调整，$q=q+1$，返回 Step2；

Step5：获取各参数调整后的值以及终止库所的值、总误差函数值、学习次数，算法终止。

该算法的时间复杂度与样本数、学习次数、模型层数和每层变迁数均相关。由于模型层数已知，故由分析可知其时间复杂度为 $O(n^3)$。

学习算法 3.3 必须将 IFPN 模型划分为层次模型，无回路的 IFPN 模型一定可以转化为层次结构吗？答案是肯定的，下面通过一个定理给出完备性证明。

定理 3.1　无回路的 IFPN 模型可转化为层次结构。

证明：

一个 IFPN 模型转化为层次结构，即模型中有多个变迁对应同一输出库所，这些变迁应分在同一层；反过来，若一个 IFPN 模型不能转化为层次结构，就意味着至少存在一个库所，这个库所是多个变迁的输出库所，而这些变迁不能分在同一层。

假设利用算法 3.2，已成功将其分为 T_i 层，当进行到 T_{i+1} 层时，若 $\exists p\in O(t_j)\bigcap O(t)$，$t_j\in T_i$，$t\in T-\bigcap_{k=1}^{i+1}T_k$，则增加虚库所 p' 和虚变迁 t'，那么有 $P=P\bigcup\{p'\}$，$T=T\bigcup\{t'\}$。这样 IFPN 的结构修改为：$p'\in O(t_j)$，$p'\in I(t')$，$p\in O(t')$，这样库所 p 将不妨碍 T_{i+1} 层的分层。在其他层出现这样的库所 p 均可以通过该方法进行处理。这样会引起另一个问题，库所 p 前面是否会无限制地增加虚库所和虚变迁，即库所 p 能否加入 H？下面用反证法证明。

若可直接到达 p 的所有库所都已经加入 H，则执行 Step3 和 Step4，且在 Step5 中一定可以将库所 p 加入 H。因此，假设无法加入，那么可直接到达 p 的库所中至少存在一个库所 p_j 不能加入 H，依次往前推，就存在初始库所不在 H 中的结论，这与事实不符。所以 p 能加入 H 中，虚库所和虚变迁只能是有限添加。

所有无回路的 IFPN 模型的网络性不影响模糊推理算法的运行，且执行算法 3.2 后一定可以转化为层次结构。

3.2.4　算例分析

为验证算法可行，参考文献[6]中的实例给出了学习和训练步骤，并对推理结果进行比较分析。

算例 3.2：已知库所 p_1，p_2，p_3，p_4，p_5，p_6，p_7 和 p_8 各自对应着专家系统中的一个命题，它们之间存在着如下模糊产生式规则：

R_1：IF p_1 THEN $p_2(C_2，\tau_2)$；

R_2：IF p_1 or p_2 THEN $p_3(C_1，\tau_1，C_3，\tau_3)$；

R_3：IF p_3 AND p_4 AND p_5 THEN $p_6(\omega_{41}，\omega_{42}，\omega_{43}，C_4，\tau_4)$；

R_4：IF p_6 AND p_7 THEN $p_8(\omega_{51}，\omega_{52}，C_5，\tau_5)$。

按照上述直觉模糊产生式规则以及基于直觉模糊 Petri 网模型知识表示方法，可以建立如图 3.4 所示的直觉模糊 Petri 网模型。

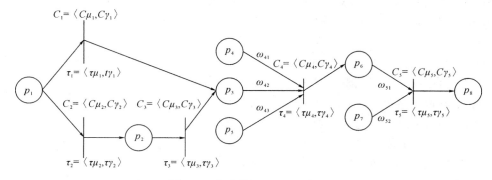

图 3.4　直觉模糊 Petri 网模型

1. 模型分层

首先，利用算法 3.2 对其进行分层，由于 τ_1 和 τ_3 对应着同一输出库所 p_3，利用 Step4 将第一层中的 t_1 去掉，且 $T_1 \neq \varnothing$，故不需要增加虚库所和虚变迁，只是将 t_1 和 t_3 划分在同一层，如图 3.5 所示。

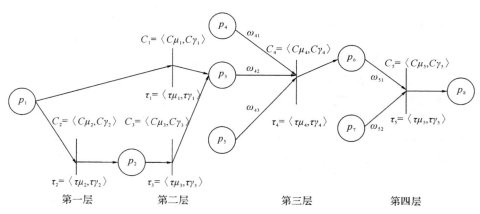

第一层　　　　　第二层　　　　　第三层　　　　　第四层

图 3.5　直觉模糊 Petri 网分层模型

经过分层，$T_1 = \{t_2\}$，$T_2 = \{t_1, t_3\}$，$T_3 = \{t_4\}$，$T_4 = \{t_5\}$，各库所的连续函数表达式如下，简单起见令 $M_\pi = 0$。

（1）先点燃 T_1 中的变迁 t_2，$x_\mu = M_\mu(p_1)$，$x_\gamma = M_\gamma(p_1)$，$\tau_\mu = \tau\mu_2$，$\tau_\gamma = \tau\gamma_2$，那么

$$\begin{cases} M_\mu(p_2) = \dfrac{M_\mu(p_1) \cdot C_2}{(1 + \mathrm{e}^{-b(M_\mu(p_1) - \tau\mu_2)}) \cdot (1 + \mathrm{e}^{b(M_\gamma(p_1) - \tau\gamma_2)})} \\[4mm] M_\gamma(p_2) = 1 - \dfrac{M_\mu(p_1) \cdot C_2}{(1 + \mathrm{e}^{-b(M_\mu(p_1) - \tau\mu_2)}) \cdot (1 + \mathrm{e}^{b(M_\gamma(p_1) - \tau\gamma_2)})} \end{cases}$$

（2）点燃 T_2 中的变迁 t_1 和 t_3，$x_\mu(t_1) = M_\mu(p_1)$，$x_\gamma(t_1) = M_\gamma(p_1)$，令

$$
\begin{cases}
M1_\mu(p_3) = \dfrac{M_\mu(p_1) \cdot C_1}{(1+e^{-b(M_\mu(p_1)-\tau\mu_1)}) \cdot (1+e^{b(M_\gamma(p_1)-\tau\gamma_1)})} \\[4mm]
M1_\gamma(p_3) = 1 - \dfrac{M_\mu(p_1) \cdot C_1}{(1+e^{-b(M_\mu(p_1)-\tau\mu_1)}) \cdot (1+e^{b(M_\gamma(p_1)-\tau\gamma_1)})}
\end{cases}
$$

$$
\begin{cases}
M2_\mu(p_3) = \dfrac{M_\mu(p_2) \cdot C_3}{(1+e^{-b(M_\mu(p_2)-\tau\mu_3)}) \cdot (1+e^{b(M_\gamma(p_2)-\tau\gamma_3)})} \\[4mm]
M2_\gamma(p_3) = 1 - \dfrac{M_\mu(p_2) \cdot C_3}{(1+e^{-b(M_\mu(p_2)-\tau\mu_3)}) \cdot (1+e^{b(M_\gamma(p_2)-\tau\gamma_3)})}
\end{cases}
$$

可得

$$
\begin{cases}
M_\mu(p_3) = \max(M1_\mu(p_3),\ M2_\mu(p_3)) \\[2mm]
\qquad = \dfrac{M1_\mu(p_3)}{1+e^{-b(M1_\mu(p_3)-M2_\mu(p_3))}} + \dfrac{M2_\mu(p_3)}{1+e^{-b(M2_\mu(p_3)-M1_\mu(p_3))}} \\[4mm]
M_\gamma(p_3) = \min(M1_\gamma(p_3),\ M2_\gamma(p_3)) \\[2mm]
\qquad = \dfrac{M1_\gamma(p_3)}{1+e^{b(M1_\gamma(p_3)-M2_\gamma(p_3))}} + \dfrac{M2_\gamma(p_3)}{1+e^{b(M2_\gamma(p_3)-M1_\gamma(p_3))}}
\end{cases}
$$

（3）点燃 T_3 中的变迁 t_4，$x_\mu(t_4) = M_\mu(p_4) \times \omega_{41} + M_\mu(p_3) \times \omega_{42} + M_\mu(p_5) \times \omega_{43}$，$x_\gamma(t_4) = M_\gamma(p_4) \times \omega_{41} + M_\gamma(p_3) \times \omega_{42} + M_\gamma(p_5) \times \omega_{43}$，$\tau_\mu = \tau\mu_4$，$\tau_\gamma = \tau\gamma_4$，得到

$$
\begin{cases}
M_\mu(p_6) = \dfrac{x_\mu(t_4) \cdot C_4}{(1+e^{-b(x_\mu(t_4)-\tau\mu_4)}) \cdot (1+e^{b(x_\mu(t_4)-\tau\gamma_4)})} \\[4mm]
M_\gamma(p_6) = 1 - \dfrac{x_\mu(t_4) \cdot C_4}{(1+e^{-b(x_\mu(t_4)-\tau\mu_4)}) \cdot (1+e^{b(x_\mu(t_4)-\tau\gamma_4)})}
\end{cases}
$$

（4）点燃 T_4 中变迁 t_5，$x_\mu(t_5) = M_\mu(p_6) \times \omega_{51} + M_\mu(p_7) \times \omega_{52}$，$x_\gamma(t_5) = M_\gamma(p_6) \times \omega_{51} + M_\gamma(p_7) \times \omega_{52}$，$\tau_\mu = \tau\mu_5$，$\tau_\gamma = \tau\gamma_5$，得到

$$
\begin{cases}
M_\mu(p_8) = \dfrac{x_\mu(t_5) \cdot C_5}{(1+e^{-b(x_\mu(t_5)-\tau\mu_5)}) \cdot (1+e^{b(x_\mu(t_5)-\tau\gamma_5)})} \\[4mm]
M_\gamma(p_8) = 1 - \dfrac{x_\mu(t_5) \cdot C_5}{(1+e^{-b(x_\mu(t_5)-\tau\mu_5)}) \cdot (1+e^{b(x_\mu(t_5)-\tau\gamma_5)})}
\end{cases}
$$

运用算法 3.3，对模型逐层点燃，便可对 IFPN 参数进行学习和修正。

2. 训练测试

假设模型的理想参数是：

$$\omega_{41}=0.2,\ \omega_{42}=0.5,\ \omega_{43}=0.3,\ \omega_{51}=0.4,\ \omega_{52}=0.6$$
$$C_1=(0.7,\ 0.25),\ C_2=(0.9,\ 0.08),\ C_3=(0.6,\ 0.36)$$
$$C_4=(0.8,\ 0.15),\ C_5=(0.7,\ 0.25)$$
$$\tau_1=(0.3,\ 0.65),\ \tau_2=(0.4,\ 0.56),\ \tau_3=(0.2,\ 0.78)$$
$$\tau_4=(0.5,\ 0.5),\ \tau_5=(0.4,\ 0.56)。$$

根据 IFPN 推理算法产生 200 个训练样本对模型进行训练。推理函数中，常量 $b=5000$，初始学习率 $\eta=0.1$，之后随网络输出误差根据式(3.25)动态调整，$\varepsilon=0.06$，训练前模型原始参数以随机取数的方式初始化。经过 300 次学习后，总平均误差函数值为 $0.0582 < 0.06$，满足要求。经学习各参数优化结果如表 3.2 所示。

表 3.2　参数优化结果

参数	期望值	实际输出	均方误差(10^{-3})
ω_{41}	0.2	0.1802	
ω_{42}	0.5	0.4863	
ω_{43}	0.3	0.3335	0.3289
ω_{51}	0.4	0.3814	
ω_{52}	0.6	0.6186	
C_1	(0.7, 0.25)	(0.6875, 0.2725)	
C_2	(0.9, 0.08)	(0.7826, 0.1474)	
C_3	(0.6, 0.36)	(0.5187, 0.3713)	2.6973
C_4	(0.8, 0.15)	(0.8234, 0.1666)	
C_5	(0.7, 0.25)	(0.6524, 0.2876)	
τ_1	(0.3, 0.65)	(0.3427, 0.6024)	
τ_2	(0.4, 0.56)	(0.4425 0.5016)	
τ_3	(0.2, 0.78)	(0.2532, 0.7325)	2.6934
τ_4	(0.5, 0.5)	(0.5315 0.4416)	
τ_5	(0.4, 0.56)	(0.3526, 0.6128)	

其中，均方误差（Mean Square Error，MSE）是一个用来衡量参数精确度的指标，是指参数估计值与参数真值之差平方的期望值，其值越小精度越高。

各参数均方误差随学习次数变化的曲线如图 3.6 所示。

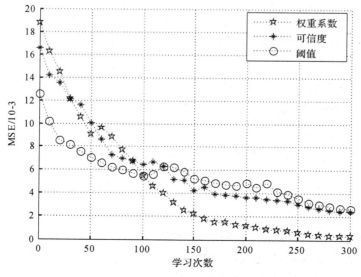

图 3.6　参数 MSE 变化曲线图

因为训练过程的评价函数是样本实际输出与期望输出差的平方和，它与 MSE 没有函数关联，所以该图出现一些振荡现象是正常的。从图 3.6 看出，BP 算法对 ω 的调节精度很高，而在另外两组参数上相对表现一般。

对上述优化的参数，需从另一个角度分析优化结果的优劣，即泛化性能。取 150 个测试样本，应用优化的模型参数进行 IFPN 形式化推理方法，获取终止库所 p_8 的实际输出，分别将其与期望输出进行比较，结果如图 3.7 所示。

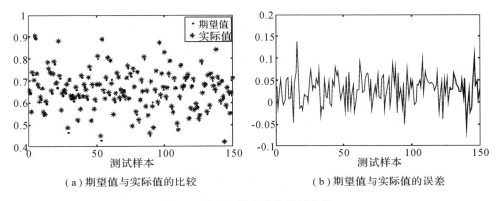

（a）期望值与实际值的比较　　　　　　　　（b）期望值与实际值的误差

图 3.7　IFPN 模型参数测试结果

从图 3.7 可以看出，实际值与期望值基本重合，即该参数学习算法有很好的泛化性能。

该 IFPN 模型参数优化算法，加入了非隶属度参数，不仅使得对不确定信息的描述更加精确，而且由于非隶属度参数的反制作用，使得优化结果更加理想；同时引入动量项和变步长法，减小了学习过程中的振荡趋势，改善了收敛性。这样，IFPN 模型不仅具有高效的并行处理能力，同时拥有像 BP 网络一样的学习能力，对模糊产生式规则库系统的建立和维护有着重要意义，为解决信息融合领域中一些复杂系统结构的模型构建和推理问题提供支持。

3.2.5　讨论分析

为了比较泛化性能，采用文献[4]的性能评判指标——APE，具体定义如下

$$\text{APE} = \frac{1}{n} \sum_{i=1}^{n} \frac{|t_i - y_i|}{|t_i|} \tag{3.30}$$

其中，n 是数据样本数目，t_i 和 y_i 分别是第 i 个期望输出和实际输出，值越小泛化性能越强。与研究该模型的其他方法性能的比较如表 3.3 所示。

表 3.3 中，前三种方法分别将 BP 误差反传算法、遗传法（GA）以及蚁群算法（ACA）应用于 FPN 模型。通过比较发现，本章将 BP 误差反传算法应用于 IFPN 模型，其泛化性能在四种方法中是最优的，参数的均方误差均优于 BP - FPN 方法和 GA - FPN 方法，稍逊于 ACA - FPN 方法。但 ACA - FPN 方法在实际应用中经常被赋予很多限制条件，而且还存在能否合理转化为 ACA 适用的问题，这些都使得它并不能总是收敛到真值，类似的情况 GA 也有。可见，BP - IFPN 方法是比较优越的，但是该方法的缺点是收敛速度慢，本章通过引入动量项和变步长法，一定程度上解决了此问题。

表 3.3　BP - IFPN 方法与其他方法的比较

方　　法	权重 MSE	可信度 MSE	阈值 MSE	测试集 APE
BP - FPN[5]	0.6997×10^{-3}	5.5041×10^{-3}	2.7766×10^{-3}	0.0970
GA - FPN[4]	0.42×10^{-3}	3.38×10^{-3}	4.76×10^{-3}	0.0722
ACA - FPN[6]	0.3391×10^{-3}	2.3612×10^{-3}	2.6555×10^{-3}	0.0358
BP - IFPN	0.3289×10^{-3}	2.4573×10^{-3}	2.6934×10^{-3}	0.0352

由于需要学习的参数较多，IFPN 经过学习得到的调整参数收敛于输入参数的局部极值。因此，经过学习得到的调整参数与理想参数并不一致，如表 3.2 所示，尤其是阈值参数差异较大。但是，IFPN 中的参数是有特定意义的，这是 IFPN 训练与神经网络训练的最大区别，可以通过对学习后得到的调整参数合法性分析，不断地调整输入参数，而使得到的值接近于理想参数。若 IFPN 模型中大多数参数的值可以确定，仅有少量参数需要学习，则得到的学习参数值较准确。比如：当 IFPN 中阈值和可信度值已知时，对权重系数的学习是很准确的。

当然，在实际应用中，我们可以考虑如何将两种算法结合起来取长补短，双重优化。例如，BP 算法微调能力出众，但大范围的调节不是它的长处，可考虑先用全局搜索能力出众的蚁群算法 ACA 或免疫算法 CSA 进行初步修正，再用 BP 算法进行细微调节，可优化出高精度的参数，这是下一步待研究的问题。

本 章 小 结

针对现有模糊 Petri 网隶属度单一的缺陷，将直觉模糊集与 Petri 网相结合，构建直觉模糊 Petri 网模型，给出形式化推理算法，并利用 BP 误差反传算法优化模型参数。

(1) 构建直觉模糊 Petri 网模型。该模型利用直觉模糊数描述各个库所的 Token 值以及变迁的可信度和阈值，在输入矩阵和输出矩阵中分别加入权重系数和可信度因子，不仅解决了各输入库所对变迁作用程度不同的问题，而且简化了模型及其运算；同时，在推理过程中充分发挥 Petri 网的图形描述和并行推理能力，使得推理更加高效，由于非隶属参数的作用，其推理结果更加准确可信。

(2) 提出一种基于 BP 误差反传算法的 IFPN 模型参数优化方法 BP - IFPN。首先建立变迁点燃连续函数和最大/最小运算连续函数，通过连续函数判断变迁是否点燃；然后对经典的 BP 误差反传算法进行直觉化扩展，给出 IFPN 模型分层算法和学习算法；最后通过实例验证，BP - IFPN 方法由于非隶属度参数的反制作用，优化结果更加理想，同时引入动量项和变步长法，减小了学习过程中的振荡趋势，改善了收敛性。通过对比分析，BP - IFPN 方法优于其他模糊 Petri 网参数优化方法。

参 考 文 献

[1] 贾立新，薛钧义，茹峰. 采用模糊 Petri 网的形式化推理算法及其应用[J]. 西安交通大学学报，2003，37(12)：1263－1266.

[2] 鲍培明. 基于 BP 网络的模糊 Petri 网的学习能力[J]. 计算机学报，2004，27(5)：695－702.

[3] Li X O，Yu W，Felipe LR. Dynamic knowledge inference and learning under adaptive fuzzy petri net framework[J]. IEEE Transactions on System，Man and Cybernetics，Part C：Applications and Reviews，2000，30(4)：442－450.

[4] Wu S Q，Er M J，Gao Y. A fast approach for automatic generation of fuzzy rules by generalized dynamic fuzzy neural networks[J]. IEEE Transactions on Fuzzy Systems，2001，9(4)：578－594.

[5] 李洋，乐晓波. 模糊 Petri 网与遗传算法相结合的优化策略[J]. 计算机应用，2006，26(1)：187－190.

[6] 李洋，乐晓波. 蚁群算法在模糊 Petri 网参数优化中的应用[J]. 计算机应用，2007，27(3)：638－641.

[7] 申晓勇. 直觉模糊 Petri 网理论及其在防空 C⁴ISR 中的应用研究[D]. 西安：空军工程大学，2010.

[8] Gao M M，Zhou M H，Huang X G，et al. Fuzzy reasoning Petri Nets [J]. IEEE Transactions on system，man and Cyber netics part A，2003，33(3)：314-32.

[9] 史志富，张安，刘海燕等. 基于模糊 Petri 网的空战战术决策研究[J]. 系统仿真学报，2007，19(1)：63－63.

第四章 基于直觉模糊 Petri 网的知识表示和推理

本章针对 FPN 存在隶属度单一的缺陷，将 IFS 理论与 Petri 网理论相结合，构建了 IFPN 模型，用于知识的表示和推理。本章首先构建了 IFPN 模型，并将其应用于知识的表示，通过在 IFPN 模型中引入抑制转移弧，解决了否命题的表示问题。其次提出了基于矩阵运算的 IFPN 推理算法，通过修改变迁触发后 Token 值的传递规则，解决了推理过程中的事实的保留问题；通过修改变迁的触发规则，抑制了变迁的重复触发。最后对推理算法进行了分析，并举例验证了其可行性，结果表明 IFPN 是对 FPN 的有效扩充和发展，其对推理结果的描述更加细腻、全面。

4.1 引　　言

FPRs 被广泛用于表示专家系统中的模糊概念，它通常用 IF – THEN 的形式表示[1]。FPN 是基于 FPRs 知识系统的良好建模工具，它结合了 Petri 网的图形描述能力和模糊系统的推理能力，不仅使知识的表示简单清晰，而且便于知识的分析推理[2]。

自从 1988 年 Looney[3] 提出了 FPN，国内外学者对基于 FPN 的知识表示及其推理方法便进行了深入的研究。Chen 提出了基于 FPN 的知识表示方法和推理算法[4]，在此基础上又对基于 FPN 的模糊反向推理算法进行了研究[5]，并将权值引入到 FPN 中，提出了加权模糊 Petri 网（Weighted Fuzzy Petri Nets，WFPN）[6]。文献[4]中提出的推理算法并不适用于所有数据，为此 Manoj 等[7] 改进了文献[4]中提出的推理算法，并提出了一种用于抽象数据的层次模糊 Petri 网（Hierarchical Fuzzy Petri Nets，HFPE）。Yeung 等[8] 提出了一种基于 FPN 的多层次加权模糊推理算法。Gao 等[9] 研究了否命题在模糊推理 Petri 网（Fuzzy Reasoning Petri Nets，FRPNs）中的表示方法，并提出了基于矩阵运算的 FRPNs 推理算法。汪洋等[10] 指出了文献[9]中的否命题表示方法存在不一致性的问题，会导致推理结果出现矛盾，并提出了一种含有否命题逻辑的一致性模糊 Petri 网（Consistent Fuzzy Petri Nets，CFPN），使得规则中的原命题与否命题在 CFPN 中表示一致，解决了文献[9]存在的问题。贾立新等[11] 提出了基于矩阵运算的 FPN 形式化推理算法，该算法充分利用了 Petri 网的并行运算能力，但由于推理算法没有考虑当多条规则同时推出一个结论时，结果命题的可信度的计算问题，从而导致当多条规则同时推出同一个结论时，结果命题的可信度可能大于 1。

随着知识表示的日益复杂，传统的 FPN 并不能很好地满足知识表示的需求。许多学者对其进行了扩展，提出了多种扩展的 FPN 网模型。Li 等[12][13] 提出了一种用于表示动态知识的 FPN——自适应模糊 Petri 网（Adaptive Fuzzy Petri Nets，AFPN），它不仅具有 FPN 的优点，还具有学习能力。Liu 等[14][15] 指出现有的 FPN 存在以下两个问题：一是 FPN 的参数（如权值、阈值以及确信度等）不能准确地表示日益复杂的基于知识的专家系统；二是目前大多数知识推理框架的模糊规则是静态的，不具有动态适应能力；为解决上述问题，Liu 等提出了一种动态自适应模糊 Petri 网（Dynamic Adaptive Fuzzy Petri Nets，DAFPN），用于知识的表示和推理。Scarpelli 等[16][17]提出了一种高级模糊 Petri 网（High - Level Fuzzy Petri Nets，HLFPN），但是文献[16][17]提出的 HLFPN 并不能用于解决否定问题。为此，Shen[18][19]改进了文献[16][17]提出的 HLFPN 模型，使其能同时表示 IF - THEN 和 IF - THEN - ELSE 规则，从而具有了解决否定问题的能力。Pedrycz[20][21]将基于逻辑的神经元和模糊集算子与 Petri 网相结合，提出了一种具有学习能力的广义模糊 Petri 网（Generalized Fuzzy Petri Nets，GFPN），随后又在 FPN 中加入时间因素，提出了模糊时间 Petri 网（fuzzy timed Petri Nets，ftPNs）[22]。

近年来，FPN 由于具有许多优点而被广泛应用于知识的表示和推理、建模仿真[23][24][25]和故障诊断[26][27][28][29]等领域，但对 FPN 的研究始终局限于将 ZFS 理论和 Petri 网理论相结合。ZFS 理论采用单一标度（即隶属度或者隶属函数）定义模糊集，只能描述"亦此亦彼"的"模糊概念"，无法表示中立状态，FPN 在继承 ZFS 理论优点的同时，也继承了其缺点，即隶属度单一。

1986 年，保加利亚学者 Atanassov 提出了 IFS[30]，IFS 增加了一个新的属性参数——非隶属度函数，因此还可以描述"非此非彼"的"模糊概念"，亦即"中立状态"的概念或中立的程度，它更加细腻地刻画了客观世界的模糊性本质，并引起了众多学者的关注，它是对 ZFS 理论最有影响的一种扩充和发展[31]。为此，申晓勇等[32]将 IFS 理论与 Petri 网相结合构建 IFPN 模型，将 FPN 拓展成为 IFPN，克服了 FPN 隶属度单一的问题。IFPN 模型在推理过程中不仅可以充分发挥 Petri 网的图形描述和并行推理能力，使得推理更加高效，而且由于增加了非隶属参数，其对推理结果的描述更加细腻、全面。

文献[32]对 IFS 理论与 Petri 网理论的相结合做了积极的探索，它表明将 IFS 理论与 Petri 网理论相结合不仅是可行的，而且是有效的，但文献[32]并没有考虑到 IFPN 模型中否命题的表示、事实的保留、变迁的重复触发等问题。本章通过在 IFPN 模型中引入抑制转移弧，修改变迁触发后库所 Token 值的传递规则以及变迁的触发条件，解决这些问题，同时还提出一种新的 IFPN 模型和推理方法用于知识的表示和推理。

4.2 基于 IFPN 模型的知识表示

4.2.1 直觉模糊产生式规则

产生式规则表示法是一种常用的表达因果关系的知识表示形式，直观自然且便于推理。FPRs 是产生式规则与 ZFS 理论相结合的产物，它既具有产生式规则知识表示清晰的优点又具有模糊推理的功能，但 FPRs 继承了 ZFS 理论隶属度单一的缺点，因而 FPRs 对知识表示不够清晰细腻。而 IFS 理论由于增加了非隶属度，不仅克服了 ZFS 理论隶属度单一的缺陷，而且可以描述"非此非彼"的"模糊概念"，亦即"中立状态"的概念或中立的程度，还能更加细腻地刻画客观世界的模糊性本质。本节将产生式规则与 IFS 理论相结合，构建直觉模糊产生式规则（Intuitionistic Fuzzy Production Rules，IFPR）用于知识的表示。

假设 S 是一个 IFPR 集，规则 R_i 最基本的形式如下：

$$R_i: \text{IF } d_j \text{ THEN } d_k(\text{CF}_i, \lambda_i) \tag{4.1}$$

其中 d_j 和 d_k 是直觉模糊命题，分别表示规则 R_i 的前提条件和结论，它们的可信度为 θ_j 和 θ_k；CF_i 和 λ_i 分别表示规则 R_i 的可信度和阈值；θ_j、θ_k、CF_i 和 λ_i 为直觉模糊数。

参考文献[4][9]对 FPRs 进行了分类，将常见的 IFPR 类型归纳为如下几种：

（1）类型 1：简单的 IFPR。

$$R_i: \text{IF } d_j \text{ THEN } d_k(\mathrm{CF}_i, \lambda_i) \tag{4.2}$$

假设 $\theta_j = \langle \mu_j, \gamma_j \rangle$，$\lambda_i = \langle \alpha_i, \beta_i \rangle$，$\mathrm{CF}_i = \langle C\mu_i, C\gamma_i \rangle$，那么

① 当且仅当同时满足 $\mu_j \geqslant \alpha_i$，$\gamma_j \leqslant \beta_i$ 时，规则 R_i 才被应用，此时 d_k 的可信度为 $\theta_k = \langle \mu_k, \gamma_k \rangle$，其中

$$\begin{cases} \mu_k = \mu_j \times C\mu_i \\ \gamma_k = \gamma_j + C\gamma_i - \gamma_j \times C\gamma_i \end{cases} \tag{4.3}$$

② 其他条件下，规则 R_i 不被应用，d_k 的可信度不变。

（2）类型 2：具有合取式前提条件的 IFPR。

$$R_i: \text{IF } d_{j1} \text{ AND } d_{j2} \text{ AND } \cdots \text{ AND } d_{jn} \text{ THEN } d_k(\mathrm{CF}_i, \lambda_i) \tag{4.4}$$

假设 $\theta_{jm} = \langle \mu_{jm}, \gamma_{jm} \rangle (m=1, 2, \cdots, n)$，$\lambda_i = \langle \alpha_i, \beta_i \rangle$，$\mathrm{CF}_i = \langle C\mu_i, C\gamma_i \rangle$，那么

① 当且仅当同时满足 $\min(\mu_{j1}, \mu_{j2}, \cdots, \mu_{jn}) \geqslant \alpha_i$，$\max(\gamma_{j1}, \gamma_{j2}, \cdots, \gamma_{jn}) \leqslant \beta_i$ 时，规则 R_i 才被应用，此时 d_k 的可信度为 $\theta_k = \langle \mu_k, \gamma_k \rangle$，其中

$$\begin{cases} \mu_k = \min(\mu_{j1}, \mu_{j2}, \cdots, \mu_{jn}) \times C\mu_i \\ \gamma_k = \max(\gamma_{j1}, \gamma_{j2}, \cdots, \gamma_{jn}) + C\gamma_i - \max(\gamma_{j1}, \gamma_{j2}, \cdots, \gamma_{jn}) \times C\gamma_i \end{cases} \tag{4.5}$$

② 其他条件下，d_k 的可信度不变。

（3）类型 3：具有析取式前提条件的 IFPR。

$$R_i: \text{IF } d_{j1} \text{ OR } d_{j2} \text{ OR } \cdots \text{ OR } d_{jn} \text{ THEN } d_k(\mathrm{CF}_i, \lambda_i) \tag{4.6}$$

可以等价为如下 n 条规则：

$$R_{i1}: \text{IF } d_{j1} \text{ THEN } d_k(\mathrm{CF}_i, \lambda_i)$$
$$R_{i2}: \text{IF } d_{j2} \text{ THEN } d_k(\mathrm{CF}_i, \lambda_i)$$
$$\vdots$$
$$R_{in}: \text{IF } d_{jn} \text{ THEN } d_k(\mathrm{CF}_i, \lambda_i)$$

假设命题 $d_{jm}(m=1, 2, \cdots, n)$ 的可信度为 $\theta_{jm} = \langle \mu_{jm}, \gamma_{jm} \rangle$，规则阈值 $\lambda_i = \langle \alpha_i, \beta_i \rangle$，规则可信度 $\mathrm{CF}_i = \langle C\mu_i, C\gamma_i \rangle$，规则 R_i 中的结果命题 d_k 的可信度为 $\theta_k = \langle \mu_k, \gamma_k \rangle$，等价规则 $R_{im}(m=1, 2, \cdots, n)$ 中结果命题 d_k 的可信度为 $\theta_{km} = \langle \mu_{km}, \gamma_{km} \rangle$，那么

① 如果等价规则 $R_{i1}, R_{i2}, \cdots, R_{in}$ 中存在一条或者多条规则被应用，则规则 R_i 被应用，规则 R_i 中的结果命题 d_k 的最终可信度为 $\theta_k = \langle \mu_k, \gamma_k \rangle$，其中

$$\begin{cases} \mu_k = \max(\mu_{k1}, \mu_{k2}, \cdots, \mu_{kn}) \\ \gamma_k = \min(\gamma_{k1}, \gamma_{k2}, \cdots, \gamma_{kn}) \end{cases} \tag{4.7}$$

（i）当且仅当同时满足 $\mu_{jm} \geqslant \alpha_i$，$\gamma_{jm} \leqslant \beta_i$ 时，规则 R_{im} 才被应用，此时规则 R_{im} 中的结果命题 d_k 的可信度为 $\theta_{km} = \langle \mu_{km}, \gamma_{km} \rangle$，其中

$$\begin{cases} \mu_{km} = \mu_{jm} \times C\mu_i \\ \gamma_{km} = \gamma_{jm} + C\gamma_i - \gamma_{jm} \times C\gamma_i \end{cases}$$

（ii）其他条件下，规则 R_{im} 中的结果命题 d_k 的可信度 $\theta_{km} = \langle \mu_{km}, \gamma_{km} \rangle$ 不变。

② 其他条件下，规则 R_i 中的结果命题 d_k 的可信度 $\theta_k = \langle \mu_k, \gamma_k \rangle$ 不变。

（4）类型 4：具有合取式结论的 IFPR。

$$R_i：IF\ d_j\ THEN\ d_{k1}\ AND\ d_{k2}\ AND\ \cdots\ AND\ d_{kn}(CF_i，\lambda_i) \tag{4.8}$$

假设直觉模糊命题 d_j 的可信度为 $\theta_j = \langle \mu_j，\gamma_j \rangle$，规则阈值 $\lambda_i = \langle \alpha_i，\beta_i \rangle$，规则可信度 $CF_i = \langle C\mu_i，C\gamma_i \rangle$，那么

① 当且仅当同时满足 $\mu_j \geqslant \alpha_i$，$\gamma_j \leqslant \beta_i$ 时，规则 R_i 才被应用，结果命题 $d_{km}(m=1，2，\cdots，n)$ 的可信度为 $\theta_{km} = \langle \mu_{km}，\gamma_{km} \rangle$，其中

$$\begin{cases} \mu_{km} = \mu_j \times C\mu_i \\ \gamma_{km} = \gamma_j + C\gamma_i - \gamma_j \times C\gamma_i \end{cases} \tag{4.9}$$

② 其他条件下，结果命题 d_{km} 的可信度不变。

（5）类型 5：具有析取式结论的 IFPR。

$$R_i：IF\ d_j\ THEN\ d_{k1}\ OR\ d_{k2}\ OR\ \cdots\ OR\ d_{kn}(CF_i，\lambda_i) \tag{4.10}$$

由于该类型的规则推理结果不确定，所以这种规则不允许出现在规则库中，本节在此不做讨论。

4.2.2　否命题的表示

在一个规则集中，命题的原命题和否命题可能同时存在。如规则集 $S_1 = \{R_1，R_2\}$，其中

$$R_1：IF\ d_1\ AND\ \neg\ d_2\ THEN\ \neg\ d_4$$
$$R_2：IF\ d_2\ AND\ d_3\ THEN\ d_4\ A6ND\ \neg\ d_5$$

为合理地表示原命题与否命题，文献[13]中通过引入负权值表示否定的含义；文献[33]用两个不同的库所分别表示原命题和否命题，但这会增加模型的复杂度；文献[9]用抑制弧表示前提条件中的否命题，用新库所表示结论中的否命题，以区别于原命题。文献[9]中的方法存在两个问题：一是模型表示不唯一；二是推理结果可能存在矛盾[10]。文献[10]将推理规则中的原命题理解为该命题在规则中起促进作用，而将否命题理解为该命题在规则中起阻碍作用（如规则 R_1 中的 d_2 的否命题 $\neg\ d_2$ 在推理中阻碍了 d_4 的发生），可通过在模型中的转移弧上加入标志来表示促进和阻碍作用，没有标志的转移弧，默认为正转移弧；带有"一"为抑制转移弧，这样就可以用一个库所同时表示原命题和否命题。

本节将这种表示方法引入 IFPN 模型中，用于表示模型中的原命题和否命题。规则集 S_1 可用图 4.1 表示。

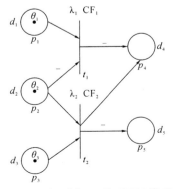

图 4.1　规则集 S_1 的 IFPN 模型

4.2.3　IFPN 的定义

定义 4.1（直觉模糊 **Petri** 网）　IFPN 可定义为一个 10 元组 IFPN＝（P，T，F；$\boldsymbol{I}$，**IN**，$\boldsymbol{O}$，**ON**，$\boldsymbol{\theta}$，**Th**，**CF**），其中

（1）$P＝\{p_1，p_2，\cdots，p_n\}$ 是一个有限库所集合。

（2）$T＝\{t_1，t_2，\cdots，t_m\}$ 是一个有限变迁集合。

（3）$F\subseteq（P\times T）\bigcup（T\times P）$ 是一个有向弧集合，表示 P 和 T 之间的流关系。

（4）$\boldsymbol{I}$：$P\times T\rightarrow\{0,1\}$ 是一个表示从库所到变迁（从命题到规则）的 $n\times m$ 维输入正转移矩阵，其矩阵元素 $I(p_i，t_j)$ 满足如下条件：当存在由 p_i 到 t_j 的正转移弧时，$I(p_i，t_j)＝1$；否则 $I(p_i，t_j)＝0$，其中 $i＝1，2，\cdots，n，j＝1，2，\cdots，m$。

（5）**IN**：$P\times T\rightarrow\{0,1\}$ 是一个表示从库所到变迁（从命题到规则）的 $n\times m$ 维输入抑制转移矩阵，其矩阵元素 $\mathrm{IN}(p_i，t_j)$ 满足如下条件：当存在由 p_i 到 t_j 的抑制转移弧时，$\mathrm{IN}(p_i，t_j)＝1$；否则 $\mathrm{IN}(p_i，t_j)＝0$，其中 $i＝1，2，\cdots，n，j＝1，2，\cdots，m$。

（6）$\boldsymbol{O}$：$P\times T\rightarrow\{0,1\}$ 是一个表示从变迁到库所（从规则到结论）的 $m\times n$ 维输出正转移矩阵，其矩阵元素 $O(p_i，t_j)$ 满足如下条件：当存在由 t_j 到 p_i 的正转移弧时，$O(p_i，t_j)＝1$；否则 $O(p_i，t_j)＝0$，其中 $i＝1，2，\cdots，n，j＝1，2，\cdots，m$。

（7）**ON**：$P\times T\rightarrow\{0,1\}$ 是一个表示从变迁到库所（从规则到结论）的 $m\times n$ 维输出抑制转移矩阵，其矩阵元素 $\mathrm{ON}(p_i，t_j)$ 满足如下条件：当存在由 t_j 到 p_i 的抑制转移弧时，$\mathrm{ON}(p_i，t_j)＝1$；否则 $\mathrm{ON}(p_i，t_j)＝0$，其中 $i＝1，2，\cdots，n，j＝1，2，\cdots，m$。

（8）$\boldsymbol{\theta}＝（\theta_1，\theta_2，\cdots，\theta_n）^{\mathrm{T}}$ 是一个 n 维列向量，表示库所的 Token 值（即命题的可信度），其中 $\theta_i＝\langle\mu_i，\gamma_i\rangle$ 是一个直觉模糊数，表示库所 p_i 中的命题 d_i 的可信度；命题的初始可信度记作 $\boldsymbol{\theta}^0＝（\theta_1^0，\theta_2^0，\cdots，\theta_n^0）^{\mathrm{T}}＝（\langle\mu_1^0，\gamma_1^0\rangle，\langle\mu_2^0，\gamma_2^0\rangle，\cdots，\langle\mu_n^0，\gamma_n^0\rangle）^{\mathrm{T}}$。

（9）**Th**$＝（\lambda_1，\lambda_2，\cdots，\lambda_m）^{\mathrm{T}}$ 是一个 m 维列向量，表示变迁的阈值（即推理规则启动的条件），其中 $\lambda_j＝\langle\alpha_j，\beta_j\rangle$ 是一个直觉模糊数，表示变迁 t_j 的阈值（即规则 R_j 启动的条件）。

（10）**CF**$＝\mathrm{diag}（\mathrm{CF}_1，\mathrm{CF}_2，\cdots，\mathrm{CF}_m）$ 为一个 $m\times m$ 维的矩阵，表示规则的可信度，其中 $\mathrm{CF}_j＝\langle C\mu_j，C\gamma_j\rangle$ 为直觉模糊数，表示规则 R_j 的可信度；$C\mu_j$ 表示规则 R_j 可信度的支持程度，称作置信度，$C\gamma_j$ 表示规则 R_j 可信度的反对程度，称作非置信度。

定理 4.1　FPN 是 IFPN 的特例。

证明：

当库所中的命题 $d_i(i＝1，2，\cdots，n)$ 的直觉模糊指数 $\pi_i(x)＝0$，即满足条件 $\mu_i(x)＋\gamma_i(x)＝1$ 时，库所中的直觉模糊命题变成了模糊命题，IFPN 即简化成了 FPN，所以 FPN 是 IFPN 的特例。

4.2.4　基于 IFPN 的知识表示方法

IFPR 集与 IFPN 模型的对应关系如下，可用表 4.1 表示：

（1）规则 R_j 和变迁 t_j 相对应，规则 R_j 的前提条件和结论分别与变迁 t_j 的输入库所和输出库所相对应；

（2）规则中的命题 d_k 和库所 p_k 相对应，命题 d_k 的可信度和库所 p_k 的 Token 值相

对应；

（3）规则 R_j 的阈值和变迁 t_j 的阈值相对应；

（4）规则 R_j 的可信度和变迁 t_j 的可信度相对应；

（5）规则 R_j 的应用与变迁 t_j 的触发相对应。

表 4.1　IFPR 集与 IFPN 模型的对应关系

IFPR 集	IFPN 模型
规则 R_j	变迁 t_j
规则 R_j 的前提条件	变迁 t_j 的输入库所
规则 R_j 的结论	变迁 t_j 的输出库所
命题 d_k	库所 p_k
命题 d_k 的可信度	库所 p_k 的 Token 值
规则 R_j 的阈值	变迁 t_j 的阈值
规则 R_j 的可信度	变迁 t_j 的可信度
规则 R_j 的应用	变迁 t_j 的触发

按照表 4.1 所示的对应关系，可以将 IFPR 集映射为 IFPN。在 4.2.1 小节提出的 5 种 IFPR 中，类型 5 因为推理结果不确定，不允许出现在知识库中，所以本节只讨论类型 1、类型 2、类型 3 和类型 4 四种 IFPR 的 IFPN 模型。

（1）简单的 IFPR 的 IFPN 模型（见图 4.2）。

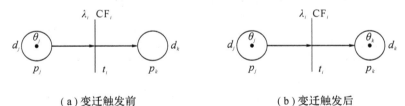

（a）变迁触发前　　　　　　　　　　（b）变迁触发后

图 4.2　简单的 IFPR 的 IFPN 模型

图中，库所 p_j 表示规则的前提条件命题 d_j，库所 p_k 表示规则的结论命题 d_k；库所 p_j 和 p_k 中的 Token 值 $\theta_j = \langle \mu_j, \gamma_j \rangle$ 和 $\theta_k = \langle \mu_k, \gamma_k \rangle$ 分别表示命题 d_j 和 d_k 的可信度；$\lambda_i = \langle \alpha_i, \beta_i \rangle$ 表示变迁 t_i 的阈值（即规则 R_i 的阈值）；$\mathrm{CF}_i = \langle C\mu_i, C\gamma_i \rangle$ 表示变迁 t_i 的可信度（即规则 R_i 的可信度），θ_j、θ_k、λ_i 和 CF_i 为直觉模糊数。

当且仅当同时满足 $\mu_j \geqslant \alpha$，$\gamma_j \leqslant \beta$ 时，变迁 t_i 才能触发（即规则 R_i 的应用），库所 p_k 的 Token 值（即结论命题 d_k 的可信度）$\theta_k = \langle \mu_k, \gamma_k \rangle$，其中

$$\begin{cases} \mu_k = \mu_j \times C\mu_i \\ \gamma_k = \gamma_j + C\gamma_i - \gamma_j \times C\gamma_i \end{cases} \tag{4.11}$$

（2）具有合取式前提条件的 IFPR 的 IFPN 模型（见图 4.3）。

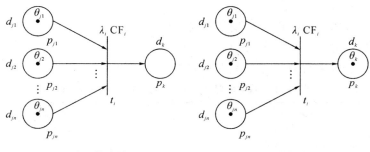

（a）变迁触发前　　　　　　　　　（b）变迁触发后

图 4.3　具有合取式前提条件的 IFPR 的 IFPN 模型

图中，直觉模糊命题 $d_{jm}(m=1, 2, \cdots, n)$ 和 d_k 的可信度分别为 $\theta_{jm}=\langle \mu_{jm}, \gamma_{jm} \rangle$ 和 $\theta_k=\langle \mu_k, \gamma_k \rangle$，规则阈值 $\lambda_i=\langle \alpha_i, \beta_i \rangle$，规则可信度 $CF_i=\langle C\mu_i, C\gamma_i \rangle$。

当且仅当同时满足 $\min(\mu_{j1}, \mu_{j2}, \cdots, \mu_{jn}) \geqslant \alpha_i$, $\max(\gamma_{j1}, \gamma_{j2}, \cdots, \gamma_{jn}) \leqslant \beta_i$ 时，变迁 t_i 才能触发（即规则 R_i 应用），库所 p_k 的 Token 值（即结论命题 d_k 的可信度）$\theta_k=\langle \mu_k, \gamma_k \rangle$，其中

$$\begin{cases} \mu_k = \min(\mu_{j1}, \mu_{j2}, \cdots, \mu_{jn}) \times C\mu_i \\ \gamma_k = \max(\gamma_{j1}, \gamma_{j2}, \cdots, \gamma_{jn}) + C\gamma_i - \max(\gamma_{j1}, \gamma_{j2}, \cdots, \gamma_{jn}) \times C\gamma_i \end{cases} \quad (4.12)$$

（3）具有析取式前提条件的 IFPR 的 IFPN 模型（见图 4.4）。

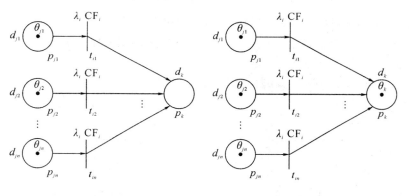

（a）变迁触发前　　　　　　　　　（b）变迁触发后

图 4.4　具有析取式前提条件的 IFPR 的 IFPN 模型

图中，直觉模糊命题 $d_{jm}(m=1, 2, \cdots, n)$ 和 d_k 的可信度分别为 $\theta_{jm}=\langle \mu_{jm}, \gamma_{jm} \rangle$ 和 $\theta_k=\langle \mu_k, \gamma_k \rangle$，规则阈值 $\lambda_i=\langle \alpha_i, \beta_i \rangle$，规则可信度 $CF_i=\langle C\mu_i, C\gamma_i \rangle$。

如果库所 $p_{j1}, p_{j2}, \cdots, p_{jn}$ 中有 m 个库所 $p_{j1}, p_{j2}, \cdots, p_{jm}(1 \leqslant m \leqslant n)$ 的 Token 值同时满足 $\mu_{jm} \geqslant \alpha_i$, $\gamma_{jm} \leqslant \beta_i$，则变迁 $t_{j1}, t_{j2}, \cdots, t_{jm}$ 触发（此时规则 R_i 应用），库所 p_k 的 Token 值（即结论命题 d_k 的可信度）$\theta_k=\langle \mu_k, \gamma_k \rangle$，其中

$$\begin{cases} \mu_k = \max(\mu_{j1} \times C\mu_i, \mu_{j2} \times C\mu_i, \cdots, \mu_{jm} \times C\mu_i) \\ \gamma_k = \min(\gamma_{j1} + C\gamma_i - \gamma_{j1} \times C\gamma_i, \gamma_{j2} + C\gamma_i - \gamma_{j2} \times C\gamma_i, \cdots, \gamma_{jm} + C\gamma_i - \gamma_{jm} \times C\gamma_i) \end{cases} \quad (4.13)$$

（4）具有合取式结论的 IFPR 的 IFPN 模型（见图 4.5）。

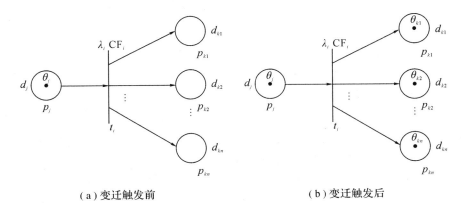

（a）变迁触发前	（b）变迁触发后

图 4.5　具有合取式结论的 IFPR 的 IFPN 模型

图中，库所 p_j，p_{k1}，p_{k2}，$\cdots$，p_{kn} 的 Token 值分别为 θ_j，θ_{k1}，θ_{k2}，$\cdots$，θ_{kn}，其中 $\theta_j = \langle \mu_j, \gamma_j \rangle$，$\theta_{ki} = \langle \mu_{ki}, \gamma_{ki} \rangle$（$i=1, 2, \cdots, n$），规则阈值 $\lambda_i = \langle \alpha_i, \beta_i \rangle$，规则可信度 $CF_i = \langle C\mu_i, C\gamma_i \rangle$。

当且仅当同时满足 $\mu_j \geqslant \alpha_i$，$\gamma_j \leqslant \beta_i$ 时，变迁 t_i 才能触发（即规则 R_i 应用），库所 p_{ki} 的 Token 值（即结论命题 d_{ki} 的可信度）$\theta_{ki} = \langle \mu_{ki}, \gamma_{ki} \rangle$，其中

$$\begin{cases} \mu_{ki} = \mu_j \times C\mu_i \\ \gamma_{ki} = \gamma_j + C\gamma_i - \gamma_j \times C\gamma_i \end{cases} \tag{4.14}$$

4.3　基于 IFPN 的推理算法

4.3.1　IFPN 的扩展

为更好地利用 IFPN 进行模糊推理，需要解决以下两个问题：事实的保留和变迁的重复触发。

1. 事实的保留

事实的保留指的是在 IFPN 推理过程中当变迁 t 触发后，它的输出库所中的 Token 值更新，而输入库所中的 Token 值保持不变。传统的 FPN 描述的是信息（Token 值）的流动，当信息从输入库所流到输出库所时，便在输入库所中消失了，这就相当于在推理过程中推理的前提条件随着结论的出现而消失，这显然不符合知识处理的要求。

为了保留初始事实，Nazareth[34] 提出从变迁到它的所有输入库所都增加一条额外的有向弧。该方法虽然解决了推理过程中保留事实的问题，但会增加 Petri 网模型的有向弧数量，导致模型结构变得更加复杂，大幅度降低推理效率。Looney[3] 通过复制 Token 值，将初始 Token 值留在输入库所而将 Token 的副本放入输出库所，从而解决了事实保留的问题。Gao 等[9] 通过修改基于 FRPN 的推理算法达到了保留事实的目的。本节通过修改变迁触发后库所 Token 值的传递规则，解决 IFPN 推理过程中事实保留的问题。

假设 t_k 触发前，库所的 Token 值为

$$\boldsymbol{\theta}^k = (\theta_1^k, \theta_2^k, \cdots, \theta_n^k)^T = (\langle \mu_1^k, \gamma_1^k \rangle, \langle \mu_2^k, \gamma_2^k \rangle, \cdots, \langle \mu_n^k, \gamma_n^k \rangle)^T$$

式中，θ_i^k 表示库所 p_i 的 Token 值，那么变迁 t_k 触发后，库所的 Token 值为

$$\boldsymbol{\theta}^{k'} = (\theta_1^{k'}, \theta_2^{k'}, \cdots, \theta_n^{k'})^{\mathrm{T}} = (\langle \mu_1^{k'}, \gamma_1^{k'} \rangle, \langle \mu_2^{k'}, \gamma_2^{k'} \rangle, \cdots, \langle \mu_n^{k'}, \gamma_n^{k'} \rangle)^{\mathrm{T}}$$

其中

$$\theta_i^{k'} = \begin{cases} \theta_i^{k'}, & p_i \in O(t_k) \bigcap \mathrm{ON}(t_k) \\ \theta_i^{k}, & p_i \notin O(t_k) \bigcap \mathrm{ON}(t_k) \end{cases}$$

$O(t_k)$ 和 $\mathrm{ON}(t_k)$ 表示变迁 t_k 的输出库所集合。

通过修改变迁触发后库所 Token 值的传递规则，既保留了事实又没有改变原 IFPN 模型的结构，从而避免了推理效率的降低。

2. 抑制变迁的重复触发（避免规则重复使用）

在基于 IFPR 的推理过程中，如果一条规则的前提条件没有改变，那么该规则就最多只能执行一次。相应地，在 IFPN 的推理过程中，若变迁的输入库所没有变化，则该变迁最多只能触发一次。在基于 IFPN 的推理过程中，事实得到保留后（即输入库所的 Token 值得到保留），变迁的触发条件就一直满足，这样就会导致已经触发过的变迁重复触发，从而导致在该次推理过程中反复执行一条规则，增加不必要的计算，大大降低推理效率。为此，Nazareth[34] 提出为每个变迁增加一个只包含单个 Token 值的库所，在变迁触发后，这个库所的 Token 值消失，从而避免了变迁的重复触发，但这会额外增加模型的库所数目，增大了模型的复杂度，同样会降低推理的效率。

本章通过在基于 IFPN 的推理算法中增加"判断每个变迁的等效输入是否大于先前的输入"这一步骤来避免变迁的重复触发。对任意变迁，只要其所有输入库所的等效输入不大于先前的等效输入，该变迁就没必要触发。

4.3.2　基于 IFPN 的推理算法

1. 定义算子

为了简洁地表示推理算法，定义如下算子：

（1）乘法算子 $\otimes$：$\boldsymbol{C} = \boldsymbol{A} \otimes \boldsymbol{B}$。其中，

$$\boldsymbol{C} = (c_i)_{n \times 1} = (\langle c\mu_i, c\gamma_i \rangle)_{n \times 1}, \boldsymbol{A} = (a_{ij})_{n \times m}, \boldsymbol{B} = (b_j)_{m \times 1} = (\langle b\mu_j, b\gamma_j \rangle)_{m \times 1}$$

$$c\mu_i = \max \left\{ x_i \mid x_i = \begin{cases} b\mu_j, & a_{ij} = 1 \\ 0, & a_{ij} = 0 \end{cases} \right\}$$

$$c\gamma_i = \min \left\{ y_i \mid y_i = \begin{cases} b\gamma_j, & a_{ij} = 1 \\ 1, & a_{ij} = 0 \end{cases} \right\}$$

（2）加法算子 $\oplus$：$\boldsymbol{C} = \boldsymbol{A} \oplus \boldsymbol{B}$。其中

$$\boldsymbol{C} = (c_{ij})_{m \times n} = (\langle \mu c_{ij}, \gamma c_{ij} \rangle)_{m \times n}, \boldsymbol{A} = (a_{ij})_{m \times n} = (\langle \mu a_{ij}, \gamma a_{ij} \rangle)_{m \times n}$$

$$\boldsymbol{B} = (b_{ij})_{m \times n} = (\langle \mu b_{ij}, \gamma b_{ij} \rangle)_{m \times n}$$

$$c_{ij} = \max(a_{ij}, b_{ij}) = \langle \max(\mu a_{ij}, \mu b_{ij}), \min(\gamma a_{ij}, \gamma b_{ij}) \rangle$$

（3）比较算子 I $\ominus$：$\boldsymbol{C} = \boldsymbol{A} \ominus \boldsymbol{B}$。其中

$$\boldsymbol{C} = (c_{ij})_{m \times n} = (\langle \mu c_{ij}, \gamma c_{ij} \rangle)_{m \times n}, \boldsymbol{A} = (a_{ij})_{m \times n} = (\langle \mu a_{ij}, \gamma a_{ij} \rangle)_{m \times n}$$

$$\boldsymbol{B} = (b_{ij})_{m \times n} = (\langle \mu b_{ij}, \gamma b_{ij} \rangle)_{m \times n}$$

$$c_{ij} = \langle \mu c_{ij}, \mu c_{ij} \rangle = \begin{cases} \langle \mu a_{ij}, ra_{ij} \rangle, & \mu a_{ij} > \mu b_{ij} \text{ 且 } \gamma a_{ij} < \gamma b_{ij} \\ \langle 0, 1 \rangle, & \text{其他} \end{cases}$$

（4）比较算子⊘Ⅱ：$\boldsymbol{C}=\boldsymbol{A}\oslash\boldsymbol{B}$。其中

$$\boldsymbol{C}=(c_1,c_2,\cdots,c_m)^T=(\langle\mu c_1,\gamma c_1\rangle,\langle\mu c_2,\gamma c_2\rangle,\cdots,\langle\mu c_m,\gamma c_m\rangle)^T$$

$$\boldsymbol{A}=(a_1,a_2,\cdots,a_m)^T=(\langle\mu a_1,\gamma a_1\rangle,\langle\mu a_2,\gamma a_2\rangle,\cdots,\langle\mu a_m,\gamma a_m\rangle)^T$$

$$\boldsymbol{B}=(b_1,b_2,\cdots,b_m)^T=(\langle\mu b_1,\gamma b_1\rangle,\langle\mu b_2,\gamma b_2\rangle,\cdots,\langle\mu b_m,\gamma b_m\rangle)^T$$

$$c_i=\langle\mu c_i,\gamma c_i\rangle=\begin{cases}\langle\mu a_i,\gamma a_i\rangle,&\mu c_i\geqslant\mu a_i \text{ 且 } \gamma c_i\leqslant\gamma a_i\\\langle0,1\rangle,&\text{其他}\end{cases}$$

（5）直乘算子⊙：$\boldsymbol{C}=\boldsymbol{A}\odot\boldsymbol{B}$。其中

$$\boldsymbol{C}=(c_{ij})_{m\times n}=(\langle\mu c_{ij},\gamma c_{ij}\rangle)_{m\times n},\boldsymbol{A}=(a_{ij})_{m\times l}=(\langle\mu a_{ij},\gamma a_{ij}\rangle)_{m\times l}$$

$$\boldsymbol{B}=(b_{ij})_{l\times n}=(\langle\mu b_{ij},\gamma b_{ij}\rangle)_{l\times n},c_{ij}=(c_{ij})_{m\times n}=\langle\mu a_{ij}\times\mu b_{ij},\gamma a_{ij}+\gamma b_{ij}-\gamma a_{ij}\times\gamma b_{ij}\rangle$$

（6）向量否定算子 neg。已知 $\boldsymbol{\theta}=(\theta_1,\theta_2,\cdots,\theta_n)^T=(\langle\mu_1,\gamma_1\rangle,\langle\mu_2,\gamma_2\rangle,\cdots,$ $\langle\mu_n,\gamma_n\rangle)^T$，则

$$\begin{aligned}\mathrm{neg}\boldsymbol{\theta}&=\mathrm{neg}(\theta_1,\theta_2,\cdots,\theta_n)^T=\mathrm{neg}(\langle\mu_1,\gamma_1\rangle,\langle\mu_2,\gamma_2\rangle,\cdots,\langle\mu_n,\gamma_n\rangle)^T\\&=(\langle\gamma_1,\mu_1\rangle,\langle\gamma_2,\mu_2\rangle,\cdots,\langle\gamma_n,\mu_n\rangle)^T\\&=\bar{\theta}\end{aligned}$$

2. 基于 IFPN 的推理算法

非循环网是指没有回路和环形的网，在大多数实际应用的知识库中几乎不存在循环[9]。因此本节假设构建的基于 IFPR 的 IFPN 模型是一个非循环网，即模型中不存在回路。

定义 4.2（直接可达集，可达集[2][4]）假设 t_i，t_j 和 p_i，p_j，p_k 是 IFPN 的变迁和库所，当 $p_i\in\cdot t_i$ 并且 $p_j\in t_i\cdot$ 时，称从 p_i 直接可达 p_j，记为 $p_i\Rightarrow p_j$；当 $p_i\Rightarrow p_j$，$p_j\Rightarrow p_{j+1}$，$\cdots$，$p_{j+k-1}\Rightarrow p_{j+k}$ 时，称从 p_i 可达 p_{j+1}，p_{j+2}，$\cdots$，p_{j+k}，记为 $p_i\rightarrow p_{j+1}$，$p_i\rightarrow p_{j+2}$，$\cdots$，$p_i\rightarrow p_{j+k}$。所有从 p_i 直接可达的库所构成的集合称为 p_i 的**直接可达集**（Immediate Reachability Set），记为 IRS(p_i)；所有从 p_i 可达的库所构成的集合称为 p_i 的**可达集**（Reachability Set），记为 RS(p_i)。

假设 IFPR 集 S 中有 n 个命题、m 条规则，对应的 IFPN 模型有 n 个库所、m 个变迁，则基于 IFPN 的推理算法如下：

算法 4.1　基于 IFPN 的推理算法

输入：输入正转移矩阵 $\boldsymbol{I}$、输入抑制转移矩阵 $\boldsymbol{IN}$、输出正转移矩阵 $\boldsymbol{O}$、输出抑制转移矩阵 $\boldsymbol{ON}$、变迁的阈值 $\boldsymbol{Th}$，规则的可信度 $\boldsymbol{CF}$，命题的初始可信度 $\boldsymbol{\theta}^0$。

输出：库所的 Token 值（即命题的可信度），迭代次数 k。

预处理（判断 IFPN 模型中有无回路）：在 IFPN 模型中，若 $\exists p_i\in\mathrm{RS}(p_i)$，则模型中存在回路。该模型不能应用该推理算法，退出。

Step1：初始化所有输入，令迭代次数 $k=1$，
$\boldsymbol{\theta}^{k-1}=\boldsymbol{\theta}^0=(\theta_1^0,\theta_2^0,\cdots,\theta_n^0)^T=(\langle\mu_1^0,\gamma_1^0\rangle,\langle\mu_2^0,\gamma_2^0\rangle,\cdots,\langle\mu_n^0,\gamma_n^0\rangle)^T$，未知命题的可信度用 $\langle0,1\rangle$ 表示，初始等效输入 $\boldsymbol{\rho}_{k-1}=\boldsymbol{\rho}_0=(\langle0,1\rangle,\langle0,1\rangle,\cdots,\langle0,1\rangle)^T$。

Step2：计算各个变迁的所有输入库所的等效输入，即将各个变迁的输入库所的 Token 值等效为单个输入库所的 Token 值，结果为

$$\boldsymbol{\rho}_k=(\rho\theta_1^k,\rho\theta_2^k,\cdots,\rho\theta_m^k)^T=(\langle\rho\mu_1^k,\rho\gamma_1^k\rangle,\langle\rho\mu_2^k,\rho\gamma_2^k\rangle,\cdots,\langle\rho\mu_m^k,\rho\gamma_m^k\rangle)^T$$

其中

$$\rho\mu_j^k = \min\left\{x_i \,\middle|\, x_i = \begin{cases} \mu_i^{k-1}, & I(p_i,\, t_j)=1 \\ \gamma_i^{k-1}, & \mathrm{IN}(p_i,\, t_j)=1 \end{cases}\right\}$$

$$\rho\gamma_j^k = \max\left\{y_i \,\middle|\, y_i = \begin{cases} \gamma_i^{k-1}, & I(p_i,\, t_j)=1 \\ \mu_i^{k-1}, & \mathrm{IN}(p_i,\, t_j)=1 \end{cases}\right\}$$

即

$$\boldsymbol{\rho}_k = \overline{(\boldsymbol{I}^{\mathrm{T}} \otimes \overline{\boldsymbol{\theta}_{k-1}}) \oplus (\boldsymbol{IN}^{\mathrm{T}} \otimes \boldsymbol{\theta}_{k-1})} \tag{4.15}$$

Step3:(抑制变迁的重复触发)判断每个变迁的等效输入是否大于先前的输入,即

$$\boldsymbol{\rho}_k' = \boldsymbol{\rho}_k \ominus \boldsymbol{\rho}_{k-1} \tag{4.16}$$

此时,$\boldsymbol{\rho}_k'$ 中记录的是有必要触发的变迁的等效输入。如果 $\boldsymbol{\rho}_k' = (\langle 0,1 \rangle,\ \langle 0,1 \rangle,\ \cdots,$ $\langle 0,1 \rangle)^{\mathrm{T}}$,则推理结束,输出命题最终值 $\boldsymbol{\theta}^k$,此时 $\boldsymbol{\theta}^k = \boldsymbol{\theta}^{k-1}$;否则推理继续。

Step4:将变迁等效输入与规则阈值进行比较,保留可以使变迁触发的输入:

$$\boldsymbol{\rho}_k'' = \boldsymbol{\rho}_k' \oslash \mathbf{Th} \tag{4.17}$$

Step5:变迁触发后,计算结果命题可信度:

① $\boldsymbol{S}_k = \mathbf{CF} \odot \boldsymbol{\rho}_k''$。其中

$$\boldsymbol{S}_k = (s_1^k,\, s_2^k,\, \cdots,\, s_m^k)^{\mathrm{T}} = (\langle s\mu_1^k,\, s\gamma_1^k \rangle,\, \langle s\mu_2^k,\, s\gamma_2^k \rangle,\, \cdots,\, \langle s\mu_n^k,\, s\gamma_m^k \rangle)^{\mathrm{T}}$$

$$\begin{cases} s\mu_j^k = C\mu_j^k \times \rho\mu_j^k \\ s\gamma_j^k = C\gamma_j^k + \rho\gamma_j^k - C\gamma_j^k \times \rho\gamma_j^k \end{cases}$$

② $\boldsymbol{Y}_k = (y\theta_1^k,\, y\theta_2^k,\, \cdots,\, y\theta_n^k)^{\mathrm{T}} = (\langle y\mu_1^k,\, y\gamma_1^k \rangle,\, \langle y\mu_2^k,\, y\gamma_2^k \rangle,\, \cdots,\, \langle y\mu_n^k,\, y\gamma_n^k \rangle)^{\mathrm{T}}$。其中

$$y\mu_i^k = \max\left\{x_i \,\middle|\, x_i = \begin{cases} s\mu_j^k, & O(p_i,\, t_j)=1 \\ s\gamma_j^k, & \mathrm{ON}(p_i,\, t_j)=1 \\ 0, & O(p_i,\, t_j)=0 \ \text{且}\ \mathrm{ON}(p_i,\, t_j)=0 \end{cases}\right\}$$

$$y\gamma_i^k = \min\left\{y_i \,\middle|\, y_i = \begin{cases} s\gamma_j^k, & O(p_i,\, t_j)=1 \\ s\mu_j^k, & \mathrm{ON}(p_i,\, t_j)=1 \\ 1, & O(p_i,\, t_j)=0 \ \text{且}\ \mathrm{ON}(p_i,\, t_j)=0 \end{cases}\right\}$$

即

$$\boldsymbol{Y}_k = (\boldsymbol{O} \otimes \boldsymbol{S}_k) \oplus (\boldsymbol{ON} \otimes \overline{\boldsymbol{S}_k}) = [\boldsymbol{O} \otimes (\mathbf{CF} \odot \boldsymbol{\rho}_k'')] \oplus [\boldsymbol{ON} \otimes (\overline{\mathbf{CF} \odot \boldsymbol{\rho}_k''})] \tag{4.18}$$

Step6:计算所有库所的 Token 值(即所有命题的最终可信度):

$$\boldsymbol{\theta}^k = \boldsymbol{\theta}^{k-1} \oplus \boldsymbol{Y}_k = (\theta_1^k,\, \theta_2^k,\, \cdots,\, \theta_n^k)^{\mathrm{T}} = (\langle \mu_1^k,\, \gamma_1^k \rangle,\, \langle \mu_2^k,\, \gamma_2^k \rangle,\, \cdots,\, \langle \mu_n^k,\, \gamma_n^k \rangle)^{\mathrm{T}} \tag{4.19}$$

本步骤保留了事实。

Step7:判断推理是否结束:

如果 $\boldsymbol{\theta}^k = \boldsymbol{\theta}^{k-1}$,则推理结束,输出命题最终值 $\boldsymbol{\theta}^k$;否则,令 $k=k+1$,转到 Step2。

4.3.3 算法分析

定义 4.3(**源库所**,**终结库所**[12])如果一个库所没有输入库所,就称该库所为**源库所**(Source Places);如果一个库所没有输出库所,就称该库所为**终结库所**(Sink Places)。

定义 4.4(**路径**,**有效路径**[12])在具有 n 个库所、m 个变迁的 IFPN 模型中,假设变迁序列 t_1,t_2,$\cdots$,t_j 可以按序触发,对任意一个给定的库所 p,如果 p 可以通过该变迁序列从源库所中获取 Token 值,则称变迁序列 t_1,t_2,$\cdots$,t_j 为库所 p 的一条**路径**(Route)。如果

在实际推理过程中，变迁序列 t_1, t_2, $\cdots$, t_j 可以按序触发，则称该路径为**有效路径**（Active Route）。

定理 4.2 基于 IFPN 的推理算法中，$\boldsymbol{\rho}'_k = (\langle 0, 1 \rangle, \langle 0, 1 \rangle, \cdots, \langle 0, 1 \rangle)^T$ 是推理结束的充分条件，但不是必要条件。

证明：

(1) 当 $\boldsymbol{\rho}'_k = (\langle 0, 1 \rangle, \langle 0, 1 \rangle, \cdots, \langle 0, 1 \rangle)^T$ 时，由式(4.17)～式(4.19)可知

$$\boldsymbol{\rho}''_k = \boldsymbol{\rho}'_k \oslash \mathbf{Th} = (\langle 0, 1 \rangle, \langle 0, 1 \rangle, \cdots, \langle 0, 1 \rangle)^T$$

$$\boldsymbol{Y}_k = (\langle 0, 1 \rangle, \langle 0, 1 \rangle, \cdots, \langle 0, 1 \rangle)^T$$

$$\boldsymbol{\theta}^k = \boldsymbol{\theta}^{k-1} \oplus \boldsymbol{Y}_k = \boldsymbol{\theta}^{k-1}$$

从而证得当 $\boldsymbol{\rho}'_k = (\langle 0, 1 \rangle, \langle 0, 1 \rangle, \cdots, \langle 0, 1 \rangle)^T$ 时推理必然结束，即 $\boldsymbol{\rho}'_k = (\langle 0, 1 \rangle, \langle 0, 1 \rangle, \cdots, \langle 0, 1 \rangle)^T$ 是推理结束的充分条件。

(2) 当 $\boldsymbol{\rho}'_k \neq (\langle 0, 1 \rangle, \langle 0, 1 \rangle, \cdots, \langle 0, 1 \rangle)^T$ 时，如果变迁的等效输入不大于阈值，则由式(4.17)可知

$$\boldsymbol{\rho}''_k = \boldsymbol{\rho}'_k \oslash \mathbf{Th} = (\langle 0, 1 \rangle, \langle 0, 1 \rangle, \cdots, \langle 0, 1 \rangle)^T$$

仍成立，此时

$$\boldsymbol{Y}_k = (\langle 0, 1 \rangle, \langle 0, 1 \rangle, \cdots, \langle 0, 1 \rangle)^T, \quad \boldsymbol{\theta}^k = \boldsymbol{\theta}^{k-1} \oplus \boldsymbol{Y}_k = \boldsymbol{\theta}^{k-1}$$

所以 $\boldsymbol{\rho}'_k = (\langle 0, 1 \rangle, \langle 0, 1 \rangle, \cdots, \langle 0, 1 \rangle)^T$ 不是推理结束的必要条件。

定理 4.3 $\boldsymbol{\theta}^k = \boldsymbol{\theta}^{k-1}$ 是推理结束的充要条件。

该定理显然成立，证明略。

定理 4.4 基于 IFPN 的推理算法可以在有限 k 步内结束，其中 $1 \leq k \leq h+1$，h 表示 IFPN 模型中最长路径的变迁数目。

证明：

(1) 先证该推理算法可以在有限 k 步内结束。

假设在第 k 步推理结束时，$\boldsymbol{\theta}^k = \boldsymbol{\theta}^{k-1}$，显然根据定理 4.3，该推理已经结束。

(2) 再证 $1 \leq k \leq h+1$。

① 先证 $k = h+1$。

假设 h 表示 IFPN 模型中最长路径的变迁数目，我们只需证明当 $k = h+1$ 时，推理结束后 $\boldsymbol{\theta}^{h+1} = \boldsymbol{\theta}^h$ 或者 $\boldsymbol{\rho}'_{h+1} = (\langle 0, 1 \rangle, \langle 0, 1 \rangle, \cdots, \langle 0, 1 \rangle)^T$ 即可。已知

$$\boldsymbol{\theta}^h = (\theta_1^h, \theta_2^h, \cdots, \theta_n^h)^T = (\langle \mu_1^h, \gamma_1^h \rangle, \langle \mu_2^h, \gamma_2^h \rangle, \cdots, \langle \mu_n^h, \gamma_n^h \rangle)^T$$

$$\boldsymbol{\theta}^{h+1} = (\theta_1^{h+1}, \theta_2^{h+1}, \cdots, \theta_n^{h+1})^T = (\langle \mu_1^{h+1}, \gamma_1^{h+1} \rangle, \langle \mu_2^{h+1}, \gamma_2^{h+1} \rangle, \cdots, \langle \mu_n^{h+1}, \gamma_n^{h+1} \rangle)^T$$

假设 p_i 为该最长路径的终结库所，对应的变迁为 t_i，则在推理进行到第 h 步和第 $h+1$ 步时，库所 $p_j(j = 1, 2, 3, \cdots, n, j \neq i)$ 中的 Token 值 θ_j^h 和 θ_j^{h+1} 完全相同，即 $\boldsymbol{\theta}^h$ 和 $\boldsymbol{\theta}^{h+1}$ 中除了终结库所的 Token 值不同，其他库所的 Token 值完全相同，而各个变迁的等效输入只与它的输入库所的 Token 值相关，而与它的输出库所 Token 值无关。

综上所知，当 $k = h$ 和 $k = h+1$ 时，各个变迁的等效输入 $\boldsymbol{\rho}_h$ 和 $\boldsymbol{\rho}_{h+1}$ 相同。由式(4.16)可知，$\boldsymbol{\rho}'_{h+1} = \boldsymbol{\rho}_{h+1} \ominus \boldsymbol{\rho}_h = (\langle 0, 1 \rangle, \langle 0, 1 \rangle, \cdots, \langle 0, 1 \rangle)^T$，所以由定理 4.2 知，推理结束。

② 再证 $k < h+1$ 成立。

当 $k = j$，$j < h+1$ 时，如果各个未触发变迁的等效输入小于对应变迁的阈值，则有 $\boldsymbol{\rho}''_k = \boldsymbol{\rho}'_k \oslash \mathbf{Th} = (\langle 0, 1 \rangle, \langle 0, 1 \rangle, \cdots, \langle 0, 1 \rangle)^T$，此时变迁不再触发。根据式(4.17)～式(4.19)可

知 $\boldsymbol{\theta}^k$ 不再变化,所以 $k < h+1$ 时,推理也可能结束。

综上所述,定理得证。

定理 4.5 基于 IFPN 的推理算法的复杂度为 $O(nm^2)$。

证明：

假设 IFPN 模型中不存在回路,那么一般情况下,推理算法的复杂度为 $O(knm)$,其中 k 为推理算法循环的次数,考虑最坏的情况,即推理循环了 $h+1$ 次(h 表示 IFPN 模型中的最长路径的变迁数目),那么总的算法复杂度为 $O((h+1)nm)=O((m+1)nm)$,即为 $O(nm^2)$。

所以,假设 IFPR 集 S 中有 n 个命题、m 条规则,对应的 IFPN 模型有 n 个库所、m 个变迁,则基于 IFPN 的推理算法的复杂度为 $O(nm^2)$。

4.4　实　验　及　分　析

规则集 S_2 如下:

R_1：IF d_1 AND d_2 AND d_3 THEN $\neg d_6$($\lambda_1 = \langle 0.2, 0.6 \rangle$, $CF_1 = \langle 0.7, 0.2 \rangle$)

R_2：IF d_3 AND d_4 THEN d_7($\lambda_2 = \langle 0.3, 0.6 \rangle$, $CF_2 = \langle 0.8, 0.1 \rangle$)

R_3：IF d_5 THEN $\neg d_7$ AND d_8($\lambda_3 = \langle 0.1, 0.7 \rangle$, $CF_3 = \langle 0.6, 0.2 \rangle$)

R_4：IF d_6 AND $\neg d_7$ THEN d_9($\lambda_4 = \langle 0.2, 0.5 \rangle$, $CF_4 = \langle 0.7, 0.1 \rangle$)

R_5：IF d_8 OR $\neg d_9$ THEN d_{10}($\lambda_5 = \langle 0.1, 0.8 \rangle$, $CF_5 = \langle 0.5, 0.3 \rangle$)

R_6：IF $\neg (\neg d_6)$ THEN d_6($\lambda_6 = \langle 0.5, 0.4 \rangle$, $CF_6 = \langle 1, 0 \rangle$)

其中,规则 R_5 可以等效为如下两条规则:

R_5^1：IF d_8 THEN d_{10}($\lambda_5^1 = \langle 0.1, 0.8 \rangle$, $CF_5^1 = \langle 0.5, 0.3 \rangle$)

R_5^2：IF $\neg d_9$ THEN d_{10}($\lambda_5^2 = \langle 0.1, 0.8 \rangle$, $CF_5^2 = \langle 0.5, 0.3 \rangle$)

规则在图 4.6 所示的 IFPN 模型中,可以忽略。规则集 S_2 的 IFPN 模型如图 4.6 所示。

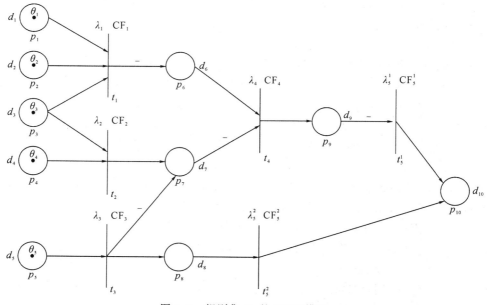

图 4.6　规则集 S_2 的 IFPN 模型

已知 $n=10$，$m=6$，则

$$\boldsymbol{\theta}^0 = (\theta_1^0, \theta_2^0, \cdots, \theta_n^0)^{\mathrm{T}} = (\langle \mu_1^0, \gamma_1^0 \rangle, \langle \mu_2^0, \gamma_2^0 \rangle, \cdots, \langle \mu_n^0, \gamma_n^0 \rangle)^{\mathrm{T}}$$

$$= (\langle 0.6, 0.3 \rangle, \langle 0.7, 0.1 \rangle, \langle 0.5, 0.3 \rangle, \langle 0.7, 0.1 \rangle, \langle 0.8, 0.1 \rangle,$$

$$\langle 0, 1 \rangle, \langle 0, 1 \rangle, \langle 0, 1 \rangle, \langle 0, 1 \rangle, \langle 0, 1 \rangle)$$

$$\boldsymbol{I} = \begin{bmatrix} 1 & 0 & 0 & 0 & 0 & 0 \\ 1 & 0 & 0 & 0 & 0 & 0 \\ 1 & 1 & 0 & 0 & 0 & 0 \\ 0 & 1 & 0 & 0 & 0 & 0 \\ 0 & 0 & 1 & 0 & 0 & 0 \\ 0 & 0 & 0 & 1 & 0 & 0 \\ 0 & 0 & 0 & 0 & 0 & 0 \\ 0 & 0 & 0 & 0 & 0 & 1 \\ 0 & 0 & 0 & 0 & 0 & 0 \\ 0 & 0 & 0 & 0 & 0 & 0 \end{bmatrix}, \quad \mathbf{IN} = \begin{bmatrix} 0 & 0 & 0 & 0 & 0 & 0 \\ 0 & 0 & 0 & 0 & 0 & 0 \\ 0 & 0 & 0 & 0 & 0 & 0 \\ 0 & 0 & 0 & 0 & 0 & 0 \\ 0 & 0 & 0 & 0 & 0 & 0 \\ 0 & 0 & 0 & 1 & 0 & 0 \\ 0 & 0 & 0 & 0 & 0 & 0 \\ 0 & 0 & 0 & 0 & 1 & 0 \\ 0 & 0 & 0 & 0 & 0 & 0 \end{bmatrix}$$

$$\boldsymbol{O} = \begin{bmatrix} 0 & 0 & 0 & 0 & 0 & 0 \\ 0 & 0 & 0 & 0 & 0 & 0 \\ 0 & 0 & 0 & 0 & 0 & 0 \\ 0 & 0 & 0 & 0 & 0 & 0 \\ 0 & 0 & 0 & 0 & 0 & 0 \\ 0 & 0 & 0 & 0 & 0 & 0 \\ 0 & 1 & 0 & 0 & 0 & 0 \\ 0 & 0 & 1 & 0 & 0 & 0 \\ 0 & 0 & 0 & 1 & 0 & 0 \\ 0 & 0 & 0 & 0 & 1 & 1 \end{bmatrix}, \quad \mathbf{ON} = \begin{bmatrix} 0 & 0 & 0 & 0 & 0 & 0 \\ 0 & 0 & 0 & 0 & 0 & 0 \\ 0 & 0 & 0 & 0 & 0 & 0 \\ 0 & 0 & 0 & 0 & 0 & 0 \\ 0 & 0 & 0 & 0 & 0 & 0 \\ 0 & 0 & 0 & 0 & 0 & 0 \\ 1 & 0 & 0 & 0 & 0 & 0 \\ 0 & 0 & 1 & 0 & 0 & 0 \\ 0 & 0 & 0 & 0 & 0 & 0 \\ 0 & 0 & 0 & 0 & 0 & 0 \end{bmatrix}$$

$$\mathbf{Th} = (\lambda_1, \lambda_2, \lambda_3, \lambda_4, \lambda_5^1, \lambda_5^2)^{\mathrm{T}}$$

$$= (\langle 0.2, 0.6 \rangle, \langle 0.3, 0.6 \rangle, \langle 0.1, 0.7 \rangle, \langle 0.2, 0.5 \rangle, \langle 0.1, 0.8 \rangle,$$

$$\langle 0.1, 0.8 \rangle)^{\mathrm{T}}$$

$$\mathbf{CF} = \mathrm{diag}(\mathrm{CF}_1, \mathrm{CF}_2, \mathrm{CF}_3, \mathrm{CF}_4, \mathrm{CF}_5^1, \mathrm{CF}_5^2)$$

$$= \mathrm{diag}(\langle 0.7, 0.2 \rangle, \langle 0.8, 0.1 \rangle, \langle 0.6, 0.2 \rangle, \langle 0.7, 0.1 \rangle, \langle 0.5,$$

$$0.3 \rangle, \langle 0.5, 0.3 \rangle)$$

$$\boldsymbol{\rho}_0 = (\langle 0, 1 \rangle, \langle 0, 1 \rangle, \cdots, \langle 0, 1 \rangle)^{\mathrm{T}}$$

推理过程如下：

（1）推理开始，令 $k=1$，则

$$\boldsymbol{\rho}_1 = (\rho\theta_1^1, \rho\theta_2^1, \cdots, \rho\theta_m^1)^{\mathrm{T}} = (\langle \rho\mu_1^1, \rho\gamma_1^1 \rangle, \langle \rho\mu_2^1, \rho\gamma_2^1 \rangle, \cdots, \langle \rho\mu_m^1, \rho\gamma_m^1 \rangle)^{\mathrm{T}}$$

$$= (\langle 0.5, 0.3 \rangle, \langle 0.5, 0.3 \rangle, \langle 0.8, 0.1 \rangle, \langle 0, 1 \rangle, \langle 0, 1 \rangle, \langle 0, 1 \rangle)^{\mathrm{T}}$$

$$\boldsymbol{\rho}_1' = \boldsymbol{\rho}_1 \ominus \boldsymbol{\rho}_0 = (\langle 0.5, 0.3 \rangle, \langle 0.5, 0.3 \rangle, \langle 0.8, 0.1 \rangle, \langle 0, 1 \rangle, \langle 0, 1 \rangle, \langle 0, 1 \rangle)^{\mathrm{T}}$$

$$\boldsymbol{\rho}_1' \neq (\langle 0, 1 \rangle, \langle 0, 1 \rangle, \cdots, \langle 0, 1 \rangle)^{\mathrm{T}}$$

推理继续。

$$\boldsymbol{\rho}_1'' = \boldsymbol{\rho}_1' \oslash \mathbf{Th} = (\langle 0.5, 0.3 \rangle, \langle 0.5, 0.3 \rangle, \langle 0.8, 0.1 \rangle, \langle 0, 1 \rangle, \langle 0, 1 \rangle, \langle 0, 1 \rangle)^{\mathrm{T}}$$

$$\boldsymbol{S}_1 = \mathbf{CF} \odot \boldsymbol{\rho}_1'' = (\langle 0.35, 0.44 \rangle, \langle 0.4, 0.37 \rangle, \langle 0.48, 0.28 \rangle, \langle 0, 1 \rangle, \langle 0, 1 \rangle, \langle 0, 1 \rangle)^{\mathrm{T}}$$

$$\boldsymbol{Y}_1 = (\boldsymbol{O} \otimes \boldsymbol{S}_1) \oplus (\boldsymbol{ON} \otimes \overline{\boldsymbol{S}_1}) = [\boldsymbol{O} \otimes (\boldsymbol{CF} \odot \boldsymbol{\rho}_1'')] \oplus [\boldsymbol{ON} \otimes (\overline{\boldsymbol{CF} \odot \boldsymbol{\rho}_1''})]$$

$$= (\langle 0, 1 \rangle, \langle 0, 1 \rangle, \langle 0, 1 \rangle, \langle 0, 1 \rangle, \langle 0, 1 \rangle, \langle 0.35, 0.44 \rangle, \langle 0.4, 0.37 \rangle, \langle 0.48, 0.28 \rangle, \langle 0, 1 \rangle, \langle 0, 1 \rangle)^{\mathrm{T}}$$

$$\boldsymbol{\theta}^1 = \boldsymbol{\theta}^0 \oplus \boldsymbol{Y}_1 = (\langle 0.6, 0.3 \rangle, \langle 0.7, 0.1 \rangle, \langle 0.5, 0.3 \rangle, \langle 0.7, 0.1 \rangle, \langle 0.8, 0.1 \rangle, \langle 0.35, 0.44 \rangle, \langle 0.4, 0.37 \rangle, \langle 0.48, 0.28 \rangle, \langle 0, 1 \rangle, \langle 0, 1 \rangle)^{\mathrm{T}}$$

$$\boldsymbol{\theta}^1 \neq \boldsymbol{\theta}^0$$

推理继续。

（2）此时 $k = 2$，则

$$\boldsymbol{\rho}_2 = (\langle 0.5, 0.3 \rangle, \langle 0.5, 0.3 \rangle, \langle 0.8, 0.1 \rangle, \langle 0.35, 0.44 \rangle, \langle 0, 1 \rangle, \langle 0.48, 0.28 \rangle)^{\mathrm{T}}$$

$$\boldsymbol{\rho}_2' = \boldsymbol{\rho}_2 \ominus \boldsymbol{\rho}_1 = (\langle 0, 1 \rangle, \langle 0, 1 \rangle, \langle 0, 1 \rangle, \langle 0.35, 0.44 \rangle, \langle 0, 1 \rangle, \langle 0.48, 0.28 \rangle)^{\mathrm{T}}$$

$$\boldsymbol{\rho}_2' \neq (\langle 0, 1 \rangle, \langle 0, 1 \rangle, \cdots, \langle 0, 1 \rangle)^{\mathrm{T}}$$

推理继续。

$$\boldsymbol{\rho}_2'' = \boldsymbol{\rho}_2' \oslash \mathbf{Th} = (\langle 0, 1 \rangle, \langle 0, 1 \rangle, \langle 0, 1 \rangle, \langle 0.35, 0.44 \rangle, \langle 0, 1 \rangle, \langle 0.48, 0.28 \rangle)^{\mathrm{T}}$$

$$\boldsymbol{Y}_2 = (\langle 0, 1 \rangle, \langle 0, 1 \rangle, \langle 0, 1 \rangle, \langle 0, 1 \rangle, \langle 0, 1 \rangle, \langle 0, 1 \rangle, \langle 0, 1 \rangle, \langle 0, 1 \rangle, \langle 0.245, 0.496 \rangle, \langle 0.24, 0.496 \rangle)^{\mathrm{T}}$$

$$\boldsymbol{\theta}^2 = \boldsymbol{\theta}^1 \oplus \boldsymbol{Y}_2 = (\langle 0.6, 0.3 \rangle, \langle 0.7, 0.1 \rangle, \langle 0.5, 0.3 \rangle, \langle 0.7, 0.1 \rangle, \langle 0.8, 0.1 \rangle, \langle 0.35, 0.44 \rangle, \langle 0.4, 0.37 \rangle, \langle 0.48, 0.28 \rangle, \langle 0.245, 0.496 \rangle, \langle 0.24, 0.496 \rangle)^{\mathrm{T}}$$

$$\boldsymbol{\theta}^2 \neq \boldsymbol{\theta}^1$$

推理继续。

（3）此时 $k = 3$，则

$$\boldsymbol{\rho}_3 = (\langle 0.5, 0.3 \rangle, \langle 0.5, 0.3 \rangle, \langle 0.8, 0.1 \rangle, \langle 0.35, 0.44 \rangle, \langle 0.496, 0.245 \rangle, \langle 0.48, 0.28 \rangle)^{\mathrm{T}}$$

$$\boldsymbol{\rho}_3' = \boldsymbol{\rho}_3 \ominus \boldsymbol{\rho}_2 = (\langle 0, 1 \rangle, \langle 0, 1 \rangle, \langle 0, 1 \rangle, \langle 0, 1 \rangle, \langle 0.496, 0.245 \rangle, \langle 0, 1 \rangle)^{\mathrm{T}}$$

$$\boldsymbol{\rho}_3' \neq (\langle 0, 1 \rangle, \langle 0, 1 \rangle, \cdots, \langle 0, 1 \rangle)^{\mathrm{T}}$$

推理继续。

$$\boldsymbol{\rho}_3'' = \boldsymbol{\rho}_3' \oslash \mathbf{Th} = (\langle 0, 1 \rangle, \langle 0, 1 \rangle, \langle 0, 1 \rangle, \langle 0, 1 \rangle, \langle 0.496, 0.245 \rangle, \langle 0, 1 \rangle)^{\mathrm{T}}$$

$$\boldsymbol{Y}_3 = (\langle 0, 1 \rangle, \langle 0, 1 \rangle, \langle 0, 1 \rangle, \langle 0, 1 \rangle, \langle 0, 1 \rangle, \langle 0, 1 \rangle, \langle 0, 1 \rangle, \langle 0, 1 \rangle, \langle 0, 1 \rangle, \langle 0.248, 0.4715 \rangle)^{\mathrm{T}}$$

$$\boldsymbol{\theta}^3 = \boldsymbol{\theta}^2 \oplus \boldsymbol{Y}_2 = (\langle 0.6, 0.3 \rangle, \langle 0.7, 0.1 \rangle, \langle 0.5, 0.3 \rangle, \langle 0.7, 0.1 \rangle, \langle 0.8, 0.1 \rangle, \langle 0.35, 0.44 \rangle, \langle 0.4, 0.37 \rangle, \langle 0.48, 0.28 \rangle, \langle 0.245, 0.496 \rangle, \langle 0.248, 0.4715 \rangle)^{\mathrm{T}}$$

$$\boldsymbol{\theta}^3 \neq \boldsymbol{\theta}^2$$

推理继续。

（4）此时 $k = 4$，则

$$\boldsymbol{\rho}_4 = (\langle 0.5, 0.3 \rangle, \langle 0.5, 0.3 \rangle, \langle 0.8, 0.1 \rangle, \langle 0.35, 0.44 \rangle, \langle 0.496, 0.245 \rangle, \langle 0.48, 0.28 \rangle)^{\mathrm{T}}$$

$$\boldsymbol{\rho}_4' = \boldsymbol{\rho}_4 \ominus \boldsymbol{\rho}_3 = (\langle 0, 1 \rangle, \langle 0, 1 \rangle, \langle 0, 1 \rangle, \langle 0, 1 \rangle, \langle 0, 1 \rangle, \langle 0, 1 \rangle)^{\mathrm{T}}$$

$$\boldsymbol{\rho}_4' = (\langle 0, 1 \rangle, \langle 0, 1 \rangle, \langle 0, 1 \rangle, \langle 0, 1 \rangle, \langle 0, 1 \rangle, \langle 0, 1 \rangle)^{\mathrm{T}}$$

推理结束。

命题的最终值为

$\theta = \theta^3 = (\langle 0.6, 0.3 \rangle, \langle 0.7, 0.1 \rangle, \langle 0.5, 0.3 \rangle, \langle 0.7, 0.1 \rangle, \langle 0.8, 0.1 \rangle, \langle 0.35, 0.44 \rangle, \langle 0.4, 0.37 \rangle, \langle 0.48, 0.28 \rangle, \langle 0.245, 0.496 \rangle, \langle 0.248, 0.4715 \rangle)^T$

通过实例验证可以发现本章提出的 IFPN 模型及推理算法与传统的 FPN 模型及算法的不同之处主要有以下几点：

（1）本章采用一个库所同时表示原命题和否命题，该方法并未增加库所的数目，避免了增加计算的复杂度；

（2）算法的 Step3 通过增加"判断每个变迁的等效输入是否大于先前的输入"这一步，抑制了变迁的重复触发，避免了重复推理；

（3）算法的 Step6 保留了事实，避免了推理过程中条件命题的丢失，更符合实际推理过程；

（4）与基于 FPN 的推理方法相比，本章提出的基于 IFPN 的推理方法克服了 FPN 推理结果隶属度单一的缺陷，推理结果中增加了非隶属度，对推理结果的表示更加细腻、全面，更符合客观实际。如命题 d_{10} 的可信度为 $\langle 0.248, 0.4715 \rangle$，表示 d_{10} 的隶属度为 0.248，非隶属度为 0.4715。

本 章 小 结

本章针对 FPN 存在隶属度单一的问题，将 IFS 理论与 Petri 网理论相结合，构建了 IFPN 模型，用于知识的表示和推理。首先通过在 IFPN 模型中引入抑制转移弧，在不改变原有模型的基础上，使 IFPN 模型具有了表示否命题的能力，拓展了 IFPN 的应用范围；其次通过修改变迁触发后 Token 值的传递规则以及变迁的触发规则，解决了推理过程中的事实保留问题和变迁的重复触发问题，使得基于 IFPN 的推理过程更加符合实际；最后提出了基于矩阵运算的 IFPN 推理算法，算法的推理过程中可充分利用 Petri 网的并行运算能力，推理过程简单高效。

实验及分析表明基于 IFPN 的知识表示和推理方法，克服了现有 FPN 隶属度单一的缺陷，是对 FPN 的有效扩充和发展，其对推理结果的描述更加细腻、全面。

参 考 文 献

[1] Yeung D S, Tsang E C C. Weighted fuzzy production rules[J]. Fuzzy Sets and Systems, 1997, 88:299 – 313.

[2] 鲍培明. 基于 BP 网络的模糊 Petri 网的学习能力[J]. 计算机学报, 2004, 27(5): 695 – 702.

[3] Looney C G. Fuzzy Petri nets for rule – based decisionmaking[J]. IEEE Transactions on Systems, Man, and Cybernetics, 1988, 18(1):178 – 183.

[4] Chen S M, Ke J S, Chang J F. Knowledge representation using fuzzy Petri nets[J]. IEEE Transaction on Knowledge and Data Engineering, 1990, 2(3):311 – 319.

[5] Chen S M. Fuzzy backward reasoning using fuzzy Petri nets[J]. IEEE Transactions on Systems, Man, and Cybernetics – Part B: Cybernetics, 2000, 30(6):846 – 856.

［6］　Chen S M. Weighted fuzzy reasoning using weighted fuzzy Petri nets［J］. IEEE Transaction on Knowledge and Data Engineering，2002，14(2):386－397.

［7］　Manoj T V，Leena J，Soney R B. Knowledge representation using fuzzy Petri nets－revisited［J］. IEEE Transaction on Knowledge and Data Engineering，1998，10(4):666－667.

［8］　Yeung D S，Tsang E C C. A multilevel weighted fuzzy reasoning algorithm for expert systems［J］. IEEE Transactions on Systems，Man，and Cybernetics－Part A:Systems and Humans，1998，28(2):149－158.

［9］　Gao M M，Zhou M C，Huang X G，et al. Fuzzy reasoning Petri nets［J］. IEEE Transactions on Systems，Man and Cybernetics－Part A:Systems and Humans，2003，33(3):314－324.

［10］　汪洋，林闯，曲扬，等. 含有否定命题逻辑推理的一致性模糊 Petri 网模型［J］. 电子学报，2006，34(11):1955－1960.

［11］　贾立新，薛钧义，茹峰. 采用模糊 Petri 网的形式化推理算法及其应用［J］. 西安交通大学学报，2003，37(12):1263－1266.

［12］　Li X O，Yu W，Rosano F L. Dynamic knowledge inference and learning under adaptive fuzzy Petri net framework［J］. IEEE Transactions on Systems，Man，and Cybernetics－Part C:Applications and Reviews，2000，30(4):442－450.

［13］　Li X O，Rosano F L. Adaptive fuzzy petri nets for dynamic knowledge representation and inference［J］. Expert Systems with Applications，19(2000):235－241.

［14］　Liu H C，Liu L，Lin Q L，et al. Knowledge acquisition and representation using fuzzy evidential reasoning and dynamic adaptive fuzzy Petri nets［J］. IEEE Transactions on Cybernetics. 2013，43(3):1059－1072.

［15］　Liu H C，Lin Q L，Mao L X，et al. Dynamic Adaptive Fuzzy Petri Nets for Knowledge Representation and Reasoning［J］. IEEE Transactions on Systems，Man，and Cybernetics:Systems. 2013，43(6):1399－1410.

［16］　Scarpelli H，Gomide F. A high level fuzzy Petri net approach for discovering potential inconsistencies in fuzzy knowledge based［J］. Fuzzy Sets and Systems. 1994，64:175－193.

［17］　Scarpelli H，Gomide F，Yager R R. A reasoning algorithm for high－level fuzzy Petri nets［J］. IEEE Transactions on Fuzzy Systems. 1996，4(3):282－294.

［18］　Shen V R L. Reinforcement learning for high－level fuzzy Petri nets［J］. IEEE Transactions on Systems，Man，and Cybernetics－Part B:Cybernetics. 2003，33(2):351－362.

［19］　Shen V R L. Knowledge Representation Using High－Level Fuzzy Petri Nets［J］. IEEE Transactions on Systems，Man，and Cybernetics－Part A:Systems and Humans. 2006，36(6):2120－2127.

［20］　Pedrycz W，Gomide F. A generalized fuzzy Petri net model［J］. IEEE Transactions on Fuzzy Systems. 1994，2(4):295－301.

［21］　Pedrycz W. Generalized fuzzy Petri nets as pattern classifiers[J]. Pattern Recognition Letters. 1999，20：1489 – 1498.

［22］　Pedrycz W，Camargo H. Fuzzy timed Petri nets[J]. Fuzzy Sets and Systems. 2003，140：301 – 330.

［23］　Zhou F，Jiao R J，Xu Q L，et al. User Experience Modeling and Simulation for ProductEcosystem Design Based on Fuzzy Reasoning Petri Nets[J]. IEEE Transactions on Systems，Man，and Cybernetics – Part A：Systems and Humans. 2012，1 (42)：201 – 212.

［24］　Milinkovic S，Markovic M，Veskovic S，et al. A fuzzy Petri net model to estimate train delays[J]. Simulation Modelling Practice and Theory. 2013，33：144 – 157.

［25］　王小艺，唐丽娜，刘载文，等. 藻类水华形成机理的模糊 Petri 网优化建模研究[J]. 电子学报，2013，1(41)：68 – 71.

［26］　童晓阳，谢红涛，孙明蔚. 计及时序信息检查的分层模糊 Petri 网电网故障诊断模型 [J]. 电力系统自动化，2013，6(37)：63 – 68.

［27］　吴文可，文福拴，薛禹胜，等. 基于多源信息的延时约束加权模糊 Petri 网故障诊断模型[J]. 电力系统自动化，2013，24(37)：43 – 53.

［28］　董海鹰，李晓楠. 具有冗余保护的变电站模糊 Petri 网故障诊断[J]. 电力系统自动化，2014，4(38)：98 – 103.

［29］　张岩，张勇，文福拴，等. 容纳时序约束的改进模糊 Petri 网故障诊断模型[J]. 电力系统自动化，2014，5(38)：66 – 72.

［30］　Atanassov K T. Intuitionistic fuzzy sets[J]. Fuzzy Sets and Systems，1986，20(1)：87 – 96.

［31］　雷英杰. 基于直觉模糊推理的态势与威胁评估研究[D]. 西安电子科技大学，2005.

［32］　Shen X Y，Lei Y J，Li C H. Intuitionistic Fuzzy Petri Nets Model and Reasoning Algorithm[C]. 2009 Sixth International Conference on Fuzzy Systems and Knowledge Discovery，Tianjin，China，2009：119 – 122.

［33］　Yang S J H，Tsai J J P，Chen C C. Fuzzy rule base systems verification using high – level Petri nets[J]. IEEE Transaction on Knowledge and Data Engineering，2003，15(2)：457 – 473.

［34］　Nazareth D L. Investigating the applicability of Petri nets for rule – based system verification[J]. IEEE Transaction on Knowledge and Data Engineering，1993，4(3)：402 – 415.

［35］　孟飞翔. 直觉模糊 Petri 网及其在弹道目标识别中的应用研究[D]. 西安：空军工程大学，2016.

第五章　基于加权直觉模糊 Petri 网的不确定性推理

本章尝试将加权直觉模糊 Petri 网（WIFPN）用于解决不确定性问题，提出基于 WIFPN 的不确定性推理方法。该方法首先构建了 WIFPN 模型，并将其用于表示不确定性知识，通过在模型中引入权值，以区分组成规则前件的各个命题对结论的重要程度，并在模型中引入固有 Token 值和输入 Token 值，分别用于表示规则前件和证据的可信度，以区分证据和领域专家知识，解决了现有基于 FPN 和 IFPN 的推理方法不能同时表示知识和证据不确定性的问题；其次将不确定性推理过程中的不确定性匹配和不确定性传递问题转化为基于 WIFPN 推理过程中的变迁触发以及变迁触发后库所 Token 值的传递问题，并提出了变迁触发需要满足的条件以及变迁触发后库所 Token 值的传递规则；最后提出基于 WIFPN 的不确定性推理算法并通过实验对算法进行了验证分析。

5.1　引　　言

推理是一个综合运用知识和证据的过程，而在现实世界中的事物之间的关系错综复杂，这导致人们获取的知识和证据不仅不完整而且不精确，具有明显不确定性。针对如何运用这些具有明显不确定性的知识和证据进行推理，一些学者提出了如下解决方法：Duda 等[1]首先提出了基于主观 Bayes 的不确定性推理方法，Glymour[2]对其进行了扩展。康建初等[3]提出一种基于 ATMS 和证据理论的不确定性推理方法。刘大有等[4]提出一种加权模糊逻辑推理模型。Yager[5]研究了不确性推理中的冲突解决问题。Xu 等[6]提出了基于广义模糊 IF - THEN 规则的模糊推理方法。Niittymakia 等[7]提出了一种基于相似度量的模糊推理方法。宋光雄等[8]提出了基于充分性参数和必要性参数的不确定性推理方法。施明辉等[9]研究了如何用神经网络实现基于可信度的带权不确定性推理。李艳娜等[10]提出了基于证据理论的不确定性上下文推理方法。

文献[1][2][3][9][10]属于纯概率方法，它们虽然理论基础严密，但是它通常要求事先给出事件的先验概率和条件概率，这直接限制了这些方法的应用范围。文献[3][4][6][7]属于基于模糊理论的不确定性推理方法，这些方法能描述客观世界的模糊性，但是却存在隶属度单一的缺陷。因此，仍需要进一步探索新的不确定性问题的解决方法。

FPN 和 IFPN 由于综合了 Petri 网的图形描述能力和模糊推理系统的推理能力被广泛应用于知识的表示和推理、故障诊断以及智能决策等领域。近年来，国内外学者对基于 FPN 和 IFPN 的推理方法进行了深入研究。Chen[11]首先对基于 FPN 的推理算法进行了探索；接着 Gao 等[12]提出了基于模糊推理 Petri 网的推理算法；汪洋等[13]提出了一种基于一致性模糊 Petri 网的推理算法；贾立新等[14]提出了基于矩阵运算的 FPN 形式化推理算法；

Li 等[15]研究了基于自适应模糊 Petri 网的推理算法；Liu 等[16][17]提出了基于动态自适应模糊 Petri 网的推理算法。与此同时，针对 FPN 存在隶属度单一的缺陷，Shen[18]和孟飞翔[19]将 IFS 理论与 Petri 网理论相结合，构建了 IFPN 模型；Liu 等[20]将 IFS 理论引进到了 FPN 模型中。

根据以上研究成果可以发现，FPN 和 IFPN 在知识表示和推理方面具有知识表示清晰、推理能力强等优点，可以为不确定问题的解决提供一条新的思路，但是这些推理方法在推理过程中大多假定规则中的前提条件与用户提供的证据完全相同，这样做不仅不能同时表示知识和证据的不确定性，而且与实际推理不符。因为在不确定性推理过程中，用户提供的证据与规则中的前提条件并不一定完全一致，存在以下三种可能[21]：一是用户提供的证据及其可信度与规则的前提条件完全相同；二是用户提供的证据与规则的前提条件相同，但两者的可信度不相同；三是用户提供的证据与规则的前提条件不相同。所以上述基于 FPN 和 IFPN 的推理方法并不适用于不确定性推理。

为此，本章提出基于加权直觉模糊 Petri 网（Weighted Intuitionistic Fuzzy Petri Nets，WIFPN）的不确定性推理方法。该方法首先构建了 WIFPN 模型，并将其用于表示不确定性知识，通过在模型中引入权值，以区分组成规则前件的各个命题对结论的重要程度，并在模型中引入固有 Token 值和输入 Token 值，用于分别表示规则前件和证据的可信度，以区分证据和领域专家知识，解决了现有基于 FPN 和 IFPN 的推理方法不能同时表示知识和证据不确定性的问题；接着将不确定性推理过程中的不确定性匹配和不确定性传递问题转化为基于 WIFPN 推理过程中的变迁触发以及变迁触发后库所 Token 值的传递问题，并提出了变迁触发需要满足的条件以及变迁触发后库所 Token 值的传递规则；最后提出基于 WIFPN 的不确定性推理算法并通过实验对算法进行了验证分析。

5.2　基于 WIFPN 的不确定性知识表示

5.2.1　加权直觉模糊产生式规则

本节将产生式规则与 IFS 理论相结合，构建加权直觉模糊产生式规则（Weighted Intuitionistic Fuzzy Production Rules，WIFPR）用于表示不确定性知识。

假设 $R=\{R_1, R_2, \cdots, R_n\}$ 是一个 WIFPR 集，规则 R_i 的基本形式为

$$R_i: \text{IF } d_j \text{ THEN } d_k(\text{CF}_i, \lambda_i, W_i, i=1, 2, \cdots, n)$$
$$\text{Evidence}: d_j'$$
$$\text{Deduction}: d_k' \tag{5.1}$$

其中

（1）d_j 表示规则 R_i 的前提条件，它既可以是由单个直觉模糊命题表示的简单条件，也可以是由"AND"或者"OR"连接的多个直觉模糊命题的复合条件，例如 $d_j=d_1 \text{ AND } d_2$；d_j 的可信度 $\theta_j=\langle \mu_j, \gamma_j \rangle$ 为直觉模糊数。

（2）d_k 表示规则 R_i 的结论，它既可以是由单个直觉模糊命题表示的简单条件，也可以是由"AND"或者"OR"连接的多个直觉模糊命题的复合条件，例如 $d_k=d_3 \text{ OR } d_4$；d_k 的可

信度 $\theta_k = \langle \mu_k, \gamma_k \rangle$ 为直觉模糊数。

（3）$CF_i = \langle C\mu_i, C\gamma_i \rangle$ 为直觉模糊数，表示规则 R_i 的可信度，称为可信度因子或规则强度。

（4）$\lambda_i = \langle \alpha_i, \beta_i \rangle$ 为直觉模糊数，表示规则阈值，即规则可以应用的最低限度。

（5）$W_i = \{\omega_1, \omega_2, \cdots, \omega_n\}$ 表示组成前提条件的命题的权重集合，元素 ω_i 表示组成前提条件的命题 d_i 对结论的重要程度；若前提条件 d_j 为一简单条件，则 $W_i = \{\omega_j\}$，$\omega_j = 1$；若 d_j 是由"AND"连接的多个直觉模糊命题的复合条件，即 $d_j = d_1 \text{ AND } d_2 \text{ AND}\cdots\text{ AND } d_n$，则 $W_i = \{\omega_1, \omega_2, \cdots, \omega_n\}$，$\sum_{i=1}^{n} \omega_i = 1, 0 < \omega_i \leqslant 1$；若 d_j 是由"OR"连接的多个直觉模糊命题的复合条件，即 $d_j = d_1 \text{ OR } d_2 \text{ OR}\cdots\text{ OR } d_n$，则 $\omega_i = 1, i = 1, 2, \cdots, n$。

（6）d'_j 表示运用规则 R_i 进行推理所需的证据，d'_j 的可信度为 $\theta'_j = \langle \mu'_j, \gamma'_j \rangle$。

（7）d'_k 表示运用规则 R_i 进行推理所得到的推论，d'_k 的可信度为 $\theta'_k = \langle \mu'_k, \gamma'_k \rangle$。

本节将常见的 WIFPR 类型归纳为以下五种，并分别给出运用该类型规则进行推理所需要的证据条件以及所得出的推论。

（1）类型 1：简单的 WIFPR，即

$$R_i: \text{IF } d_j \text{ THEN } d_k (CF_i, \lambda_i) \tag{5.2}$$

其中所需证据为 d'_j，所得推论为 d'_k。

（2）类型 2：具有合取式前提条件的 WIFPR，即

$$R_i: \text{IF } d_{j1} \text{ AND } d_{j2} \text{ AND } \cdots \text{ AND } d_{jn} \text{ THEN } d_k (CF_i, \lambda_i, \omega_{j1}, \omega_{j2}, \cdots, \omega_{jn}) \tag{5.3}$$

其中所需证据为 $d'_{j1}, d'_{j2}, \cdots, d'_{jn}$，所得推论为 d'_k。

（3）类型 3：具有析取式前提条件的 WIFPR，即

$$R_i: \text{IF } d_{j1} \text{ OR } d_{j2} \text{ OR } \cdots \text{ OR } d_{jn} \text{ THEN } d_k (CF_i, \lambda_i) \tag{5.4}$$

可以等价为以下 n 条规则

$$R_{i1}: \text{IF } d_{j1} \text{ THEN } d_k (CF_i, \lambda_i)$$

$$R_{i2}: \text{IF } d_{j2} \text{ THEN } d_k (CF_i, \lambda_i)$$

$$\cdots$$

$$R_{in}: \text{IF } d_{jn} \text{ THEN } d_k (CF_i, \lambda_i)$$

其中所需证据为 $d'_{j1}, d'_{j2}, \cdots, d'_{jn}$，所得推论为 d'_k。

（4）类型 4：具有合取式结论的 WIFPR，即

$$R_i: \text{IF } d_j \text{ THEN } d_{k1} \text{ AND } d_{k2} \text{ AND } \cdots \text{ AND } d_{km} (CF_i, \lambda_i) \tag{5.5}$$

其中所需证据为 d'_j，所得推论为 $d'_{k1}, d'_{k2}, \cdots, d'_{km}$。

（5）类型 5：具有析取式结论的 WIFPR，即

$$R_i: \text{IF } d_j \text{ THEN } d_{k1} \text{ OR } d_{k2} \text{ OR } \cdots \text{ OR } d_{km} (CF_i, \lambda_i) \tag{5.6}$$

由于该类型的规则推理结果不确定，所以不允许出现在规则库中，本节不做讨论。

5.2.2　WIFPN 的定义

定义 5.1（WIFPN）

WIFPN 可定义为一个 9 元组 WIFPN $= (P, T, F; \boldsymbol{I}, \boldsymbol{O}, \boldsymbol{\theta}, \textbf{Th}, \textbf{CF}, \boldsymbol{W})$，其中

（1）$P=\{p_1, p_2, \cdots, p_n\}$ 是一个有限库所集合。

（2）$T=\{t_1, t_2, \cdots, t_m\}$ 是一个有限变迁集合。

（3）$F\subseteq(P\times T)\bigcup(T\times P)$ 是一个有向弧集合，表示 P 和 T 之间的流关系。

（4）$\boldsymbol{I}$：$P\times T\rightarrow\{0, 1\}$ 是一个 $n\times m$ 维输入转移矩阵，用于描述从库所到变迁的有向弧，其矩阵元素 $I(p_i, t_j)$ 满足如下条件：当存在由 p_i 到 t_j 的转移弧时，$I(p_i, t_j)=1$；否则 $I(p_i, t_j)=0$，其中 $i=1, 2, \cdots, n$，$j=1, 2, \cdots, m$。

（5）$\boldsymbol{O}$：$T\times P\rightarrow\{0, 1\}$ 是一个 $m\times n$ 维输出转移矩阵，用于描述从变迁到库所的有向弧，其矩阵元素 $O(t_j, p_i)$ 满足如下条件：当存在由 t_j 到 p_i 的转移弧时，$O(t_j, p_i)=1$；否则 $O(t_j, p_i)=0$，其中 $i=1, 2, \cdots, n$，$j=1, 2, \cdots, m$。

（6）$\boldsymbol{\theta}=(\theta_1, \theta_2, \cdots, \theta_n)^{\mathrm{T}}$ 是一个 n 维列向量，表示所有库所的 Token 值，其中 $\theta_i=\langle\mu_i, \gamma_i\rangle$ 是一个直觉模糊数，表示 p_i 的 Token 值。

$\boldsymbol{\theta}_{\mathrm{in}}=(\langle\mu_1, \gamma_1\rangle, \langle\mu_2, \gamma_2\rangle, \cdots, \langle\mu_n, \gamma_n\rangle)^{\mathrm{T}}$ 表示库所的固有 Token 值，标识符为"□"；$\boldsymbol{\theta}^0=(\theta_1^0, \theta_2^0, \cdots, \theta_n^0)^{\mathrm{T}}=(\langle\mu_1^0, \gamma_1^0\rangle, \langle\mu_2^0, \gamma_2^0\rangle, \cdots, \langle\mu_n^0, \gamma_n^0\rangle)^{\mathrm{T}}$ 表示库所的初始输入 Token 值，标识符为"•"。

（7）$\mathbf{Th}=(\lambda_1, \lambda_2, \cdots, \lambda_m)^{\mathrm{T}}$ 是一个 m 维列向量，表示所有变迁的阈值，其中 $\lambda_j=\langle\alpha_j, \beta_j\rangle$ 是一个直觉模糊数，表示变迁 t_j 的阈值。

（8）$\mathbf{CF}=\mathrm{diag}(\mathrm{CF}_1, \mathrm{CF}_2, \cdots, \mathrm{CF}_m)$ 为一个 $m\times m$ 维的矩阵，表示所有变迁的可信度，其中 $\mathrm{CF}_j=\langle C\mu_j, C\gamma_j\rangle$ 为一直觉模糊数，表示变迁 t_j 的可信度。

（9）$\boldsymbol{W}$：$P\times T\rightarrow\{0, 1\}$ 是一个 $n\times m$ 维权值矩阵，其矩阵元素 $W(p_i, t_j)$ 满足如下条件：当存在由 p_i 到 t_j 的转移弧时，$W(p_i, t_j)=\omega_{ij}$；否则 $W(p_i, t_j)=0$，其中 $0<W(p_i, t_j)\leqslant 1$，$i=1, 2, \cdots, n$，$j=1, 2, \cdots, m$。

5.2.3　基于 WIFPN 的不确定性知识表示方法

WIFPR 集与 WIFPN 模型中的各个元素之间的映射关系如下：

（1）规则 R_j 和变迁 t_j 相对应，组成规则 R_j 的前提条件和结论的命题分别与变迁 t_j 的输入库所和输出库所相对应。

（2）命题 d_k 与库所 p_k 相对应，命题 d_k 的可信度与库所 p_k 的固有 Token 值相对应，证据 d_k' 的可信度与库所 p_k 的初始输入 Token 值相对应。

（3）组成规则 R_j 前提条件的命题 d_k 的权值与从库所 p_k 到变迁 t_j 的输入转移弧的权值相对应。

（4）规则 R_j 的阈值和变迁 t_j 的阈值相对应。

（5）规则 R_j 的可信度和变迁 t_j 的可信度相对应。

（6）规则 R_j 的应用与变迁 t_j 的触发相对应。

按照上述对应关系，可以将 WIFPR 集映射为 WIFPN。在 5.1 节提出的 5 种 WIFPR 中，类型 5 因为推理结果不确定，不允许出现在知识库中，所以本节只讨论类型 1、类型 2、类型 3 和类型 4 四种 WIFPR 的 WIFPN 模型。

（1）简单 WIFPR 的 WIFPN 模型（见图 5.1）。

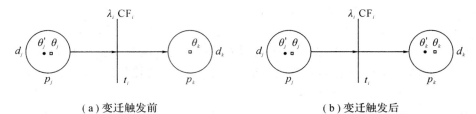

（a）变迁触发前　　　　　　　　　　（b）变迁触发后

图 5.1　简单 WIFPR 的 WIFPN 模型

（2）具有合取式前提条件的 WIFPR 的 WIFPN 模型（见图 5.2）。

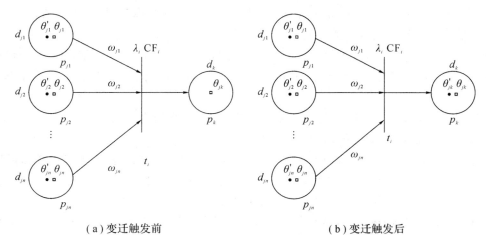

（a）变迁触发前　　　　　　　　　　（b）变迁触发后

图 5.2　具有合取式前提条件的 WIFPR 的 WIFPN 模型

（3）具有析取式前提条件的 WIFPR 的 WIFPN 模型（见图 5.3）。

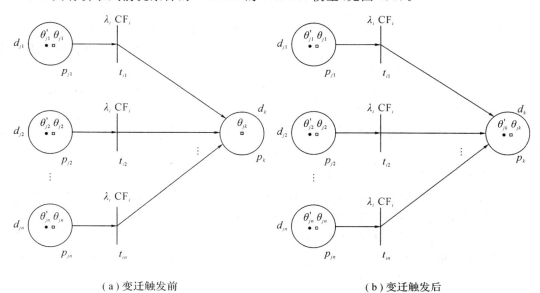

（a）变迁触发前　　　　　　　　　　（b）变迁触发后

图 5.3　具有析取式前提条件的 WIFPR 的 WIFPN 模型

（4）具有合取式结论的 WIFPR 的 WIFPN 模型（见图 5.4）。

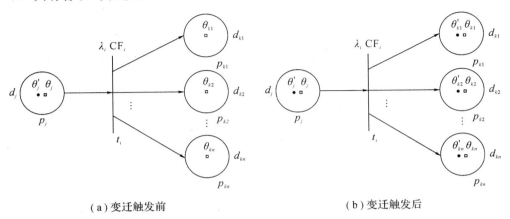

（a）变迁触发前　　　　　　　　　　　　　　（b）变迁触发后

图 5.4　具有合取式结论的 WIFPR 的 WIFPN 模型

5.3　基于 WIFPN 的不确定性推理方法

5.3.1　变迁触发条件和库所 Token 值的传递规则

在基于不确定性知识的推理过程中，首先需要根据用户提供的证据，从规则库中寻找所需的规则，只有当用户提供的证据与规则的前提条件匹配成功后，规则才有可能被应用[21]。因此，在推理进行的过程中，需要计算两者的相似程度，并与规则的阈值相比较，从而判断两者的相似程度是否落在指定的限度内。如果落在指定的限度内，则判定两者匹配成功，相应的规则可以被应用（即对应的变迁可以触发），否则判定两者匹配失败，相应的规则不可以被应用（即对应的变迁不能触发）[21]。

根据 5.2.3 节可知，组成规则的命题 d_k 的可信度与库所 p_k 的固有 Token 值相对应，证据 d'_k 的可信度与库所 p_k 的初始输入 Token 值相对应，规则的应用与变迁的触发相对应，所以当把 WIFPR 集转化成 WIFPN 模型并运用其推理时，规则 R_i 的前提条件同用户提供的证据之间的匹配规则与变迁 t_i 的触发条件等价，即当库所的输入 Token 值与固有 Token 值的相似度满足变迁的阈值要求，变迁才可以触发（即规则被应用），并且推理过程中的不确定性传递规则与变迁触发后库所 Token 值的传递规则等价。

根据以上分析，可以将不确定性推理过程中的不确定性匹配和不确定性传递问题转化为基于 WIFPN 推理过程中的变迁触发以及变迁触发后库所 Token 值的传递问题。为此本节针对变迁触发的条件以及变迁触发后库所 Token 值的传递规则进行了研究。

下面分别讨论类型 1、类型 2、类型 3 和类型 4 四种 WIFPR 对应的 WIFPN 模型的变迁触发条件和库所 Token 值的传递规则。

（1）简单的 WIFPR 的 WIFPN 模型。

假设规则 R_i 的前提条件和证据的可信度分别为 $\theta_j = \langle \mu_j, \gamma_j \rangle$ 和 $\theta'_j = \langle \mu'_j, \gamma'_j \rangle$；变迁 t_i 的阈值（即规则 R_i 的阈值）为 $\lambda_i = \langle \alpha_i, \beta_i \rangle$；变迁 t_i 的可信度（即规则 R_i 的可信度）为 $CF_i = \langle C\mu_i, C\gamma_i \rangle$。

① 变迁的触发条件：当且仅当同时满足 $\begin{cases} \max\{0,\ \mu_j-\mu'_j\}\leqslant\alpha_i \\ \min\{1,\ 1-(\gamma'_j-\gamma_j)\}\geqslant\beta_i \end{cases}$ 时，变迁 t_i 才能触发（即规则 R_i 应用）。

② 变迁触发后库所 Token 值的传递规则：当变迁触发后，库所 p_k 的 Token 值（即结论命题 d'_k 的可信度）为 $\theta'_k=\langle\mu'_k,\ \gamma'_k\rangle$，其中

$$\begin{cases} \mu'_k=\mu'_j\times C\mu_i \\ \gamma'_k=\gamma'_j+C\gamma_i-\gamma'_j\times C\gamma_i \end{cases} \tag{5.7}$$

③ 若变迁未被触发，则库所 p_k 的 Token 值不变。

（2）具有合取式前提条件的 WIFPR 的 WIFPN 模型。

假设规则 R_i 前提条件中的命题 $d_{jm}(m=1,\ 2,\ \cdots,\ n)$ 和证据 $d'_{jm}(m=1,\ 2,\ \cdots,\ n)$ 的可信度分别为 $\theta_{jm}=\langle\mu_{jm},\ \gamma_{jm}\rangle$ 和 $\theta'_{jm}=\langle\mu'_{jm},\ \gamma'_{jm}\rangle$；变迁 t_i 的阈值（即规则 R_i 的阈值）为 $\lambda_i=\langle\alpha_i,\ \beta_i\rangle$；变迁 t_i 的可信度（即规则 R_i 的可信度）为 $CF_i=\langle C\mu_i,\ C\gamma_i\rangle$。

① 变迁的触发条件：当且仅当同时满足

$$\begin{cases} (\omega_1\times\max\{0,\ \mu_{j1}-\mu'_{j1}\})+(\omega_2\times\max\{0,\ \mu_{j2}-\mu'_{j2}\})+\cdots+(\omega_n\times\max\{0,\ \mu_{jn}-\mu'_{jn}\})\leqslant\alpha_i \\ (\omega_1\times\min\{1,\ 1-(\gamma'_{j1}-\gamma_{j1})\})+(\omega_2\times\min\{1,\ 1-(\gamma'_{j2}-\gamma_{j2})\})+\cdots+(\omega_n\times\min\{1,\ 1-(\gamma'_{jn}-\gamma_{jn})\})\geqslant\beta_i \end{cases}$$

时，变迁 t_i 才能触发（即规则 R_i 应用）。

② 变迁触发后库所 Token 值的传递规则：当变迁触发后，库所 p_k 的 Token 值（即结论命题 d'_k 的可信度）为 $\theta'_k=\langle\mu'_k,\ \gamma'_k\rangle$，其中

$$\begin{cases} \mu'_k=(\omega_{j1}\mu'_{j1}+\omega_{j2}\mu'_{j2}+\cdots+\omega_{jn}\mu'_{jn})\times C\mu_i \\ \gamma'_k=(\omega_{j1}\gamma'_{j1}+\omega_{j2}\gamma'_{j2}+\cdots+\omega_{jn}\gamma'_{jn})+C\gamma_i-(\omega_{j1}\gamma'_{j1}+\omega_{j2}\gamma'_{j2}+\cdots+\omega_{jn}\gamma'_{jn})\times C\gamma_i \end{cases} \tag{5.8}$$

③ 若变迁未被触发，则库所 p_k 的 Token 值不变。

（3）具有析取式前提条件的 WIFPR 的 WIFPN 模型。

假设规则 R_i 前提条件中的命题 $d_{jm}(m=1,\ 2,\ \cdots,\ n)$ 和证据 $d'_{jm}(m=1,\ 2,\ \cdots,\ n)$ 的可信度分别为 $\theta_{jm}=\langle\mu_{jm},\ \gamma_{jm}\rangle$ 和 $\theta'_{jm}=\langle\mu'_{jm},\ \gamma'_{jm}\rangle$；变迁 t_i 的阈值（即规则 R_i 的阈值）为 $\lambda_i=\langle\alpha_i,\ \beta_i\rangle$；变迁 t_i 的可信度（即规则 R_i 的可信度）为 $CF_i=\langle C\mu_i,\ C\gamma_i\rangle$。

① 变迁的触发条件：当且仅当证据 $d'_{j1},\ d'_{j2},\ \cdots,\ d'_{jn}$ 中至少有 m 个证据与其所对应的规则前提条件中的命题 $d_{j1},\ d_{j2},\ \cdots,\ d_{jn}(1\leqslant m\leqslant n)$ 同时满足 $\begin{cases} \max\{0,\ \mu_{jm}-\mu'_{jm}\}\leqslant\alpha_i \\ \min\{1,\ 1-(\gamma'_{jm}-\gamma_{jm})\}\geqslant\beta_i \end{cases}$ 时，变迁 t_i 才能触发（此时规则 R_i 应用）。

② 变迁触发后库所 Token 值的传递规则：当变迁触发后，库所 p_k 的 Token 值（即结论命题 d'_k 的可信度）为 $\theta'_k=\langle\mu'_k,\ \gamma'_k\rangle$，其中

$$\begin{cases} \mu'_k=\max(\mu'_{j1}\times C\mu_i,\ \mu'_{j2}\times C\mu_i,\ \cdots,\ \mu'_{jm}\times C\mu_i) \\ \gamma'_k=\min(\gamma'_{j1}+C\gamma_i-\gamma'_{j1}\times C\gamma_i,\ \gamma'_{j2}+C\gamma_i-\gamma'_{j2}\times C\gamma_i,\ \cdots,\ \gamma'_{jm}+C\gamma_i-\gamma'_{jm}\times C\gamma_i) \end{cases} \tag{5.9}$$

③ 若变迁未被触发，则库所 p_k 的 Token 值不变。

（4）具有合取式结论的 WIFPR 的 WIFPN 模型。

假设规则 R_i 的前提条件和证据的可信度分别为 $\theta_j=\langle\mu_j,\ \gamma_j\rangle$ 和 $\theta'_j=\langle\mu'_j,\ \gamma'_j\rangle$；变迁 t_i 的阈值（即规则 R_i 的阈值）为 $\lambda_i=\langle\alpha_i,\ \beta_i\rangle$；变迁 t_i 的可信度（即规则 R_i 的可信度）为 $CF_i=\langle C\mu_i,\ C\gamma_i\rangle$。

① 变迁的触发条件：当且仅当同时满足 $\begin{cases} \max\{0, \mu_j - \mu_j'\} \leqslant \alpha_i \\ \min\{1, 1-(\gamma_j' - \gamma_j)\} \geqslant \beta_i \end{cases}$ 时，变迁 t_i 才能触发（即规则 R_i 应用）。

② 变迁触发后库所 Token 值的传递规则：当变迁触发后，库所 p_{k1}，p_{k2}，…，p_{kn} 的 Token值（即结论命题 d_{k1}'，d_{k2}'，…，d_{kn}' 的可信度）为

$$\theta_{k1}' = \theta_{k2}' = \cdots = \theta_{km}', \ \theta_{ki}' = \langle \mu_{ki}', \gamma_{ki}' \rangle$$

其中

$$\begin{cases} \mu_{ki}' = \mu_j' \times C\mu_i \\ \gamma_{ki}' = \gamma_j' + C\gamma_i - \gamma_j' \times C\gamma_i \end{cases} \tag{5.10}$$

③ 若变迁未被触发，则库所 p_{k1}，p_{k2}，…，p_{kn} 的 Token 值不变。

5.3.2　基于 WIFPN 的不确定性推理算法

为了简洁地表示推理算法，定义以下算子：

（1）乘法算子 Ⅰ $\boxtimes$：$\boldsymbol{C} = \boldsymbol{A} \boxtimes \boldsymbol{B}$。

其中

$$\boldsymbol{A} = (a_{ij})_{m \times n}$$
$$\boldsymbol{B} = (b_j)_{n \times 1} = (\langle b\mu_j, b\gamma_j \rangle)_{n \times 1}$$
$$\boldsymbol{C} = (c_i)_{m \times 1} = (\langle c\mu_i, c\gamma_i \rangle)_{m \times 1} = (\langle \sum_{}^{n} a_{ij} b\mu_j, \ \sum_{}^{n} a_{ij} b\gamma_j \rangle)_{m \times 1}$$

（2）乘法算子 Ⅱ $\otimes$：$\boldsymbol{C} = \boldsymbol{A} \otimes \boldsymbol{B}$。

其中

$$\boldsymbol{C} = (c_i)_{n \times 1} = (\langle c\mu_i, c\gamma_i \rangle)_{n \times 1}$$
$$\boldsymbol{A} = (a_{ij})_{n \times m}$$
$$\boldsymbol{B} = (b_j)_{m \times 1} = (\langle b\mu_j, b\gamma_j \rangle)_{m \times 1}$$
$$c\mu_i = \max\left\{ x_i \mid x_i = \begin{cases} b\mu_j, & a_{ij} = 1 \\ 0, & a_{ij} = 0 \end{cases} \right\}$$
$$c\gamma_i = \min\left\{ y_i \mid y_i = \begin{cases} b\gamma_j, & a_{ij} = 1 \\ 1, & a_{ij} = 0 \end{cases} \right\}$$

（3）乘法算子 Ⅲ $\hat{\times}$：$\boldsymbol{C} = \boldsymbol{A} \hat{\times} \boldsymbol{B}$。

其中

$$\boldsymbol{C} = (c_1, c_2, \cdots, c_m)^{\mathrm{T}} = (\langle \mu c_1, \gamma c_1 \rangle, \langle \mu c_2, \gamma c_2 \rangle, \cdots, \langle \mu c_m, \gamma c_m \rangle)^{\mathrm{T}}$$
$$\boldsymbol{A} = (a_1, a_2, \cdots, a_m)^{\mathrm{T}} = (\langle \mu a_1, \gamma a_1 \rangle, \langle \mu a_2, \gamma a_2 \rangle, \cdots, \langle \mu a_m, \gamma a_m \rangle)^{\mathrm{T}}$$
$$\boldsymbol{B} = (b_1, b_2, \cdots, b_m)^{\mathrm{T}}, \ b_i = 0 \text{ 或 } 1$$
$$c_i = \langle \mu c_i, \gamma c_i \rangle = \begin{cases} \langle \mu a_i, \gamma a_i \rangle, & b_i = 1 \\ \langle 0, 1 \rangle, & b_i = 0 \end{cases}$$

（4）比较算子 Ⅰ $\ominus$：$\boldsymbol{C}=\boldsymbol{A}\ominus\boldsymbol{B}$。

其中

$$\boldsymbol{C}=(c_{ij})_{m\times n}=(\langle\mu c_{ij},\ \gamma c_{ij}\rangle)_{m\times n}$$

$$\boldsymbol{A}=(a_{ij})_{m\times n}=(\langle\mu a_{ij},\ \gamma a_{ij}\rangle)_{m\times n}$$

$$\boldsymbol{B}=(b_{ij})_{m\times n}=(\langle\mu b_{ij},\ \gamma b_{ij}\rangle)_{m\times n}$$

$$c_{ij}=\langle\mu c_{ij},\ \gamma c_{ij}\rangle=\begin{cases}\langle\mu a_{ij},\ \gamma a_{ij}\rangle,\ \mu a_{ij}>\mu b_{ij}\text{ 且 }\gamma a_{ij}<\gamma b_{ij}\\\langle0,\ 1\rangle,\ \text{其他}\end{cases}$$

（5）比较算子 Ⅱ $\oslash$：$\boldsymbol{C}=\boldsymbol{A}\oslash\boldsymbol{B}$。

其中

$$\boldsymbol{C}=(c_1,\ c_2,\ \cdots,\ c_m)^{\mathrm{T}}=(\langle\mu c_1,\ \gamma c_1\rangle,\ \langle\mu c_2,\ \gamma c_2\rangle,\ \cdots,\ \langle\mu c_m,\ \gamma c_m\rangle)^{\mathrm{T}}$$

$$\boldsymbol{A}=(a_1,\ a_2,\ \cdots,\ a_m)^{\mathrm{T}}=(\langle\mu a_1,\ \gamma a_1\rangle,\ \langle\mu a_2,\ \gamma a_2\rangle,\ \cdots,\ \langle\mu a_m,\ \gamma a_m\rangle)^{\mathrm{T}}$$

$$\boldsymbol{B}=(b_1,\ b_2,\ \cdots,\ b_m)^{\mathrm{T}}=(\langle\mu b_1,\ \gamma b_1\rangle,\ \langle\mu b_2,\ \gamma b_2\rangle,\ \cdots,\ \langle\mu b_m,\ \gamma b_m\rangle)^{\mathrm{T}}$$

$$c_i=\langle\mu c_i,\ \gamma c_i\rangle=\begin{cases}\langle\mu a_i,\ \gamma a_i\rangle,\ \mu c_i\geqslant\mu a_i\text{ 且 }\gamma c_i\leqslant\gamma a_i\\\langle0,\ 1\rangle,\ \text{其他}\end{cases}$$

（6）比较算子 Ⅲ Θ：$\boldsymbol{C}=\boldsymbol{A}\Theta\boldsymbol{B}$。

其中

$$\boldsymbol{C}=(c_1,\ c_2,\ \cdots,\ c_m)^{\mathrm{T}}$$

$$\boldsymbol{A}=(a_1,\ a_2,\ \cdots,\ a_m)^{\mathrm{T}}=(\langle\mu a_1,\ \gamma a_1\rangle,\ \langle\mu a_2,\ \gamma a_2\rangle,\ \cdots,\ \langle\mu a_m,\ \gamma a_m\rangle)^{\mathrm{T}}$$

$$\boldsymbol{B}=(b_1,\ b_2,\ \cdots,\ b_m)^{\mathrm{T}}=(\langle\mu b_1,\ \gamma b_1\rangle,\ \langle\mu b_2,\ \gamma b_2\rangle,\ \cdots,\ \langle\mu b_m,\ \gamma b_m\rangle)^{\mathrm{T}}$$

$$c_i=\begin{cases}1,\ \mu a_i\geqslant\mu b_i\text{ 且 }\gamma a_i\leqslant\gamma b_i\\0,\ \text{其他}\end{cases}$$

（7）加法算子 $\oplus$：$\boldsymbol{C}=\boldsymbol{A}\oplus\boldsymbol{B}$。

其中

$$\boldsymbol{C}=(c_{ij})_{m\times n}=(\langle\mu c_{ij},\ \gamma c_{ij}\rangle)_{m\times n}$$

$$\boldsymbol{A}=(a_{ij})_{m\times n}=(\langle\mu a_{ij},\ \gamma a_{ij}\rangle)_{m\times n}$$

$$\boldsymbol{B}=(b_{ij})_{m\times n}=(\langle\mu b_{ij},\ \gamma b_{ij}\rangle)_{m\times n}$$

$$c_{ij}=\max\langle a_{ij},\ b_{ij}\rangle=\langle\max(\mu a_{ij},\ \mu b_{ij}),\ \min(\gamma a_{ij},\ \gamma b_{ij})\rangle$$

（8）直乘算子 $\odot$：$\boldsymbol{C}=\boldsymbol{A}\odot\boldsymbol{B}$。

其中

$$\boldsymbol{C}=(c_{ij})_{m\times n}=(\langle\mu c_{ij},\ \gamma c_{ij}\rangle)_{m\times n}$$

$$\boldsymbol{A}=(a_{ij})_{m\times l}=(\langle\mu a_{ij},\ \gamma a_{ij}\rangle)_{m\times l}$$

$$\boldsymbol{B}=(b_{ij})_{l\times n}=(\langle\mu b_{ij},\ \gamma b_{ij}\rangle)_{l\times n}$$

$$c_{ij}=(c_{ij})_{m\times n}=\langle\mu a_{ij}\times\mu b_{ij},\ \gamma a_{ij}+\gamma b_{ij}-\gamma a_{ij}\times\gamma b_{ij}\rangle$$

非循环网是指没有回路和环形的网，在大多数实际应用的知识库中几乎不存在循环[12]。因此本节假设构建的 WIFPN 模型是一个非循环网，即模型中不存在回路。

定义 5.2（前集，后集） 设 WIFPN$=(P,\ T,\ F;\ \boldsymbol{I},\ \boldsymbol{O},\ \boldsymbol{\theta},\ \mathbf{Th},\ \mathbf{CF},\ \boldsymbol{W})$ 为一加权直觉模

糊 **Petri** 网,则称:

$\cdot p = \{t \mid (t, p) \in F\}$ 为库所 p 的**前集**(**Pre-set**)或输入变迁集合;

$p^{\cdot} = \{t \mid (p, t) \in F\}$ 为库所 p 的**后集**(**Post-set**)或输出变迁集合;

$\cdot t = \{p \mid (p, t) \in F\}$ 为变迁 t 的**前集**(**Pre-set**)或输入库所集合;

$t^{\cdot} = \{p \mid (t, p) \in F\}$ 为变迁 t 的**后集**(**Post-set**)或输出库所集合。

定义 5.3(**直接可达集,可达集**[11])在 **WIFPN** 模型中,假设 t_i, t_j 是变迁,p_i, p_j, p_k 是库所,如果 $p_i \in \cdot t_i$ 并且 $p_j \in t_i^{\cdot}$,则称从 p_i 直接可达 p_j,记为 $p_i \Rightarrow p_j$;如果 $p_i \Rightarrow p_j$, $p_j \Rightarrow p_{j+1}$, $\cdots$, $p_{j+k-1} \Rightarrow p_{j+k}$,则称从 p_i 可达 p_{j+1}, p_{j+2}, $\cdots$, p_{j+k},记为 $p_i \rightarrow p_{j+1}$, $p_i \rightarrow p_{j+2}$,$\cdots$, $p_i \rightarrow p_{j+k}$。所有从 p_i 直接可达的库所构成的集合称为 p_i 的**直接可达集**(**Immediate Reachability Set**),记为 **IRS**(p_i);所有从 p_i 可达的库所构成的集合称为 p_i 的**可达集**(**Reachability Set**),记为 **RS**(p_i)。

假设 **WIFPR** 集 S 中有 n 个命题、m 条规则,对应的 **WIFPN** 模型有 n 个库所、m 个变迁,则基于 **WIFPN** 的不确定性推理算法如下:

算法 5.1 基于 WIFPN 的不确定性推理算法

输入:输入转移矩阵 I、输出转移矩阵 O、变迁的阈值 $\mathbf{Th}$、规则的可信度 $\mathbf{CF}$、库所初始输入 Token 值 $\boldsymbol{\theta}^0$、库所固有 Token 值 $\boldsymbol{\theta}_{in}$ 和权值矩阵 $\boldsymbol{W}$。

输出:库所的 Token 值(即命题的可信度)和迭代次数 k。

预处理(判断 WIFPN 模型中有无回路):在 WIFPN 模型中,若 $\exists p_i \in \mathrm{IRS}(p_i) \bigcup \mathrm{RS}(p_i)$, $i = 1, 2, \cdots, n$,则模型中存在回路,该模型不能应用该推理算法,退出。

Step1:初始化所有输入,令迭代次数 $k=1$,用户输入初始 Token 值和库所固有 Token 值分别为:$\boldsymbol{\theta}^{k-1} = \boldsymbol{\theta}^0 = (\theta_1^0, \theta_2^0, \cdots, \theta_n^0)^{\mathrm{T}} = (\langle \mu_1^0, \gamma_1^0 \rangle, \langle \mu_2^0, \gamma_2^0 \rangle, \cdots, \langle \mu_n^0, \gamma_n^0 \rangle)^{\mathrm{T}}$ 和 $\boldsymbol{\theta}_{in} = (\theta_1, \theta_2, \cdots, \theta_n)^{\mathrm{T}} = (\langle \mu_1, \gamma_1 \rangle, \langle \mu_2, \gamma_2 \rangle, \cdots, \langle \mu_n, \gamma_n \rangle)^{\mathrm{T}}$,未知库所 Token 值用 $\langle 0, 1 \rangle$ 表示,变迁初始等效输入 $\boldsymbol{\rho}_{k-1} = \boldsymbol{\rho}_0 = (\langle 0, 1 \rangle, \langle 0, 1 \rangle, \cdots, \langle 0, 1 \rangle)^{\mathrm{T}}$,其中 $\boldsymbol{\rho}_0 = \boldsymbol{\rho}_0'$。

Step2:计算各个变迁的输入 Token 值与固有 Token 值的相似程度。

$$\boldsymbol{\delta}_{\mathrm{match}} = (\delta_{\mathrm{match}}(t_1), \delta_{\mathrm{match}}(t_2), \cdots, \delta_{\mathrm{match}}(t_m))^{\mathrm{T}} = (\langle \alpha_1', \beta_1' \rangle, \langle \alpha_2', \beta_2' \rangle, \cdots, \langle \alpha_m', \beta_m' \rangle)^{\mathrm{T}}$$

假设变迁 t_i 的输入库所为 p_1, p_2, $\cdots$, p_j,则

$$\begin{cases} \alpha_i' = (\omega_1 \times \max\{0, \mu_1 - \mu_1^{k-1}\}) + (\omega_2 \times \max\{0, \mu_2 - \mu_2^{k-1}\}) \\ \qquad + \cdots + (\omega_j \times \max\{0, \mu_j - \mu_j^{k-1}\}) \\ \beta_i' = (\omega_1 \times \min\{1, 1 - (\gamma_1^{k-1} - \gamma_1)\}) + (\omega_2 \times \min\{1, 1 - (\gamma_2^{k-1} - \gamma_2)\}) \\ \qquad + \cdots + (\omega_j \times \min\{1, 1 - (\gamma_j^{k-1} - \gamma_j)\}) \end{cases} \quad (5.11)$$

Step3:检查相似程度是否满足阈值条件,即

$$E = \boldsymbol{\delta}_{\mathrm{match}} \Theta \mathbf{Th} \quad (5.12)$$

Step4:计算各个变迁的所有输入库所的等效输入,即将各个变迁的输入库所的 Token 值等效为单个输入库所的 Token 值,结果为

$$\boldsymbol{\rho}_k = (\rho\theta_1^k,\ \rho\theta_2^k,\ \cdots,\ \rho\theta_m^k)^{\mathrm{T}}$$
$$= (\langle\rho\mu_1^k,\ \rho\gamma_1^k\rangle,\ \langle\rho\mu_2^k,\ \rho\gamma_2^k\rangle,\ \cdots,\ \langle\rho\mu_m^k,\ \rho\gamma_m^k\rangle)^{\mathrm{T}} \tag{5.13}$$
$$= \boldsymbol{W}^{\mathrm{T}} \boxtimes \boldsymbol{\theta}^{k-1}$$

Step5：仅保留相似程度满足阈值条件的变迁的等效输入，即

$$\boldsymbol{\rho}_k' = \boldsymbol{\rho}_k \hat{\times} \boldsymbol{E} \tag{5.14}$$

Step6：判断每个变迁的等效输入是否大于先前的输入，即

$$\boldsymbol{\rho}_k'' = \boldsymbol{\rho}_k' \ominus \boldsymbol{\rho}_{k-1}' \tag{5.15}$$

此时，$\boldsymbol{\rho}_k''$ 中记录的是有必要触发的变迁的等效输入，其中 $\boldsymbol{\rho}_0' = \boldsymbol{\rho}_0$。

如果 $\boldsymbol{\rho}_k'' = (\langle 0,1\rangle,\ \langle 0,1\rangle,\ \cdots,\ \langle 0,1\rangle)^{\mathrm{T}}$，则推理结束，输出命题最终可信度 $\boldsymbol{\theta}^k$，其中 $\boldsymbol{\theta}^k = \boldsymbol{\theta}^{k-1}$；否则推理继续。

Step7：变迁触发后，计算结果命题可信度。

① $\boldsymbol{S}_k = \mathbf{CF} \odot \boldsymbol{\rho}_k''$。其中

$$\boldsymbol{S}_k = (s_1^k,\ s_2^k,\ \cdots,\ s_m^k)^{\mathrm{T}} = (\langle s\mu_1^k,\ s\gamma_1^k\rangle,\ \langle s\mu_2^k,\ s\gamma_2^k\rangle,\ \cdots,\ \langle s\mu_n^k,\ s\gamma_m^k\rangle)^{\mathrm{T}}$$

$$\begin{cases} s\mu_j^k = C\mu_j \times \rho\mu_j^k \\ s\gamma_j^k = C\gamma_j + \rho\gamma_j^k - C\gamma_j \times \rho\gamma_j^k \end{cases}$$

② $\boldsymbol{Y}_k = (y\theta_1^k,\ y\theta_2^k,\ \cdots,\ y\theta_n^k)^{\mathrm{T}} = (\langle y\mu_1^k,\ y\gamma_1^k\rangle,\ \langle y\mu_2^k,\ y\gamma_2^k\rangle,\ \cdots,\ \langle y\mu_n^k,\ y\gamma_n^k\rangle)^{\mathrm{T}}$。其中

$$y\mu_i^k = \max\left\{ x_i \,\middle|\, x_i = \begin{cases} s\mu_j^k,\ O(p_i,\ t_j) = 1 \\ 0,\ O(p_i,\ t_j) = 0 \end{cases} \right\}$$

$$y\gamma_i^k = \min\left\{ y_i \,\middle|\, y_i = \begin{cases} s\gamma_j^k,\ O(p_i,\ t_j) = 1 \\ 1,\ O(p_i,\ t_j) = 0 \end{cases} \right\}$$

即

$$\boldsymbol{Y}_k = \boldsymbol{O} \otimes \boldsymbol{S}_k = \boldsymbol{O} \otimes (\mathbf{CF} \odot \boldsymbol{\rho}_k'') \tag{5.16}$$

Step8：计算所有库所的 Token 值（即所有命题的最终可信度）：

$$\boldsymbol{\theta}^k = \boldsymbol{\theta}^{k-1} \oplus \boldsymbol{Y}_k = (\theta_1^k,\ \theta_2^k,\ \cdots,\ \theta_n^k)^{\mathrm{T}} = (\langle\mu_1^k,\ \gamma_1^k\rangle,\ \langle\mu_2^k,\ \gamma_2^k\rangle,\ \cdots,\ \langle\mu_n^k,\ \gamma_n^k\rangle)^{\mathrm{T}} \tag{5.17}$$

Step9：判断推理是否结束：如果 $\boldsymbol{\theta}^k = \boldsymbol{\theta}^{k-1}$，推理结束，输出命题最终可信度 $\boldsymbol{\theta}^k$；否则，令 $k = k+1$，转到 Step2。

5.3.3 算法分析

1. 算法 5.1 的关键步骤分析

（1）算法的第 1 步在初始化所有输入时，首先输入了库所的初始 Token 值 $\boldsymbol{\theta}^0$ 和库所固有 Token 值 $\boldsymbol{\theta}_{\text{in}}$，前者表示用户提供证据的可信度，后者表示规则前件的各个命题的可信度，这样就可以在 WIFPN 模型中同时表示用户提供证据和领域专家的知识；

（2）算法的第 2 步用来计算各个变迁的输入 Token 值与固有 Token 值的相似程度，它与证据和知识的不确定性匹配等价；

（3）算法的第 3 步用来检查各个变迁的输入 Token 值与固有 Token 值的相似程度是否满足阈值条件，它与判断规则是否被应用等价；

（4）算法的第 6 步通过"判断每个变迁的等效输入是否大于先前的输入"这一步骤，避免了变迁的重复触发；

（5）算法的第 7 步和第 8 步用来计算变迁触发后库所的 Token 值，与不确定性推理过程中的不确定性传递等价，并且算法的第 8 步通过定义的加法算子 ⊕ 保留了初始给定事实，既避免了推理过程中事实的丢失，又没有改变原 WIFPN 模型的结构；

（6）算法具有两个判断推理结束的条件，其中 $\boldsymbol{\rho}_k' = (\langle 0,1 \rangle, \langle 0,1 \rangle, \cdots, \langle 0,1 \rangle)^{\mathrm{T}}$ 是推理结束的充分条件，$\boldsymbol{\theta}^k = \boldsymbol{\theta}^{k-1}$ 是推理结束的充要条件。

定理 5.1　推理算法中，$\boldsymbol{\rho}_k' = (\langle 0,1 \rangle, \langle 0,1 \rangle, \cdots, \langle 0,1 \rangle)^{\mathrm{T}}$ 是推理结束的充分条件。

定理 5.2　$\boldsymbol{\theta}^k = \boldsymbol{\theta}^{k-1}$ 是推理结束的充要条件。

关于定理 5.1 和定理 5.2 的证明过程，与 4.3 节中的类似，这里不再详细叙述。

2. 算法 5.1 的复杂度分析

定义 5.4（源库所，终结库所[15]）

在 WIFPN 中，如果一个库所没有输入库所，就称该库所为源库所（Source Places）；如果一个库所没有输出库所，就称该库所为终结库所（Sink Places）。

定义 5.5（路径，有效路径[15]）

假设 WIFPN 模型中具有 n 个库所、m 个变迁，对一个给定的库所 p，如果 p 可以通过变迁 $t_1, t_2, \cdots, t_j$ 顺序地从源库所中获取 Token 值，则称变迁序列 $t_1, t_2, \cdots, t_j$ 为库所 p 的一个**路径**（Route）。如果变迁序列 $t_1, t_2, \cdots, t_j$ 可以依次被触发，则称该路径为有效路径（Active Route）。

定理 5.3　算法 5.1 可以在有限 k 次循环后结束，其中 $1 \leqslant k \leqslant h+1$，$h$ 表示 WIFPN 模型中最长路径的变迁数目。

关于该定理的证明过程，与 4.3 节中的类似，这里不再详细叙述。

定理 5.4　算法 5.1 的复杂度为 $O(nm^2)$。

证明：

假设 WIFPN 模型中不存在回路，那么一般情况下，推理算法的复杂度为 $O(knm)$，其中 k 为推理算法循环的次数。考虑最坏的情况，即推理循环了 $h+1$ 次（h 表示 WIFPN 模型中最长路径的变迁数目），那么总的算法复杂度为 $O((h+1)nm) = O((m+1)nm)$，即为 $O(nm^2)$。

所以，假设 WIFPR 集 S 中有 n 个命题、m 条规则，对应的 WIFPN 模型有 n 个库所、m 个变迁，则基于 WIFPN 的推理算法的复杂度为 $O(nm^2)$。

5.4　实　验　及　分　析

5.4.1　实例验证

本节以文献[22]中的"同步提升过程中间歇上升步序故障诊断"规则库 S_1 为例对上述方法进行验证分析。

规则库 S_1 如下：

R_1: IF d_1 AND d_2 AND d_3 THEN $d_4(\lambda_1, \mathrm{CF}_1, \omega_1^1, \omega_1^2, \omega_1^3)$

R_2: IF d_4 THEN $d_5(\lambda_2, \mathrm{CF}_2)$

R_3 : IF d_4 AND d_6 AND d_7 THEN $d_8 (\lambda_3$, CF_3 , ω_3^4 , ω_3^6 , $\omega_3^7)$

R_4 : IF d_4 AND d_6 AND d_9 THEN $d_{10} (\lambda_4$, CF_4 , ω_4^4 , ω_4^6 , $\omega_4^9)$

R_5 : IF d_8 AND d_{11} AND d_{25} THEN $d_{13} (\lambda_5$, CF_5 , ω_5^8 , ω_5^{11} , $\omega_5^{25})$

R_6 : IF d_8 AND d_{11} AND d_{12} THEN $d_{14} (\lambda_6$, CF_6 , ω_6^8 , ω_6^{11} , $\omega_6^{12})$

R_7 : IF d_8 AND d_{12} AND d_{15} THEN $d_{16} (\lambda_7$, CF_7 , ω_7^8 , ω_7^{12} , $\omega_7^{15})$

R_8 : IF d_{10} AND d_{17} AND d_{26} THEN $d_{19} (\lambda_8$, CF_8 , ω_8^{10} , ω_8^{17} , $\omega_8^{26})$

R_9 : IF d_{10} AND d_{17} AND d_{18} AND d_{27} THEN $d_{21} (\lambda_9$, CF_9 , ω_9^{10} , ω_9^{17} , ω_9^{18} , $\omega_9^{27})$

R_{10} : IF d_{10} AND d_{17} AND d_{18} AND d_{20} THEN $d_{22} (\lambda_{10}$, CF_{10} , ω_{10}^{10} , ω_{10}^{17} , ω_{10}^{18} , $\omega_{10}^{20})$

R_{11} : IF d_{10} AND d_{18} AND d_{20} AND d_{23} THEN $d_{24} (\lambda_{11}$, CF_{11} , ω_{11}^{10} , ω_{11}^{18} , ω_{11}^{20} , $\omega_{11}^{23})$

R_{12} : IF d_{14} THEN $d_{25} (\lambda_{12}$, $CF_{12})$

R_{13} : IF d_{21} THEN $d_{25} (\lambda_{13}$, $CF_{13})$

R_{14} : IF d_{22} THEN $d_{25} (\lambda_{14}$, $CF_{14})$

规则库 S_1 的 WIFPN 模型如图 5.5 所示。

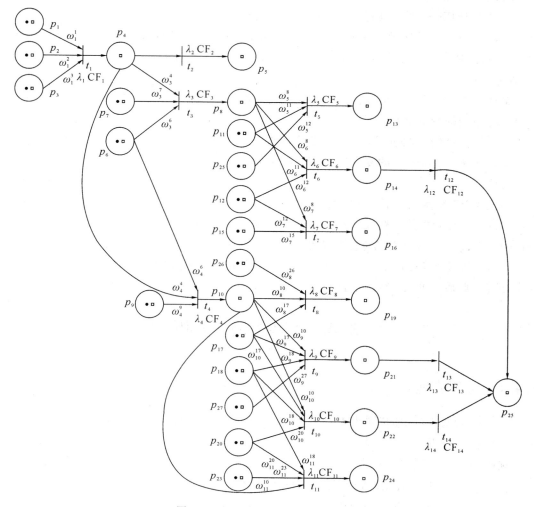

图 5.5　规则库 S_1 的 WIFPN 模型

各个命题的含义如表 5.1 所示。

表 5.1　规则库 S_1 中各个命题的含义

命题	含义	命题	含义
d_1	主控制器到监控计算机的 USB 通信正常	d_{15}	第 n 号提升器上锚紧信号有 $n=1$, 2, 3, 4
d_2	主控制器的主控单片机运行正常	d_{16}	第 n 号提升器上锚机械故障或传感器故障
d_3	主控制器通信板 0 状态正常	d_{17}	所有不在 L 位置的液压缸在步序执行后到超时报警期间行程信号没有任何变化
d_4	监控系统通信正常	d_{18}	大泵 1 有反馈信号
d_5	监控系统运行良好，未报警	d_{19}	大泵 1 没有启动
d_6	间歇上升过程步序 02	d_{20}	大泵 1 油压正常
d_7	步序 02 上锚未松报警	d_{21}	大泵 1 压力不足
d_8	步序 02 故障状态 1	d_{22}	换向阀 1 故障
d_9	步序 02 超时报警	d_{23}	第 n 号不在 L 位置的液压缸在步序执行后到超时报警期间行程信号没有变化
d_{10}	步序 02 故障状态 2	d_{24}	第 n 号液压缸行程传感器故障或机械故障
d_{11}	所有上锚紧信号在步序执行后到报警出现期间没有任何变化	d_{25}	小泵无反馈信号
d_{12}	小泵有反馈信号	d_{26}	大泵 1 无反馈信号
d_{13}	小泵没有启动	d_{27}	大泵 1 油压不正常
d_{14}	小泵压力不足或换向阀故障	d_{28}	元件级故障诊断模块

已知 $n=28$，$m=14$，则

$$\boldsymbol{\theta}_{\text{in}} = (\langle 0.7, 0.3 \rangle, \langle 0.8, 0.1 \rangle, \langle 0.7, 0.2 \rangle, \langle 0.6, 0.2 \rangle, \langle 0, 1 \rangle, \langle 0.7, 0.2 \rangle,$$
$$\langle 0.7, 0.1 \rangle, \langle 0.7, 0.1 \rangle, \langle 0.6, 0.3 \rangle, \langle 0.7, 0.09 \rangle, \langle 0.6, 0.1 \rangle,$$
$$\langle 0.9, 0.1 \rangle, \langle 0, 1 \rangle, \langle 0.4, 0.4 \rangle, \langle 0.7, 0.1 \rangle, \langle 0, 1 \rangle, \langle 0.8, 0.09 \rangle,$$
$$\langle 0.9, 0.05 \rangle, \langle 0, 1 \rangle, \langle 0.9, 0.09 \rangle, \langle 0.9, 0.1 \rangle, \langle 0.8, 0.1 \rangle, \langle 0.7, 0.25 \rangle,$$
$$\langle 0, 1 \rangle, \langle 0.9, 0.1 \rangle, \langle 0.9, 0.05 \rangle, \langle 0.9, 0.09 \rangle, \langle 0, 1 \rangle)^{\text{T}}$$

$$\boldsymbol{\theta}^0 = (\langle 0.8, 0.1 \rangle, \langle 0.9, 0.05 \rangle, \langle 0.7, 0.15 \rangle, \langle 0, 1 \rangle, \langle 0, 1 \rangle, \langle 0.8, 0.1 \rangle,$$
$$\langle 0.8, 0.1 \rangle, \langle 0, 1 \rangle, \langle 0.8, 0.1 \rangle, \langle 0, 1 \rangle, \langle 0.6, 0.2 \rangle, \langle 1, 0 \rangle, \langle 0, 1 \rangle,$$
$$\langle 0, 1 \rangle, \langle 0.7, 0.1 \rangle, \langle 0, 1 \rangle, \langle 0.8, 0.1 \rangle, \langle 1, 0 \rangle, \langle 0, 1 \rangle, \langle 1, 0 \rangle, \langle 0, 1 \rangle,$$
$$\langle 0, 1 \rangle, \langle 0.8, 0.2 \rangle, \langle 0, 1 \rangle, \langle 0, 1 \rangle, \langle 0, 1 \rangle, \langle 0, 1 \rangle, \langle 0, 1 \rangle)^{\text{T}}$$

$$\mathbf{Th} = (\langle 0.6, 0.3\rangle, \langle 0.8, 0.1\rangle, \langle 0.7, 0.2\rangle, \langle 0.5, 0.4\rangle, \langle 0.5, 0.3\rangle, \langle 0.6, 0.2\rangle,$$
$$\langle 0.7, 0.1\rangle, \langle 0.55, 0.3\rangle, \langle 0.56, 0.36\rangle, \langle 0.68, 0.3\rangle, \langle 0.6, 0.2\rangle,$$
$$\langle 0.45, 0.2\rangle, \langle 0.7, 0.1\rangle, \langle 0.6, 0.2\rangle)^{\mathrm{T}}$$

$$\mathbf{CF} = \mathrm{diag}\,(\langle 1, 0\rangle, \langle 1, 0\rangle, \langle 1, 0\rangle, \langle 1, 0\rangle, \langle 0.9, 0.05\rangle, \langle 0.6, 0.2\rangle, \langle 0.85, 0.04\rangle,$$
$$\langle 0.7, 0.2\rangle, \langle 0.7, 0.1\rangle, \langle 0.8, 0.1\rangle, \langle 0.8, 0.2\rangle, \langle 1, 0\rangle, \langle 0.95, 0.01\rangle,$$
$$\langle 0.98, 0.01\rangle)^{\mathrm{T}}$$

$$\mathbf{I} = \begin{bmatrix}
1 & 0 & 0 & 0 & 0 & 0 & 0 & 0 & 0 & 0 & 0 & 0 & 0 & 0 \\
1 & 0 & 0 & 0 & 0 & 0 & 0 & 0 & 0 & 0 & 0 & 0 & 0 & 0 \\
1 & 0 & 0 & 0 & 0 & 0 & 0 & 0 & 0 & 0 & 0 & 0 & 0 & 0 \\
0 & 1 & 1 & 1 & 0 & 0 & 0 & 0 & 0 & 0 & 0 & 0 & 0 & 0 \\
0 & 0 & 0 & 0 & 0 & 0 & 0 & 0 & 0 & 0 & 0 & 0 & 0 & 0 \\
0 & 0 & 1 & 1 & 0 & 0 & 0 & 0 & 0 & 0 & 0 & 0 & 0 & 0 \\
0 & 0 & 1 & 0 & 0 & 0 & 0 & 0 & 0 & 0 & 0 & 0 & 0 & 0 \\
0 & 0 & 0 & 0 & 1 & 1 & 1 & 0 & 0 & 0 & 0 & 0 & 0 & 0 \\
0 & 0 & 0 & 1 & 0 & 0 & 0 & 0 & 0 & 0 & 0 & 0 & 0 & 0 \\
0 & 0 & 0 & 0 & 0 & 0 & 0 & 1 & 1 & 1 & 1 & 0 & 0 & 0 \\
0 & 0 & 0 & 0 & 1 & 1 & 0 & 0 & 0 & 0 & 0 & 0 & 0 & 0 \\
0 & 0 & 0 & 0 & 0 & 1 & 1 & 0 & 0 & 0 & 0 & 0 & 0 & 0 \\
0 & 0 & 0 & 0 & 0 & 0 & 0 & 0 & 0 & 0 & 0 & 0 & 0 & 0 \\
0 & 0 & 0 & 0 & 0 & 0 & 0 & 0 & 0 & 0 & 0 & 1 & 0 & 0 \\
0 & 0 & 0 & 0 & 0 & 0 & 1 & 0 & 0 & 0 & 0 & 0 & 0 & 0 \\
0 & 0 & 0 & 0 & 0 & 0 & 0 & 0 & 0 & 0 & 0 & 0 & 0 & 0 \\
0 & 0 & 0 & 0 & 0 & 0 & 0 & 1 & 1 & 1 & 0 & 0 & 0 & 0 \\
0 & 0 & 0 & 0 & 0 & 0 & 0 & 0 & 1 & 1 & 1 & 0 & 0 & 0 \\
0 & 0 & 0 & 0 & 0 & 0 & 0 & 0 & 0 & 0 & 0 & 0 & 0 & 0 \\
0 & 0 & 0 & 0 & 0 & 0 & 0 & 0 & 0 & 1 & 1 & 0 & 0 & 0 \\
0 & 0 & 0 & 0 & 0 & 0 & 0 & 0 & 0 & 0 & 0 & 0 & 1 & 0 \\
0 & 0 & 0 & 0 & 0 & 0 & 0 & 0 & 0 & 0 & 0 & 0 & 0 & 1 \\
0 & 0 & 0 & 0 & 0 & 0 & 0 & 0 & 0 & 0 & 0 & 1 & 0 & 0 \\
0 & 0 & 0 & 0 & 0 & 0 & 0 & 0 & 0 & 0 & 0 & 0 & 0 & 0 \\
0 & 0 & 0 & 0 & 1 & 0 & 0 & 0 & 0 & 0 & 0 & 0 & 0 & 0 \\
0 & 0 & 0 & 0 & 0 & 0 & 0 & 1 & 0 & 0 & 0 & 0 & 0 & 0 \\
0 & 1 & 0 & 0 & 0 & 0 & 0 & 0 & 1 & 0 & 0 & 0 & 0 & 0 \\
0 & 0 & 0 & 0 & 0 & 0 & 0 & 0 & 0 & 0 & 0 & 0 & 0 & 0
\end{bmatrix}$$

$$
\boldsymbol{W} =
\begin{bmatrix}
\frac{1}{2} & 0 & 0 & 0 & 0 & 0 & 0 & 0 & 0 & 0 & 0 & 0 & 0 & 0 \\
\frac{1}{4} & 0 & 0 & 0 & 0 & 0 & 0 & 0 & 0 & 0 & 0 & 0 & 0 & 0 \\
\frac{1}{4} & 0 & 0 & 0 & 0 & 0 & 0 & 0 & 0 & 0 & 0 & 0 & 0 & 0 \\
0 & 1 & \frac{1}{4} & \frac{1}{3} & 0 & 0 & 0 & 0 & 0 & 0 & 0 & 0 & 0 & 0 \\
0 & 0 & 0 & 0 & 0 & 0 & 0 & 0 & 0 & 0 & 0 & 0 & 0 & 0 \\
0 & 0 & \frac{1}{2} & \frac{1}{2} & 0 & 0 & 0 & 0 & 0 & 0 & 0 & 0 & 0 & 0 \\
0 & 0 & \frac{1}{4} & 0 & 0 & 0 & 0 & 0 & 0 & 0 & 0 & 0 & 0 & 0 \\
0 & 0 & 0 & 0 & \frac{1}{6} & \frac{1}{4} & \frac{1}{4} & 0 & 0 & 0 & 0 & 0 & 0 & 0 \\
0 & 0 & 0 & \frac{1}{6} & 0 & 0 & 0 & 0 & 0 & 0 & 0 & 0 & 0 & 0 \\
0 & 0 & 0 & 0 & 0 & 0 & 0 & \frac{1}{4} & \frac{1}{6} & \frac{1}{12} & \frac{1}{4} & 0 & 0 & 0 \\
0 & 0 & 0 & 0 & \frac{1}{6} & \frac{1}{2} & 0 & 0 & 0 & 0 & 0 & 0 & 0 & 0 \\
0 & 0 & 0 & 0 & 0 & \frac{1}{4} & \frac{1}{4} & 0 & 0 & 0 & 0 & 0 & 0 & 0 \\
0 & 0 & 0 & 0 & 0 & 0 & 0 & 0 & 0 & 0 & 0 & 0 & 0 & 0 \\
0 & 0 & 0 & 0 & 0 & 0 & 0 & 0 & 0 & 0 & 0 & 1 & 0 & 0 \\
0 & 0 & 0 & 0 & 0 & 0 & \frac{1}{2} & 0 & 0 & 0 & 0 & 0 & 0 & 0 \\
0 & 0 & 0 & 0 & 0 & 0 & 0 & 0 & 0 & 0 & 0 & 0 & 0 & 0 \\
0 & 0 & 0 & 0 & 0 & 0 & 0 & \frac{1}{12} & \frac{1}{12} & \frac{1}{12} & 0 & 0 & 0 & 0 \\
0 & 0 & 0 & 0 & 0 & 0 & 0 & 0 & \frac{1}{12} & \frac{1}{3} & \frac{1}{8} & 0 & 0 & 0 \\
0 & 0 & 0 & 0 & 0 & 0 & 0 & 0 & 0 & 0 & 0 & 0 & 0 & 0 \\
0 & 0 & 0 & 0 & 0 & 0 & 0 & 0 & 0 & \frac{1}{2} & \frac{1}{8} & 0 & 0 & 0 \\
0 & 0 & 0 & 0 & 0 & 0 & 0 & 0 & 0 & 0 & 0 & 0 & 1 & 0 \\
0 & 0 & 0 & 0 & 0 & 0 & 0 & 0 & 0 & 0 & 0 & 0 & 0 & 1 \\
0 & 0 & 0 & 0 & 0 & 0 & 0 & 0 & 0 & 0 & \frac{1}{2} & 0 & 0 & 0 \\
0 & 0 & 0 & 0 & 0 & 0 & 0 & 0 & 0 & 0 & 0 & 0 & 0 & 0 \\
0 & 0 & 0 & 0 & \frac{2}{3} & 0 & 0 & 0 & 0 & 0 & 0 & 0 & 0 & 0 \\
0 & 0 & 0 & 0 & 0 & 0 & \frac{2}{3} & 0 & 0 & 0 & 0 & 0 & 0 & 0 \\
0 & 0 & 0 & 0 & 0 & 0 & 0 & 0 & \frac{2}{3} & 0 & 0 & 0 & 0 & 0 \\
0 & 0 & 0 & 0 & 0 & 0 & 0 & 0 & 0 & 0 & 0 & 0 & 0 & 0
\end{bmatrix}
$$

$$\boldsymbol{O}=\begin{bmatrix} 0&0&0&0&0&0&0&0&0&0&0&0&0&0&0\\ 0&0&0&0&0&0&0&0&0&0&0&0&0&0\\ 0&0&0&0&0&0&0&0&0&0&0&0&0&0\\ 1&0&0&0&0&0&0&0&0&0&0&0&0&0\\ 0&1&0&0&0&0&0&0&0&0&0&0&0&0\\ 0&0&0&0&0&0&0&0&0&0&0&0&0&0\\ 0&0&0&0&0&0&0&0&0&0&0&0&0&0\\ 0&0&1&0&0&0&0&0&0&0&0&0&0&0\\ 0&0&0&0&0&0&0&0&0&0&0&0&0&0\\ 0&0&0&1&0&0&0&0&0&0&0&0&0&0\\ 0&0&0&0&0&0&0&0&0&0&0&0&0&0\\ 0&0&0&0&1&0&0&0&0&0&0&0&0&0\\ 0&0&0&0&0&1&0&0&0&0&0&0&0&0\\ 0&0&0&0&0&0&0&0&0&0&0&0&0&0\\ 0&0&0&0&0&1&0&0&0&0&0&0&0&0\\ 0&0&0&0&0&0&0&0&0&0&0&0&0&0\\ 0&0&0&0&0&0&0&1&0&0&0&0&0&0\\ 0&0&0&0&0&0&0&0&0&0&0&0&0&0\\ 0&0&0&0&0&0&0&0&1&0&0&0&0&0\\ 0&0&0&0&0&0&0&0&0&1&0&0&0&0\\ 0&0&0&0&0&0&0&0&0&0&0&0&0&0\\ 0&0&0&0&0&0&0&0&0&0&0&0&0&0\\ 0&0&0&0&0&0&0&0&0&0&0&1&0&0&0\\ 0&0&0&0&0&0&0&0&0&0&0&0&0&0\\ 0&0&0&0&0&0&0&0&0&0&0&0&0&0\\ 0&0&0&0&0&0&0&0&0&0&0&1&1&1 \end{bmatrix}^{\mathrm{T}}$$

推理过程如下：

(1) 令 $k=1$，则

$\boldsymbol{\theta}^1 = (\langle 0.8, 0.1\rangle, \langle 0.9, 0.05\rangle, \langle 0.7, 0.15\rangle, \langle 0.8, 0.1\rangle, \langle 0, 1\rangle, \langle 0.8, 0.1\rangle, \langle 0.8, 0.1\rangle, \langle 0, 1\rangle, \langle 0.8, 0.1\rangle, \langle 0, 1\rangle, \langle 0.6, 0.2\rangle, \langle 1, 0\rangle, \langle 0, 1\rangle, \langle 0, 1\rangle, \langle 0.7, 0.1\rangle, \langle 0, 1\rangle, \langle 0.8, 0.1\rangle, \langle 1, 0\rangle, \langle 0, 1\rangle, \langle 1, 0\rangle, \langle 0, 1\rangle, \langle 0, 1\rangle, \langle 0.8, 0.2\rangle, \langle 0, 1\rangle, \langle 0, 1\rangle, \langle 0, 1\rangle, \langle 0, 1\rangle, \langle 0, 1\rangle)^{\mathrm{T}}$

(2) 令 $k=2$，则

$\boldsymbol{\theta}^2 = (\langle 0.8, 0.1\rangle, \langle 0.9, 0.05\rangle, \langle 0.7, 0.15\rangle, \langle 0.8, 0.1\rangle, \langle 0.8, 0.1\rangle, \langle 0.8, 0.1\rangle, \langle 0.8, 0.1\rangle, \langle 0.8, 0.1\rangle, \langle 0.8, 0.1\rangle, \langle 0.8, 0.1\rangle, \langle 0.6, 0.2\rangle, \langle 1, 0\rangle, \langle 0, 1\rangle, \langle 0, 1\rangle, \langle 0.7, 0.1\rangle, \langle 0, 1\rangle, \langle 0.8, 0.1\rangle, \langle 1, 0\rangle, \langle 0, 1\rangle, \langle 1, 0\rangle, \langle 0, 1\rangle, \langle 0, 1\rangle, \langle 0.8, 0.2\rangle, \langle 0, 1\rangle, \langle 0, 1\rangle, \langle 0, 1\rangle, \langle 0, 1\rangle, \langle 0, 1\rangle)^{\mathrm{T}}$

（3）令 $k=3$，则

$\boldsymbol{\theta}^3=(\langle 0.8,\ 0.1\rangle,\ \langle 0.9,\ 0.05\rangle,\ \langle 0.7,\ 0.15\rangle,\ \langle 0.8,\ 0.1\rangle,\ \langle 0.8,\ 0.1\rangle,\ \langle 0.8,\ 0.1\rangle,$
　　$\langle 0.8,\ 0.1\rangle,\ \langle 0.8,\ 0.1\rangle,\ \langle 0.8,\ 0.1\rangle,\ \langle 0.8,\ 0.1\rangle,\ \langle 0.6,\ 0.2\rangle,\ \langle 1,\ 0\rangle,\ \langle 0,\ 1\rangle,$
　　$\langle 0.45,\ 0.3\rangle,\ \langle 0.7,\ 0.1\rangle,\ \langle 0.68,\ 0.112\rangle,\ \langle 0.8,\ 0.1\rangle,\ \langle 1,\ 0\rangle,\ \langle 0,\ 1\rangle,\ \langle 1,\ 0\rangle,$
　　$\langle 0,\ 1\rangle,\ \langle 0,\ 1\rangle,\ \langle 0.8,\ 0.2\rangle,\ \langle 0.68,\ 0.3\rangle,\ \langle 0,\ 1\rangle,\ \langle 0,\ 1\rangle,\ \langle 0,\ 1\rangle,\ \langle 0,\ 1\rangle)^{\mathrm{T}}$

（4）令 $k=4$，则

$\boldsymbol{\theta}^4=(\langle 0.8,\ 0.1\rangle,\ \langle 0.9,\ 0.05\rangle,\ \langle 0.7,\ 0.15\rangle,\ \langle 0.8,\ 0.1\rangle,\ \langle 0.8,\ 0.1\rangle,\ \langle 0.8,\ 0.1\rangle,$
　　$\langle 0.8,\ 0.1\rangle,\ \langle 0.8,\ 0.1\rangle,\ \langle 0.8,\ 0.1\rangle,\ \langle 0.8,\ 0.1\rangle,\ \langle 0.6,\ 0.2\rangle,\ \langle 1,\ 0\rangle,\ \langle 0,\ 1\rangle,$
　　$\langle 0.45,\ 0.3\rangle,\ \langle 0.7,\ 0.1\rangle,\ \langle 0.68,\ 0.112\rangle,\ \langle 0.8,\ 0.1\rangle,\ \langle 1,\ 0\rangle,\ \langle 0,\ 1\rangle,\ \langle 1,\ 0\rangle,$
　　$\langle 0,\ 1\rangle,\ \langle 0,\ 1\rangle,\ \langle 0.8,\ 0.2\rangle,\ \langle 0.68,\ 0.3\rangle,\ \langle 0,\ 1\rangle,\ \langle 0,\ 1\rangle,\ \langle 0,\ 1\rangle,\ \langle 0.45,$
　　$0.3\rangle)^{\mathrm{T}}$

（5）令 $k=5$，此时 $\boldsymbol{\theta}^5=\boldsymbol{\theta}^4$，推理结束，输出库所的最终 Token 值 $\boldsymbol{\theta}^5$。

5.4.2　结果分析

在推理结束后，对 5.4.1 节中实例的推理过程和推理结果做出以下分析：

（1）当第 5 次推理结束时，得到的库所最终 Token 值与第 4 次推理结束时得到的值相同，即 $\boldsymbol{\theta}^5=\boldsymbol{\theta}^4$。此时，如果再接着进行循环推理，得到库所最终 Token 值依然等于 $\boldsymbol{\theta}^4$，所以当第 5 次推理结束后，就可以判定整个推理过程已经完成，库所的最终 Token 值等于 $\boldsymbol{\theta}^4$，这说明定理 5.2 中判断推理结束的条件是正确的。

（2）根据图 5.5 可知，推理模型中的路径 (t_1,t_3,t_6,t_{12})；(t_1,t_4,t_9,t_{13})；(t_1,t_4,t_{10},t_{14}) 为最长路径，每个最长路径都包含了 4 个变迁。根据定理 5.3 可知，推理算法可以在有限 k 次循环后结束，其中 $1\leqslant k\leqslant h+1$，$h$ 表示 WIFPN 模型中最长路径的变迁数目。而在本例中 $h=4$，因此推理循环次数为 $1\leqslant k\leqslant 5$，而根据 5.4.1 节的推理过程可知，本次推理循环了 5 次，与定理 5.3 相符。

（3）推理结束后，终结库所 p_{16}，p_{24}，p_{28} 的 Token 值分别为 $\theta^{16}=\langle 0.68,\ 0.112\rangle$，$\theta^{24}=\langle 0.68,\ 0.3\rangle$，$\theta^{28}=\langle 0.45,\ 0.3\rangle$，对应的结果命题"第 n 号提升器上锚机械故障或传感器故障（d_{16}）"、"第 n 号液压缸行程传感器故障或机械故障（d_{24}）"和"元件级故障诊断模块（d_{28}）"的可信度分别为 $\langle 0.68,\ 0.112\rangle$、$\langle 0.68,\ 0.3\rangle$、$\langle 0.45,\ 0.3\rangle$。由于命题 d_{28} 的隶属度最小，非隶属度最大，所以进行故障原因查找时，首先需要去查找"第 n 号提升器上锚机械故障或传感器故障（d_{16}）"和"第 n 号液压缸行程传感器故障或机械故障（d_{24}）"，最后再考虑"元件级故障"。但是命题 d_{16} 和命题 d_{24} 的隶属度相同，非隶属度不同，根据"记分函数"定义可知，$S(\theta^{16})=0.68-0.112=0.568$，$S(\theta^{24})=0.68-0.3=0.38$，$S(\theta^{16})>S(\theta^{24})$，所以故障报警的原因最可能是"第 n 号提升器上锚机械故障或传感器故障（d_{16}）"，其次是"第 n 号液压缸行程传感器故障或机械故障（d_{24}）"，这两个故障排除后，再使用"元件级故障诊断模块（d_{28}）"进行故障诊断。

如果运用现有的基于 FPN 的推理方法进行分析，则得到的结果中只包含隶属度。当结果命题"第 n 号提升器上锚机械故障或传感器故障（d_{16}）"、"第 n 号液压缸行程传感器故障或机械故障（d_{24}）"的可信度都为 0.68 的时候，无法确定故障诊断的先后顺序。而采用本章提出的基于 WIFPN 的推理方法得出的结果中由于增加了非隶属度，故对推理结果的描述更全面、更精确，也更利于故障诊断。

（4）在推理过程中，初始输入 θ_{in} 表示库所的固有 Token 值，即组成规则前提条件的各个命题的可信度，它是在建立知识库的时候，由领域专家给出；初始输入 θ^0 表示库所的输入 Token 值，即用户提供证据的可信度。在推理过程中，通过计算两者的相似程度来判断变迁能否触发，即规则是否可以被应用。

（5）推理过程中，权值矩阵 W 中的元素表示组成前提条件的各个命题对结论的重要程度。比如在规则 R_1 中，$\omega_1^1 = 0.5$，$\omega_1^2 = 0.25$，$\omega_1^3 = 0.25$，这表明虽然"主控制器到监控计算机的 USB 通信正常（d_1）"，"主控制器的主控单片机运行正常（d_2）"和"主控制器通信板 0 状态正常（d_3）"都是保持"监控系统通信正常（d_4）"的重要因素，但是三者相比较，"主控制器到监控计算机的 USB 通信正常（d_1）"对保持"监控系统通信正常（d_4）"更重要。

5.4.3 与现有方法的比较分析

通过实例验证可知，与现有方法相比较本章提出的方法具有以下优点：

（1）克服了基于模糊理论的不确定性推理方法隶属度单一的缺陷。

将 IFS 理论与 Petri 网理论相结合构建 WIFPN，由于在模型中引入了非隶属度，因而在推理过程中可以表示中立状态，同时克服了基于模糊理论的不确定性推理方法隶属度单一的缺陷。

（2）对不确定性知识和证据的表示简单清晰。

由于 WIFPN 具有 Petri 网的图形描述能力，所以可以用网的形式表示知识和证据。与基于规则的描述方法相比，本章提出的基于 WIFPN 的不确定性知识和证据表示方法简单清晰。

（3）推理过程简单、高效。

本章提出的推理方法通过矩阵运算实现推理，能充分利用 Petri 网的并行运算能力和 WIFPN 的推理能力，推理过程简单、高效。

（4）能区分命题对结论的重要程度。

在实际推理过程中，同一条规则的不同命题对结论具有不同的重要性；而且在不同规则中，同一个命题对不同结论也具有不同的重要性。所以本章通过在 WIFPN 中引入权值来表示命题对结论的重要程度进而解决了这一问题。

（5）可准确反映领域专家的知识。

现有的基于 FPN 和 IFPN 的推理方法，大多是假设规则中的前提条件与用户提供的证据完全相同，这样做的缺点是不能准确反映领域专家的知识。本章通过在模型中引入固有 Token 值和输入 Token 值，分别用于表示规则前件和证据的可信度，以区分证据和领域专家知识，解决了现有基于 FPN 和 IFPN 的推理方法不能同时表示知识和证据不确定性的问题。

本 章 小 结

本章针对不确定性推理问题，尝试将 WIFPN 用于解决不确定性问题，提出了基于 WIFPN 的不确定性推理方法。该方法首先构建了 WIFPN 模型，通过在模型中引入权值，以区分组成规则前件的各个命题对结论的重要程度，并在模型中引入固有 Token 值和输入

Token 值，分别用于表示规则前件和证据的可信度，以区分证据和领域专家知识，克服了现有基于 FPN 和 IFPN 的推理方法不能同时表示知识和证据不确定性的缺陷；其次将不确定性推理过程中的不确定性匹配和不确定性传递问题转化为基于 WIFPN 推理过程中的变迁触发以及变迁触发后库所 Token 值的传递问题，并提出了变迁触发需要满足的条件以及变迁触发后库所 Token 值的传递规则；最后提出一种基于 WIFPN 的不确定性推理算法并通过实验对算法进行了验证分析。

实验及分析表明由于 WIFPN 具有 Petri 网图形化的描述能力，所以在运用 WIFPN 表示不确定性知识时，可以以图形的形式表示知识，并能清晰地反映知识库的结构以及知识间的关系；由于 WIFPN 具有 Petri 网并行运算能力以及直觉模糊系统的模糊推理能力，所以在运用 WIFPN 进行不确定性推理时，推理过程以并行运算的形式进行，推理过程简单高效。因此，基于 WIFPN 的不确定性推理方法可以为解决不确定性问题提供新的思路和方法。

参 考 文 献

[1] Duda R O, Hart P E, Nileson N J. Subjective Bayesian Methods for Rule - Based InferencesSystems[C]. AFIPS Conference Proceedings, AFIPS Press, 1976, 45:1075 -1082.

[2] Glymour C. Independence assumptions and Bayesian updating[J]. Artificial Intelligence, 1985, 16(1): 95 - 99.

[3] 康建初, 王江. 基于 ATMS 和证据理论的不确定性推理方法[J]. 软件学报, 1994, 5(7): 56 - 64.

[4] 刘大有, 唐海鹰. 加权模糊逻辑[J]. 计算机研究与发展, 1998, 35(11): 961 - 965.

[5] Yager R R. Approximate reasoning and conflict resolution. Interational Journal of ApproximateReasoning, 2000, 25:15 - 42.

[6] Xu Y, Liu J, Ruan D, et al. Fuzzy Reasoning Based on Generalized Fuzzy IF - THEN Rules[J]. International Journal of intelligent Systems, 2002, 17(10):977 - 100.

[7] Niittymakia J, Turunen E. Traffic signal control on similarity logic reasoning[J]. Fuzzy Sets and Systems, 2003, 133(1):109 - 131.

[8] 宋光雄, 何永勇, 褚福磊. 基于双参数方法的故障诊断不确定性推理问题[J]. 清华大学学报: 自然科学版, 2006, 46(8): 1397 - 1400.

[9] 施明辉, 周昌乐. 一种用 ANN 实现带权不确定性推理的方法[J]. 哈尔滨工业大学学报, 2007, 39(9): 1491 - 1495.

[10] 李艳娜, 乔秀全, 李晓峰. 基于证据理论的上下文本体建模以及不确定性推理方法[J]. 电子与信息学报, 2010, 32(8): 1806 - 1811.

[11] Chen S M, Ke J S, Chang J F. Knowledge representation using fuzzy Petri nets[J]. IEEE Transaction on Knowledge and Data Engineering, 1990, 2(3):311 - 319.

[12] Gao M M, Zhou M C, Huang X G, et al. Fuzzy reasoning Petri nets[J]. IEEE Transactions on Systems, Man and Cybernetics - Part A: Systems and Humans, 2003, 33(3):314 - 324.

[13] 汪洋，林闯，曲扬，等. 含有否定命题逻辑推理的一致性模糊 Petri 网模型[J]. 电子学报，2006，34(11)：1955 - 1960.

[14] 贾立新，薛钧义，茹峰. 采用模糊 Petri 网的形式化推理算法及其应用[J]. 西安交通大学学报，2003，37(12)：1263 - 1266.

[15] Li X O, Yu W, Rosano F L. Dynamic knowledge inference and learning under adaptivefuzzy Petri net framework[J]. IEEE Transactions on Systems, Man, and Cybernetics - Part C：Applications and Reviews，2000，30(4)：442 - 450.

[16] Liu H C, Liu L, Lin Q L, et al. Knowledge acquisition and representation using fuzzy evidentialreasoning and dynamic adaptive fuzzy Petri nets[J]. IEEE Transactions on Cybernetics. 2013，43(3)：1059 - 1072.

[17] Liu H C, Lin Q L, Mao L X, et al. Dynamic Adaptive Fuzzy Petri Nets for Knowledge Representation and Reasoning[J]. IEEE Transactions on Systems, Man, and Cybernetics：Systems. 2013，43(6)：1399 - 1410.

[18] Shen X Y, Lei Y J, Li C H. Intuitionistic Fuzzy Petri Nets Model and Reasoning Algorithm[C]. 2009 Sixth International Conference on Fuzzy Systems and Knowledge Discovery，Tianjin，China，2009：119 - 122.

[19] 孟飞翔，雷英杰，余晓东，等. 基于直觉模糊 Petri 网的知识表示和推理[J]. 电子学报，2016，44(1)：77 - 86.

[20] Liu H C, You J X, You X Y, et al. Fuzzy Petri nets Using Intuitionistic Fuzzy Sets and Ordered Weighted Averaging Operators [J]. IEEE Transactions on Cybernetics，DOI：10. 1109/TCYB. 2015. 2455343.

[21] 王永庆. 人工智能原理与方法[M]. 西安：西安交通大学出版社，2000.

[22] 李厦. 基于 Petri 网的故障诊断技术研究及其在液压系统中的应用[D]. 上海：同济大学博士论文，2006.

[23] 孟飞翔. 直觉模糊 Petri 网及其在弹道目标识别中的应用研究[D]. 西安：空军工程大学，2016.

第六章　基于反向推理的 IFPN 推理模型简化方法

本章针对现有的基于 FPN 和 IFPN 的推理方法在求解只涉及知识库中部分规则的问题时存在资源浪费、推理效率不高，而且不能对问题产生的原因进行分析等缺陷，提出基于反向推理的 IFPN 推理模型简化方法。该方法首先把所要求解的问题转化为目标库所，并引入关联库所、关联变迁、子模型等概念；接着运用反向推理寻找目标库所的关联库所和并联变迁构建推理子模型，从而简化推理模型并获取问题产生的潜在原因；最后通过在模型中引入"阈值"以及"路径"和"有效路径"等定义，排除无效关联库所，从而找出问题产生的真正原因。实验及分析表明，该方法不仅可以有效简化推理模型，而且可以确定问题产生的真正原因。

6.1　引　　言

FPN 是基于模糊产生式规则的知识系统的良好建模工具，被广泛应用于知识的表示和推理、建模仿真、故障诊断，以及智能决策等领域。IFPN[1]是 IFS 理论和 Petri 网理论相结合的产物，是对 FPN 的有效扩充和发展，由于增加了非隶属度，进而可以描述"非此非彼"的"模糊概念"，亦即"中立状态"的概念或"中立的程度"，其对推理结果的描述更加全面、细腻。

自从 1988 年 Looney[2]提出了 FPN，国内外学者对基于 FPN 的推理方法便进行了深入的研究。Chen[3]首先对基于 FPN 的推理算法进行了探索，并将权值引入到 FPN 中，提出了加权直觉模糊 Petri 网[4]；接着 Gao 等[5]提出了基于模糊推理 Petri 网的推理算法；汪洋等[6]提出了基于一致性模糊 Petri 网的推理算法；贾立新等[7]提出了基于矩阵运算的 FPN 形式化推理算法；Li 等[8][9]提出了基于自适应模糊 Petri 网的推理算法；Liu 等[10][11]提出了基于动态自适应模糊 Petri 网的推理算法。与此同时，针对 FPN 存在隶属度单一的缺陷，一些学者将 IFS 理论与 Petri 网理论相结合，解决了这一问题。Shen 等[12]对 IFPN 推理模型和算法进行了探索；Liu 等[13]将 IFS 理论引入到了 FPN 模型，并提出了基于极大代数（Max-algebra）的推理算法；孟飞翔等[1]提出了基于矩阵运算的 IFPN 推理方法。

上述推理方法可以统称为正向推理（Forward Reasoning）方法，它们通常是从已知条件出发按照某种策略求解问题，其推理过程的实质就是搜索，所以搜索空间的大小直接影响着推理效率的高低，而且这些推理方法的 FPN 和 IFPN 推理模型大多是建立在整个知识库上的，所以当整个知识库特别复杂或者特别庞大时，推理模型和推理过程也会十分复杂。在实际运用过程中，有时候需要求解的问题仅仅涉及知识库中的部分规则，此时如果继续使用建立在整个知识库上的 FPN 或者 IFPN 推理模型对问题进行推理分析，不仅会浪费资源，而且会大幅降低推理的效率。所以，如果能够把建立在整个知识库上的推理模型简化为仅仅与所求问题相关的推理子模型，然后使用子模型对问题进行推理分析，那么推理过程将会变得简单，推理效率也会大幅提高。

反向推理[14]（Backward Reasoning）的目的是从所求问题出发，去除与所求问题无关的规则或条件，仅获取与所求问题相关的规则或条件。所以 Scarpelli 等[15]将反向推理方法用于高层次模糊 Petri 网的简化；Chen[16]提出了基于模糊与或图的 FPN 反向推理算法；Ye 等[17]将基于 FPN 的反向推理算法用于工作流模型的简化以及异常的分析。这三种方法都是以推理模型为基础，从目标库所出发，沿着有向弧逐步搜索目标库所的关联库所和关联变迁，以构建关联 Petri 网模型（Associated Petri Net，APN）。这些方法虽然可以简化模型，但本质上都是基于图形的搜索算法，算法并没有充分利用 Petri 网的并行推理功能，而且当图形结构十分复杂时，这些方法的搜索效率就会十分低下。鲍培明[18]提出了一种建立在 FPN 的基本结构上的反向推理算法；Yuan 等[19]在文献[18]的基础上引入中间库所和人机交互环节，但是这两种方法的 FPN 模型缺乏阈值，简化模型后无法对问题产生的原因进行准确分析。

在实际应用中，命题以及否命题经常同时存在于同一个知识库中，而文献[15～18]都未考虑否命题在 FPN 中的表示问题，所以上述方法不能用于简化含有否命题的 FPN 推理模型，且这些研究均主要集中于 FPN 领域，针对 IFPN 推理模型的简化问题尚未开展实质性的研究。另外，考虑到 IFPN 是 FPN 的有效扩充和发展，并且成功克服了 FPN 隶属度单一的缺陷[1]，于是本章提出了基于反向推理的 IFPN 推理模型简化方法。该方法分为两个部分：一是寻找目标库所的关联库所和关联变迁算法，二是构建子模型算法。该方法首先将需要求解的问题转化为目标库所，然后运用反向推理寻找目标库所的关联库所和关联变迁，最后结合子模型构建算法简化原推理模型，从而将原模型简化为一个仅与目标库所相关的子模型。

该方法通过在模型中引入正转移弧和抑制转移弧解决了原命题和否命题在 IFPN 模型中的表示问题；同时为克服文献[15～17]中基于图形的搜索算法效率不高的缺陷，并充分利用 Petri 网的并行运算能力，该方法在搜索目标库所的关联库所和关联变迁的过程中采用了矩阵运算；通过在模型中引入"阈值"、"路径"以及"有效路径"等概念，并结合子模型的结构特性，克服了文献[18][19]不能准确分析问题产生的原因的缺陷。

6.2 基于反向推理的 IFPN 推理模型简化方法

本章采用的 IFPN 的定义与第四章相同，模型中否命题的表示方法也与 4.2.2 节相同。

6.2.1 相关定义

定义 6.1（前集，后集） 设 IFPN$=(P, T, F; I, IN, O, ON, \theta, Th, CF)$，则称

$\cdot p=\{t \mid (t, p) \in F\}$ 为库所 p 的前集（Pre-set）；

$p\cdot=\{t \mid (p, t) \in F\}$ 为库所 p 的后集（Post-set）；

$\cdot t=\{p \mid (p, t) \in F\}$ 为变迁 t 的前集（Pre-set）；

$t\cdot=\{p \mid (t, p) \in F\}$ 为变迁 t 的后集（Post-set）。

定义 6.2（反向直接可达集，反向可达集）

在 IFPN 中，如果从 p_i 直接可达 p_j，则称从 p_j 反向直接可达 p_i；如果从 p_i 可达 p_k，则称从 p_k 反向可达 p_i。所有从 p_j 反向直接可达的库所构成的集合称为 p_j 的**反向直接可达集**（Backward Immediate Reachability Set），记为 BIRS(p_j)；所有从 p_k 反向可达的库所构成的集合称为 p_k 的**反向可达集**（Backward Reachability Set），记为 BRS(p_k)。

定义 6.3（关联库所集，关联变迁集）

在 IFPN 中，假设 p_i 为源库所，p_g 为目标库所，所有变迁都能触发。如果 p_g 能通过库所 p_1，p_2，$\cdots$，p_j 和变迁 t_1，t_2，$\cdots$，t_j 顺序地从源库所中获取 Token 值，则称库所 p_i 以及 p_1，p_2，$\cdots$，p_j 为目标库所 p_g 的关联库所，变迁 t_1，t_2，$\cdots$，t_j 为目标库所 p_g 的关联变迁。p_g 的所有关联库所构成的集合称为 p_g 的**关联库所集**（Incident Places Set），IPS(p_g)，p_g 的所有关联变迁构成的集合称为 p_g 的**关联变迁集**（Incident Transitions Set），ITS(p_g)。

定义 6.4（子网）

设 IFPN $=(P，T，F；\boldsymbol{I}，\mathbf{IN}，\boldsymbol{O}，\mathbf{ON}，\boldsymbol{\theta}，\mathbf{Th}，\mathbf{CF})$ 为一直觉模糊 Petri 网，如果满足如下条件：

(1) $P'\subseteq P$；

(2) $T'\subseteq T$；

(3) $F'=((P'\times T')\bigcup(T'\times P'))\bigcap F$，

则称 S-IFPN $=(P'，T'，F'；\boldsymbol{I}'，\mathbf{IN}'，\boldsymbol{O}'，\mathbf{ON}'，\boldsymbol{\theta}'，\mathbf{Th}'，\mathbf{CF}')$ 为该直觉模糊 Petri 网的子网或子模型。

6.2.2　定义算子和向量

为了简洁地表示推理算法，定义如下算子和向量：

(1) 加法算子 $\oplus$：$\boldsymbol{C}=\boldsymbol{A}\oplus\boldsymbol{B}$，其中 $\boldsymbol{C}=(c_{ij})_{m\times n}$，$\boldsymbol{A}=(a_{ij})_{m\times n}$，$\boldsymbol{B}=(b_{ij})_{m\times n}$，$c_{ij}=\max(a_{ij}，b_{ij})$；

(2) 乘法算子 $\otimes$：$\boldsymbol{C}=\boldsymbol{A}\otimes\boldsymbol{B}$，其中 $\boldsymbol{C}=(c_{ij})_{m\times l}$，$\boldsymbol{A}=(a_{ij})_{m\times n}$，$\boldsymbol{B}=(b_{ij})_{n\times l}$，$c_{ij}=\max\limits_{1\leqslant k\leqslant n}(a_{ik}\times b_{kj})$；

(3) 关联库所向量：$\boldsymbol{X}=(x_0，x_1，\cdots，x_n)^{\mathrm{T}}$，若 p_i 是目标库所或目标库所的关联库所，则 $x_i=1$，否则 $x_i=0$；

(4) 关联变迁向量：$\boldsymbol{Y}=(y_0，y_1，\cdots，y_m)^{\mathrm{T}}$，若 t_j 是目标库所的关联变迁，则 $y_j=1$，否则 $y_j=0$。

6.2.3　推理模型的简化方法

基于反向推理的 IFPN 推理模型简化方法包含两部分：一部分是寻找目标库所的关联库所和关联变迁算法，另一部分是构建子模型算法。该方法首先将需要求解的问题转化为目标库所，然后运用反向推理寻找目标库所的关联库所和关联变迁，最后运用子模型构建算法简化原模型，从而将原模型简化为一个仅与目标库所相关联的子模型。

非循环网是指没有回路和环形的网，在大多数实际应用的知识库中几乎不存在循环[5]。因此，本节假设构建的基于 IFPR 的 IFPN 模型是一个非循环网，即模型中不存在回路。

假设 IFPR 集 S 中有 n 个命题、m 条规则，对应的 IFPN 模型有 n 个库所、m 个变迁，需要求解的结果命题为 d_i，$\cdots$，d_j，对应的目标库所为 p_i，$\cdots$，p_j，则基于反向推理的 IFPN 推理模型简化方法如下：

算法 6.1 寻找目标库所的关联库所和关联变迁算法

输入：输入正转移矩阵 $\boldsymbol{I}$、输入抑制转移矩阵 $\mathbf{IN}$，输出正转移矩阵 $\boldsymbol{O}$、输出抑制转移矩阵 $\mathbf{ON}$，库所向量 $\boldsymbol{X}_0$，变迁向量 $\boldsymbol{Y}_0$。

输出：关联库所向量 $\boldsymbol{X}_k$、关联变迁向量 $\boldsymbol{Y}_k$、迭代次数 k。

预处理（判断 IFPN 模型中有无回路）：在 IFPN 模型中，若 $\exists p_i \in \mathrm{IRS}(p_i) \bigcup \mathrm{RS}(p_i)$，$i=1,2,\cdots,n$，则模型中存在回路，不能应用该推理算法，退出。

Step1：令 $k=1$，初始化所有输入。

$$\boldsymbol{X}_{k-1}=(x_0^{k-1},x_1^{k-1},\cdots,x_n^{k-1})^{\mathrm{T}}=\boldsymbol{X}_0=(x_0^0,x_1^0,\cdots,x_n^0)^{\mathrm{T}}$$

其中向量 $\boldsymbol{X}_0$ 中的元素 x_i^0，$\cdots$，x_j^0 为 1，其余为 0，

$$\boldsymbol{Y}_{k-1}=(y_0^{k-1},y_1^{k-1},\cdots,y_m^{k-1})^{\mathrm{T}}=\boldsymbol{Y}_0=(0,0,\cdots,0)^{\mathrm{T}}$$

Step2：计算关联变迁向量，即

$$\boldsymbol{Y}_k=(\boldsymbol{O}+\mathbf{ON})\otimes\boldsymbol{X}_{k-1}$$

Step3：计算关联库所向量，即

$$\boldsymbol{X}_k=[(\boldsymbol{I}+\mathbf{IN})\otimes\boldsymbol{Y}_k]\oplus\boldsymbol{X}_{k-1}$$

Step4：判断推理是否结束，即如果 $\boldsymbol{X}_k=\boldsymbol{X}_{k-1}$ 并且 $\boldsymbol{Y}_k=\boldsymbol{Y}_{k-1}$，则推理结束，输出 $\boldsymbol{X}_k$、$\boldsymbol{Y}_k$ 以及 k；否则 $k=k+1$，转到 Step2。

算法 6.2 构建子模型算法

输入：反向推理算法中输出的向量 $\boldsymbol{X}_k$ 和 $\boldsymbol{Y}_k$，原 IFPN 的推理模型及定义。

输出：推理子模型及其定义。

假设向量 $\boldsymbol{X}_k=(x_0^k,x_1^k,\cdots,x_n^k)^{\mathrm{T}}$ 中的元素 $x_i^k=0$，$i\in\{1,2,\cdots,n\}$，向量 $\boldsymbol{Y}_k=(y_0^k,y_1^k,\cdots,y_m^k)^{\mathrm{T}}$ 中的元素 $y_j^k=0$，$j\in\{1,2,\cdots,m\}$。

Step1：简化原模型。

在原模型中删除向量 $\boldsymbol{X}_k$、$\boldsymbol{Y}_k$ 中 0 元素所对应的库所和变迁以及与它们相关联的有向弧。

① 删除原模型中的库所 p_i，以及 p_i 的输入转移弧 $\langle t_x,p_i\rangle$ 和输出转移弧 $\langle p_i,t_x\rangle$，其中 $\langle t_x,p_i\rangle\in F$，$\langle p_i,t_x\rangle\in F$ 且 $x=1,2,\cdots,m$。

② 删除原模型中的变迁 t_j，以及 t_j 的输入转移弧 $\langle p_y,t_j\rangle$ 和输出转移弧 $\langle t_j,p_y\rangle$，其中 $\langle p_y,t_j\rangle\in F$，$\langle t_j,p_y\rangle\in F$ 且 $y=1,2,\cdots,n$。

Step2：更新子模型的定义，令 S-IFPN$=(P',T',F';\boldsymbol{I}',\mathbf{IN}',\boldsymbol{O}',\mathbf{ON}',\boldsymbol{\theta}',\mathbf{Th}',\mathbf{CF}')$，其中

① 删除库所集合 $P=\{p_1,p_2,\cdots,p_n\}$ 中的 p_i，得到子模型的库所集合 P'。

② 删除变迁集合 $T=\{t_1,t_2,\cdots,t_m\}$ 中的 t_j，得到子模型的变迁集合 T'。

③ $F'=((P'\times T')\bigcup(T'\times P'))\bigcap F$ 为子模型的有向弧集合。

④ 删除输入正转移矩阵 $\boldsymbol{I}$、输入抑制转移矩阵 $\mathbf{IN}$ 中的第 i 行和第 j 列，得到子模型的

输入转移矩阵 I' 和输入抑制转移矩阵 $\mathbf{IN}'$。

⑤ 删除输出正转移矩阵 $\mathbf{O}$、输出抑制转移矩阵 $\mathbf{ON}$ 中的第 j 行和第 i 列，得到子模型的输出转移矩阵 $\mathbf{O}'$ 和输出抑制转移矩阵 $\mathbf{ON}'$。

⑥ 删除 $\boldsymbol{\theta}=(\theta_1，\theta_2，\cdots，\theta_n)^{\mathrm{T}}$ 中的 θ_i，得到子模型的库所 Token 值向量 $\boldsymbol{\theta}'$。

⑦ 删除 $\mathbf{Th}=(\lambda_1，\lambda_2，\cdots，\lambda_m)^{\mathrm{T}}$ 中的 λ_j，得到子模型的变迁阈值向量 $\mathbf{Th}'$。

⑧ 删除 $\mathbf{CF}=\mathrm{diag}(\mathrm{CF}_1，\mathrm{CF}_2，\cdots，\mathrm{CF}_m)$ 中的第 j 行和第 j 列，得到子模型的规则可信度矩阵 $\mathbf{CF}'$。

Step3：输出推理子模型 S–IFPN 及其定义。

6.3　算　法　分　析

本节主要对算法 6.1 的关键步骤和算法的复杂度进行分析。

6.3.1　算法关键步骤分析

假设命题 d_g 表示需要求解的问题，其对应的目标库所为 p_g，则 $\mathbf{X}_0$ 中的元素 $x_g^0=1$。当 $k=1$ 时，

（1）假设 $t_j\in\cdot\,p_g$，即 t_j 为 p_g 的输入变迁，则 IFPN 模型中存在由 t_j 到 p_g 的正转移弧或抑制转移弧。当 IFPN 模型中存在由 t_j 到 p_g 的正转移弧时，$O(t_j，p_g)=1$，$\mathrm{ON}(t_j，p_g)=0$；而当 IFPN 模型中存在由 t_j 到 p_g 的抑制转移弧时，$O(t_j，p_g)=0$，$\mathrm{ON}(t_j，p_g)=1$。已知 $x_g^0=1$，根据算法 6.1 的 Step2 可知 $\mathbf{Y}_1=\mathbf{O}\otimes\mathbf{X}_0$，即

$$\mathbf{Y}_1=\mathbf{O}\otimes\mathbf{X}_0$$

$$=\begin{bmatrix} O(t_1，p_1)+\mathrm{ON}(t_1，p_1) & \cdots & O(t_1，p_g)+\mathrm{ON}(t_1，p_g) & \cdots & O(t_1，p_n)+\mathrm{ON}(t_1，p_n) \\ \vdots & & \vdots & & \vdots \\ O(t_j，p_1)+\mathrm{ON}(t_j，p_1) & \cdots & O(t_j，p_g)+\mathrm{ON}(t_j，p_g) & \cdots & O(t_j，p_n)+\mathrm{ON}(t_j，p_n) \\ \vdots & & \vdots & & \vdots \\ O(t_m，p_1)+\mathrm{ON}(t_m，p_1) & \cdots & O(t_m，p_g)+\mathrm{ON}(t_m，p_g) & \cdots & O(t_m，p_n)+\mathrm{ON}(t_m，p_n) \end{bmatrix}\otimes\begin{bmatrix} x_1^0 \\ \vdots \\ x_g^0 \\ \vdots \\ x_n^0 \end{bmatrix} \tag{6.1}$$

$$=\begin{bmatrix} \max\limits_{1\leqslant l\leqslant n}[(O(t_1，p_l)+\mathrm{ON}(t_1，p_l))\times x_l^0] \\ \vdots \\ \max\limits_{1\leqslant l\leqslant n}[(O(t_j，p_l)+\mathrm{ON}(t_j，p_l))\times x_l^0] \\ \vdots \\ \max\limits_{1\leqslant l\leqslant n}[(O(t_n，p_l)+\mathrm{ON}(t_n，p_l))\times x_l^0] \end{bmatrix}=\begin{bmatrix} y_1^1 \\ \vdots \\ y_j^1 \\ \vdots \\ y_m^1 \end{bmatrix}=\begin{bmatrix} 0 \\ \vdots \\ 1 \\ \vdots \\ 0 \end{bmatrix}$$

由式（6.1）可知 $y_j^1=\max\limits_{1\leqslant l\leqslant n}[(O(t_j，p_l)+\mathrm{ON}(t_j，p_l))\times x_l^0]=1$。这表明如果变迁 t_j 是目标库所的关联变迁，则关联变迁向量中对应的元素 $y_j^1=1$。

（2）假设 $p_i\in\cdot\,t_j$，即 p_i 是 t_j 的输入库所，则 IFPN 模型中存在由 p_i 到 t_j 的正转移弧或抑制转移弧。当 IFPN 模型中存在由 p_i 到 t_j 的正转移弧时，$I(p_i，t_j)=1$，$\mathrm{IN}(p_i，t_j)=0$；而当 IFPN 模型中存在由 p_i 到 t_j 的抑制转移弧时，$I(p_i，t_j)=0$，$\mathrm{IN}(p_i，t_j)=1$。已知 $y_j^1=1$，根据算法 6.1 的 Step3 可知 $\mathbf{X}_1=[(I+\mathbf{IN})\otimes\mathbf{Y}_1]\oplus\mathbf{X}_0$，令 $\mathbf{Z}_1=(I+\mathbf{IN})\otimes\mathbf{Y}_1$，则

$\boldsymbol{X}_1 = \boldsymbol{Z}_1 \bigoplus \boldsymbol{X}_0$，于是有

$\boldsymbol{Z}_1 = (\boldsymbol{I} + \mathbf{IN}) \bigotimes \boldsymbol{Y}_1$

$$= \begin{bmatrix} I(p_1,t_1)+\mathrm{IN}(p_1,t_1) & \cdots & I(p_1,t_j)+\mathrm{IN}(p_1,t_j) & \cdots & I(p_1,t_m)+\mathrm{IN}(p_1,t_m) \\ \vdots & & \vdots & & \vdots \\ I(p_i,t_1)+\mathrm{IN}(p_i,t_1) & \cdots & I(p_i,t_j)+\mathrm{IN}(p_i,t_j) & \cdots & I(p_i,t_m)+\mathrm{IN}(p_i,t_m) \\ \vdots & & \vdots & & \vdots \\ I(p_n,t_1)+\mathrm{IN}(p_n,t_1) & \cdots & I(p_n,t_j)+\mathrm{IN}(p_n,t_j) & \cdots & I(p_n,t_m)+\mathrm{IN}(p_n,t_m) \end{bmatrix} \bigotimes \begin{bmatrix} y_1^1 \\ \vdots \\ y_j^1 \\ \vdots \\ y_m^1 \end{bmatrix}$$

$$= \begin{bmatrix} \max_{1 \leqslant s \leqslant m}\left[(I(p_1,t_s)+\mathrm{IN}(p_1,t_s)) \times y_s^1)\right] \\ \vdots \\ \max_{1 \leqslant s \leqslant m}\left[(I(p_i,t_s)+\mathrm{IN}(p_i,t_s)) \times y_s^1)\right] \\ \vdots \\ \max_{1 \leqslant s \leqslant m}\left[(I(p_n,t_s)+\mathrm{IN}(p_n,t_s)) \times y_s^1)\right] \end{bmatrix} = \begin{bmatrix} z_1^1 \\ \vdots \\ z_i^1 \\ \vdots \\ z_m^1 \end{bmatrix} = \begin{bmatrix} 0 \\ \vdots \\ 1 \\ \vdots \\ 0 \end{bmatrix} \qquad (6.2)$$

由式(6.2)可知 $z_i^1 = \max_{1 \leqslant s \leqslant m}\left[(I(p_i,t_s)+\mathrm{IN}(p_i,t_s)) \times y_s^1)\right] = 1$。又因为

$$\boldsymbol{X}_1 = \boldsymbol{Z}_1 \bigoplus \boldsymbol{X}_0 = \begin{bmatrix} z_1^1 \\ \vdots \\ z_i^1 \\ \vdots \\ z_m^1 \end{bmatrix} \bigoplus \begin{bmatrix} x_1^0 \\ \vdots \\ x_g^0 \\ \vdots \\ x_n^0 \end{bmatrix} = \begin{bmatrix} x_1^1 \\ \vdots \\ x_g^1 \\ \vdots \\ x_i^1 \\ \vdots \\ x_n^1 \end{bmatrix} = \begin{bmatrix} 0 \\ \vdots \\ 1 \\ \vdots \\ 1 \\ \vdots \\ 0 \end{bmatrix} \qquad (6.3)$$

所以此时 $\boldsymbol{X}_1$ 中的元素 $x_g^1 = 1$，$x_i^1 = 1$。

因为 $p_i \in {}^{\cdot}t_j$ 且 $t_j \in {}^{\cdot}p_g$，那么根据"反向可达"的定义可知，从 p_g 反向直接可达 p_i，所以 p_i 是 p_g 的关联库所。这表明当库所 p_i 是目标库所 p_g 的关联库所时，关联库所向量中对应的元素 $x_i^1 = 1$。

当 $k = 1$ 时，通过(1)和(2)的推理分析可知变迁 t_j 和库所 p_i 分别为目标库所 p_g 的关联变迁和关联库所。同理，当 $k = 2, 3, \cdots$ 时，按照步骤(1)和(2)经过数次迭代便可逐渐得到目标库所 p_g 的所有关联库所和关联变迁。

上述分析表明该算法的推理分析过程是正确的，算法通过若干次迭代后，可以完全获取目标库所的所有关联库所和关联变迁。

6.3.2 算法复杂度分析

定义 6.5（独立路径）

在具有 n 个库所、m 个变迁的 IFPN 模型中，对于任意一个给定的库所 p，假设其有 z 条路径，如果路径 $t_1, t_2, \cdots, t_j$ 中包含的变迁与其他路径中的变迁完全不同，则称路径 t_1，$t_2, \cdots, t_j$ 为**独立路径**（Independent Route）。

定理 6.1 算法 6.1 可以在有限 k 次循环后结束，其中 $k \leqslant h + 1$，h 表示 IFPN 模型中目标库所 p_g 的最长路径包含的变迁数目。

证明 (1)先证算法 6.1 可以在有限 k 次循环后结束。

假设第 k 次推理结束后，$\boldsymbol{X}_k = \boldsymbol{X}_{k-1}$ 且 $\boldsymbol{Y}_k = \boldsymbol{Y}_{k-1}$，根据算法 6.1 的 Step4 可知推理已经结束。

（2）再证 $k \leqslant h+1$。

① 先证 $k = h+1$。

假设 p_g 的最长路径为独立路径，p_i 为该最长路径中的源库所，其输出变迁为 t_j，显然 t_j 是 p_g 在该路径中的最后一个关联变迁，那么在推理进行到第 h 步时，关联变迁向量 $\boldsymbol{Y}_h$ 中已经包含了 p_g 的所有关联变迁，所以当推理进行到第 $h+1$ 步时，有 $\boldsymbol{Y}_{h+1} = \boldsymbol{Y}_h$。又由 Step3 可得 $\boldsymbol{X}_{h+1} = \boldsymbol{X}_h$，根据推理算法 Step4 可知推理已经结束。

② 再证 $k < h+1$。

假设变迁 t_j 同时属于目标库所 p_g 的路径 A 和路径 B，其中路径 A 为最长路径，包含 h 个变迁，路径 B 包含 r 个变迁，且 $r < h$，因为算法 6.1 的计算过程为并行运算，所以当推理迭代 r 次后，便可获知变迁 t_j 是目标库所 p_g 的关联变迁，此时继续迭代 s 次，就可完全寻找到目标库所的关联变迁和关联库所，其中 $r+s=k$。又因为变迁 t_j 同时属于路径 A 和路径 B，所以总迭代次数 $k = r+s < h+1$。

综合①和②可知，$k \leqslant h+1$。

综上所述，算法 6.1 可以在有限 k 次循环后结束，其中 $k \leqslant h+1$，h 表示 IFPN 模型中目标库所 p_g 的最长路径包含的变迁数目。

定理 6.2　算法 6.1 的复杂度为 $O(nm)$ 或 $O(m^2)$。

证明　因为 IFPN 模型中具有 n 个库所和 m 个变迁，又根据定理 6.1 可知算法 6.1 循环 $h+1$ 次，所以算法 6.1 的复杂度为 $O(n(h+1))$ 或 $O(m(h+1))$。由于 h 表示 IFPN 模型中目标库所 p_g 的最长路径包含的变迁数目，所以 $h \leqslant m$。综上所知，反向推理算法的复杂度为 $O(nm)$ 或 $O(m^2)$。

6.4　实验及分析

本节通过三个实例验证本章提出的基于反向推理的 IFPN 推理模型简化方法的有效性和可行性，并与现有方法进行对比分析。

6.4.1　实例一

本节以文献[16]中的"判断二手车价格"的规则库 S_1 为例对上述推理方法进行验证分析，其推理框架如图 6.1 所示。

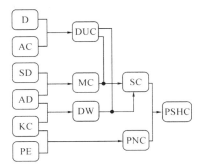

图 6.1　二手车价格推理方案

该推理框架主要分成 4 步,包含 12 个属性。

第一步:行驶过的里程(Distance run with the car, D);

车已使用的年限(Age of the Car, AC);

驾驶者的性别(Sex of the Driver, SD);

驾驶者的年龄(Age of the Driver, AD);

车的种类(Kind of Car, KC);

动力系统(Power of the Engine, PE)。

第二步:使用程度(Degree of the Use of the Car, DUC);

车的保养(Maintenance of the Car, MC);

驾驶方式(Driving Way, DW)。

第三步:车的状态(State of the Car, SC);

新车的价格(Price of the New Car, PNC)。

第四步:二手车的价格(Price of the Second - Hand Car, PSHC)。

二手车价格推理系统的规则库 S_1 由 34 条规则组成,具体如下:

R_1: IF D=long AND AC=young THEN DUC=a-lot (λ_1, CF_1)

R_2: IF D=short AND AC=old THEN DUC=low (λ_2, CF_2)

R_3: IF D=long AND AC=middle THEN DUC=middle-a-lot (λ_3, CF_3)

R_4: IF SD=man AND AD=young THEN MC=poor (λ_4, CF_4)

R_5: IF SD=man AND AD=middle THEN MC=middle-good (λ_5, CF_5)

R_6: IF SD=man AND AD=old THEN MC=poor (λ_6, CF_6)

R_7: IF SD=woman THEN MC=poor (λ_7, CF_7)

R_8: IF AD=old THEN DW=careful (λ_8, CF_8)

R_9: IF KC=wagon THEN DW=careful (λ_9, CF_9)

R_{10}: IF AD=young-middle AND KC=sport-car THEN DW=dangerous (λ_{10}, CF_{10})

R_{11}: IF AD=young AND KC=urban-car THEN DW=normal (λ_{11}, CF_{11})

R_{12}: IF AD=middle AND KC=urban-car THEN DW=careful (λ_{12}, CF_{12})

R_{13}: IF AD=middle-old AND KC=luxury-car THEN DW=careful (λ_{13}, CF_{13})

R_{14}: IF AD=young AND KC=luxury-car THEN DW=normal (λ_{14}, CF_{14})

R_{15}: IF KC=urban-car AND PE=low-medium THEN PNC=cheap-middle (λ_{15}, CF_{15})

R_{16}: IF KC=urban-car AND PE=high THEN PNC=expensive (λ_{16}, CF_{16})

R_{17}: IF KC=sport-car AND PE=high THEN PNC=expensive (λ_{17}, CF_{17})

R_{18}: IF KC = sport-car AND PE = low-middle THEN PNC = middle-expensive (λ_{18}, CF_{18})

R_{19}: IF KC=luxury-car THEN PNC=expensive (λ_{19}, CF_{19})

R_{20}: IF KC=wagon THEN PNC=middle-expensive (λ_{20}, CF_{20})

R_{21}: IF DUC=a-lot AND MC=good THEN SC=bad-middle (λ_{21}, CF_{21})

R_{22}: IF DUC=low-middle AND MC=good THEN SC=good (λ_{22}, CF_{22})

R_{23}: IF DUC=middle-a-lot AND MC=middle THEN SC=bad-middle (λ_{23}, CF_{23})

R_{24}: IF DUC=low AND MC=poor THEN SC=middle-good (λ_{24}, CF_{24})

R_{25}：IF DUC＝middle-a-lot AND MC＝poor THEN SC＝bad（λ_{25}，CF_{25}）

R_{26}：IF DUC＝middle-a-lot AND DW＝dangerous THEN SC＝bad（λ_{26}，CF_{26}）

R_{27}：IF DUC＝middle AND DW＝normal-careful THEN SC＝middle（λ_{27}，CF_{27}）

R_{28}：IF DUC＝low AND DW＝normal-careful THEN SC＝good（λ_{28}，CF_{28}）

R_{29}：IF SC＝good AND PNC＝expensive THEN PSHC＝middle-expensive（λ_{29}，CF_{29}）

R_{30}：IF SC＝good AND PNC＝middle THEN PSHC＝cheap-middle（λ_{30}，CF_{30}）

R_{31}：IF SC＝good AND PNC＝cheap THEN PSHC＝cheap（λ_{31}，CF_{31}）

R_{32}：IF SC＝bad THEN PSHC＝cheap（λ_{32}，CF_{32}）

R_{33}：IF SC＝middle-good AND PNC＝middle-expensive THEN PSHC＝middle（λ_{33}，CF_{33}）

R_{34}：IF SC＝middle AND PNC＝cheap THEN PSHC＝cheap（λ_{34}，CF_{34}）

规则库 S_1 的 IFPN 模型如图 6.2 所示。

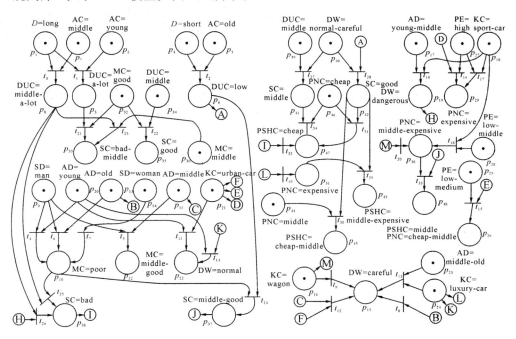

图 6.2　规则库 S_1 的 IFPN 模型

假设卖家在交易过程中只关心"二手车的价格为适中（即 PSHC＝middle）"的可信度，PSHC＝middle 对应的库所为 p_{48}，那么为简化库所 p_{48} 的 Token 值的计算过程，只需运用本章提出的模型简化方法将原推理模型简化为仅与目标库所 p_{48} 相关的子模型，然后运用子模型计算即可。具体简化过程如下：

（1）运用算法 6.1 寻找目标库所的关联库所集和关联变迁集。

已知 $n＝48$，$m＝34$，且

$\boldsymbol{X}_0＝(0,0,0,0,0,0,0,0,0,0,0,0,0,0,0,0,0,$

$0,0,0,0,0,0,0,0,0,0,0,0,0,0,0,0,0,0,0,0,0,0,0,0,0,0,0,0,0,0,1)^\mathrm{T}$

$\boldsymbol{Y}_0＝(0,0,0,0,0,0,0,0,0,0,0,0,0,0,0,0,0,0,0,0,0,0,0,0,0,0,0,0,0,0,0,0,0,0)^\mathrm{T}$

IN 和 **ON** 为零矩阵，且

$$
I=
\begin{bmatrix}
1 & 0 & 1 & 0 & 0 & 0 & 0 & 0 & 0 & 0 & 0 & 0 & 0 & 0 & 0 & 0 & 0 & 0 & 0 & 0 & 0 & 0 & 0 & 0 & 0 & 0 & 0 & 0 & 0 & 0 & 0 & 0 & 0 & 0 & 0 & 0 & 0 & 0 & 0 \\
1 & 0 & 0 & 0 & 0 & 0 & 0 & 0 & 0 & 0 & 0 & 0 & 0 & 0 & 0 & 0 & 0 & 0 & 0 & 0 & 0 & 0 & 0 & 0 & 0 & 0 & 0 & 0 & 0 & 0 & 0 & 0 & 0 & 0 & 0 & 0 & 0 & 0 & 0 \\
0 & 0 & 0 & 0 & 0 & 0 & 0 & 0 & 0 & 0 & 0 & 0 & 0 & 0 & 0 & 0 & 0 & 0 & 0 & 0 & 0 & 0 & 0 & 0 & 0 & 0 & 0 & 0 & 0 & 0 & 0 & 0 & 0 & 0 & 0 & 0 & 0 & 0 & 0 \\
0 & 1 & 0 & 0 & 0 & 0 & 0 & 0 & 0 & 0 & 0 & 0 & 0 & 0 & 0 & 0 & 0 & 0 & 0 & 0 & 0 & 0 & 0 & 0 & 0 & 0 & 0 & 0 & 0 & 0 & 0 & 0 & 0 & 0 & 0 & 0 & 0 & 0 & 0 \\
0 & 1 & 0 & 0 & 0 & 0 & 0 & 0 & 0 & 0 & 0 & 0 & 0 & 0 & 0 & 0 & 0 & 0 & 0 & 0 & 0 & 0 & 0 & 0 & 0 & 0 & 0 & 0 & 0 & 0 & 0 & 0 & 0 & 0 & 0 & 0 & 0 & 0 & 0 \\
0 & 0 & 0 & 0 & 0 & 0 & 0 & 0 & 0 & 0 & 0 & 0 & 0 & 0 & 0 & 0 & 0 & 0 & 0 & 0 & 0 & 0 & 0 & 1 & 0 & 0 & 0 & 1 & 0 & 0 & 0 & 0 & 0 & 0 & 0 & 0 & 0 & 0 & 0 \\
0 & 0 & 1 & 0 & 0 & 0 & 0 & 0 & 0 & 0 & 0 & 0 & 0 & 0 & 0 & 0 & 0 & 0 & 0 & 0 & 0 & 0 & 0 & 0 & 0 & 0 & 0 & 0 & 0 & 0 & 0 & 0 & 0 & 0 & 0 & 0 & 0 & 0 & 0 \\
0 & 0 & 0 & 0 & 0 & 0 & 0 & 0 & 0 & 0 & 0 & 0 & 0 & 0 & 0 & 0 & 0 & 0 & 0 & 0 & 0 & 0 & 1 & 0 & 1 & 1 & 0 & 0 & 0 & 0 & 0 & 0 & 0 & 0 & 0 & 0 & 0 & 0 & 0 \\
0 & 0 & 0 & 1 & 1 & 1 & 0 & 0 & 0 & 0 & 0 & 0 & 0 & 0 & 0 & 0 & 0 & 0 & 0 & 0 & 0 & 0 & 0 & 0 & 0 & 0 & 0 & 0 & 0 & 0 & 0 & 0 & 0 & 0 & 0 & 0 & 0 & 0 & 0 \\
0 & 0 & 0 & 0 & 0 & 0 & 0 & 0 & 0 & 0 & 0 & 0 & 0 & 0 & 0 & 0 & 0 & 0 & 0 & 0 & 0 & 0 & 1 & 0 & 0 & 0 & 0 & 0 & 0 & 0 & 0 & 0 & 0 & 0 & 0 & 0 & 0 & 0 & 0 \\
0 & 0 & 0 & 0 & 1 & 0 & 0 & 0 & 0 & 1 & 0 & 0 & 0 & 0 & 0 & 0 & 0 & 0 & 0 & 0 & 0 & 0 & 0 & 0 & 0 & 0 & 0 & 0 & 0 & 0 & 0 & 0 & 0 & 0 & 0 & 0 & 0 & 0 & 0 \\
0 & 0 & 0 & 0 & 0 & 1 & 0 & 1 & 0 & 0 & 0 & 0 & 0 & 0 & 0 & 0 & 0 & 0 & 0 & 0 & 0 & 0 & 0 & 0 & 0 & 0 & 0 & 0 & 0 & 0 & 0 & 0 & 0 & 0 & 0 & 0 & 0 & 0 & 0 \\
0 & 0 & 0 & 0 & 0 & 0 & 1 & 0 & 0 & 0 & 0 & 0 & 0 & 0 & 0 & 0 & 0 & 0 & 0 & 0 & 0 & 0 & 0 & 0 & 0 & 0 & 0 & 0 & 0 & 0 & 0 & 0 & 0 & 0 & 0 & 0 & 0 & 0 & 0 \\
0 & 0 & 0 & 0 & 0 & 0 & 0 & 0 & 0 & 0 & 0 & 0 & 0 & 0 & 0 & 0 & 0 & 0 & 0 & 0 & 0 & 0 & 0 & 0 & 0 & 0 & 0 & 0 & 0 & 0 & 0 & 0 & 0 & 0 & 0 & 0 & 0 & 0 & 0 \\
0 & 0 & 0 & 0 & 0 & 0 & 0 & 0 & 1 & 0 & 0 & 0 & 0 & 0 & 0 & 0 & 0 & 0 & 0 & 0 & 0 & 0 & 0 & 0 & 0 & 0 & 0 & 0 & 0 & 0 & 0 & 0 & 0 & 0 & 0 & 0 & 0 & 0 & 0 \\
0 & 0 & 0 & 0 & 0 & 0 & 0 & 0 & 0 & 1 & 0 & 0 & 0 & 0 & 0 & 0 & 0 & 0 & 0 & 0 & 0 & 0 & 0 & 0 & 0 & 0 & 0 & 0 & 0 & 0 & 0 & 0 & 0 & 0 & 0 & 0 & 0 & 0 & 0 \\
0 & 0 & 0 & 0 & 0 & 0 & 0 & 0 & 0 & 1 & 0 & 0 & 0 & 0 & 0 & 1 & 1 & 0 & 0 & 0 & 0 & 0 & 0 & 0 & 0 & 0 & 0 & 0 & 0 & 0 & 0 & 0 & 0 & 0 & 0 & 0 & 0 & 0 & 0 \\
0 & 0 & 0 & 0 & 0 & 0 & 0 & 0 & 0 & 0 & 0 & 0 & 0 & 0 & 0 & 0 & 0 & 0 & 0 & 0 & 0 & 0 & 1 & 0 & 0 & 0 & 0 & 0 & 0 & 0 & 0 & 0 & 0 & 0 & 0 & 0 & 0 & 0 & 0 \\
0 & 0 & 1 & 0 & 0 & 0 & 0 & 0 & 1 & 0 & 0 & 1 & 0 & 0 & 0 & 0 & 0 & 0 & 0 & 0 & 0 & 0 & 0 & 0 & 0 & 0 & 0 & 0 & 0 & 0 & 0 & 0 & 0 & 0 & 0 & 0 & 0 & 0 & 0 \\
0 & 0 & 0 & 0 & 0 & 0 & 0 & 0 & 0 & 1 & 1 & 0 & 0 & 1 & 1 & 0 & 0 & 0 & 0 & 0 & 0 & 0 & 0 & 0 & 0 & 0 & 0 & 0 & 0 & 0 & 0 & 0 & 0 & 0 & 0 & 0 & 0 & 0 & 0 \\
0 & 0 & 0 & 0 & 0 & 0 & 0 & 0 & 0 & 0 & 0 & 0 & 0 & 0 & 0 & 0 & 0 & 0 & 0 & 0 & 0 & 0 & 0 & 0 & 0 & 0 & 0 & 0 & 0 & 0 & 0 & 0 & 0 & 0 & 0 & 0 & 0 & 0 & 0 \\
0 & 0 & 0 & 0 & 0 & 0 & 0 & 0 & 0 & 0 & 1 & 0 & 0 & 0 & 0 & 0 & 0 & 0 & 0 & 0 & 0 & 0 & 0 & 0 & 0 & 0 & 0 & 0 & 0 & 0 & 0 & 0 & 0 & 0 & 0 & 0 & 0 & 0 & 0 \\
0 & 0 & 0 & 0 & 0 & 0 & 0 & 0 & 0 & 0 & 0 & 1 & 1 & 0 & 0 & 0 & 0 & 1 & 0 & 0 & 0 & 0 & 0 & 0 & 0 & 0 & 0 & 0 & 0 & 0 & 0 & 0 & 0 & 0 & 0 & 0 & 0 & 0 & 0 \\
0 & 0 & 0 & 0 & 0 & 0 & 0 & 0 & 0 & 0 & 0 & 0 & 1 & 0 & 0 & 0 & 0 & 0 & 0 & 0 & 0 & 0 & 0 & 0 & 0 & 0 & 0 & 0 & 0 & 0 & 0 & 0 & 0 & 0 & 0 & 0 & 0 & 0 & 0 \\
0 & 0 & 0 & 0 & 0 & 0 & 0 & 0 & 0 & 0 & 0 & 0 & 0 & 1 & 1 & 0 & 0 & 0 & 0 & 0 & 0 & 0 & 0 & 0 & 0 & 0 & 0 & 0 & 0 & 0 & 0 & 0 & 0 & 0 & 0 & 0 & 0 & 0 & 0 \\
0 & 0 & 0 & 0 & 0 & 0 & 0 & 0 & 0 & 0 & 0 & 0 & 0 & 0 & 1 & 0 & 0 & 0 & 0 & 0 & 0 & 0 & 0 & 0 & 0 & 0 & 0 & 0 & 0 & 0 & 0 & 0 & 0 & 0 & 0 & 0 & 0 & 0 & 0 \\
0 & 0 & 0 & 0 & 0 & 0 & 0 & 0 & 0 & 0 & 0 & 0 & 0 & 0 & 0 & 0 & 0 & 0 & 0 & 0 & 0 & 0 & 0 & 0 & 0 & 0 & 0 & 0 & 0 & 0 & 0 & 0 & 0 & 0 & 0 & 0 & 1 & 0 & 0 \\
0 & 0 & 0 & 0 & 0 & 0 & 0 & 0 & 0 & 0 & 0 & 0 & 0 & 0 & 0 & 0 & 0 & 0 & 0 & 0 & 0 & 0 & 0 & 0 & 0 & 0 & 0 & 0 & 0 & 0 & 0 & 0 & 0 & 1 & 0 & 0 & 0 & 0 & 0 \\
0 & 0 & 0 & 0 & 0 & 0 & 0 & 0 & 0 & 0 & 0 & 0 & 0 & 0 & 0 & 0 & 0 & 0 & 0 & 1 & 1 & 0 & 0 & 0 & 0 & 0 & 0 & 0 & 0 & 0 & 0 & 0 & 0 & 0 & 0 & 0 & 0 & 0 & 0 \\
0 & 0 & 0 & 0 & 0 & 0 & 0 & 0 & 0 & 0 & 0 & 0 & 0 & 0 & 0 & 0 & 0 & 0 & 0 & 0 & 1 & 0 & 0 & 0 & 0 & 0 & 0 & 0 & 0 & 0 & 0 & 0 & 0 & 0 & 0 & 0 & 0 & 0 & 0 \\
0 & 0 & 0 & 0 & 0 & 0 & 0 & 0 & 0 & 0 & 0 & 0 & 0 & 0 & 0 & 0 & 0 & 0 & 0 & 0 & 0 & 0 & 0 & 0 & 0 & 0 & 0 & 0 & 0 & 0 & 0 & 0 & 0 & 0 & 0 & 0 & 0 & 0 & 0 \\
0 & 0 & 0 & 0 & 0 & 0 & 0 & 0 & 0 & 0 & 0 & 0 & 0 & 0 & 0 & 0 & 0 & 0 & 0 & 0 & 0 & 0 & 1 & 0 & 0 & 0 & 0 & 0 & 0 & 0 & 0 & 0 & 0 & 0 & 0 & 0 & 0 & 0 & 0 \\
0 & 0 & 0 & 0 & 0 & 0 & 0 & 0 & 0 & 0 & 0 & 0 & 0 & 0 & 0 & 0 & 0 & 0 & 0 & 0 & 0 & 0 & 0 & 0 & 0 & 0 & 0 & 0 & 0 & 0 & 0 & 0 & 0 & 1 & 0 & 0 & 0 & 0 & 0 \\
0 & 0 & 0 & 0 & 0 & 0 & 0 & 0 & 0 & 0 & 0 & 0 & 0 & 0 & 0 & 0 & 0 & 0 & 0 & 0 & 0 & 0 & 0 & 0 & 0 & 0 & 0 & 0 & 0 & 0 & 0 & 0 & 0 & 0 & 0 & 0 & 1 & 0 & 0 \\
0 & 0 & 0 & 0 & 0 & 0 & 0 & 0 & 0 & 0 & 0 & 0 & 0 & 0 & 0 & 0 & 0 & 0 & 0 & 0 & 0 & 0 & 0 & 0 & 0 & 0 & 0 & 0 & 0 & 0 & 0 & 0 & 1 & 0 & 0 & 0 & 0 & 0 & 0 \\
0 & 0 & 0 & 0 & 0 & 0 & 0 & 0 & 0 & 0 & 0 & 0 & 0 & 0 & 0 & 0 & 0 & 0 & 0 & 0 & 0 & 0 & 0 & 0 & 0 & 0 & 0 & 0 & 0 & 1 & 0 & 0 & 0 & 0 & 0 & 0 & 0 & 0 & 0 \\
0 & 0 & 0 & 0 & 0 & 0 & 0 & 0 & 0 & 0 & 0 & 0 & 0 & 0 & 0 & 0 & 0 & 0 & 0 & 0 & 0 & 0 & 0 & 0 & 0 & 0 & 0 & 0 & 0 & 1 & 1 & 0 & 0 & 0 & 0 & 0 & 0 & 0 & 0 \\
0 & 0 & 0 & 0 & 0 & 0 & 0 & 0 & 0 & 0 & 0 & 0 & 0 & 0 & 0 & 0 & 0 & 0 & 0 & 0 & 0 & 0 & 0 & 0 & 0 & 0 & 0 & 0 & 0 & 0 & 0 & 1 & 0 & 0 & 0 & 0 & 0 & 0 & 1 \\
0 & 0 & 0 & 0 & 0 & 0 & 0 & 0 & 0 & 0 & 0 & 0 & 0 & 0 & 0 & 0 & 0 & 0 & 0 & 0 & 0 & 0 & 0 & 0 & 0 & 0 & 0 & 0 & 0 & 0 & 1 & 1 & 1 & 0 & 0 & 0 & 0 & 0 & 0 \\
0 & 0 & 0 & 0 & 0 & 0 & 0 & 0 & 0 & 0 & 0 & 0 & 0 & 0 & 0 & 0 & 0 & 0 & 0 & 0 & 0 & 0 & 0 & 0 & 0 & 0 & 0 & 0 & 0 & 0 & 0 & 0 & 1 & 0 & 0 & 0 & 0 & 0 & 0 \\
0 & 0 & 0 & 0 & 0 & 0 & 0 & 0 & 0 & 0 & 0 & 0 & 0 & 0 & 0 & 0 & 0 & 0 & 0 & 0 & 0 & 0 & 0 & 0 & 0 & 0 & 0 & 0 & 0 & 0 & 0 & 1 & 0 & 0 & 0 & 0 & 0 & 0 & 1 \\
0 & 0 & 0 & 0 & 0 & 0 & 0 & 0 & 0 & 0 & 0 & 0 & 0 & 0 & 0 & 0 & 0 & 0 & 0 & 0 & 0 & 0 & 0 & 0 & 0 & 0 & 0 & 0 & 0 & 0 & 0 & 0 & 0 & 0 & 0 & 0 & 0 & 0 & 0 \\
\end{bmatrix}
$$

$$
O =
\begin{bmatrix}
0 & 0 & 0 & 0 & 0 & 0 & 0 & 0 & 0 & 0 & 0 & 0 & 0 & 0 & 0 & 0 & 0 & 0 & 0 & 0 & 0 & 0 & 0 & 0 & 0 & 0 & 0 & 0 & 0 & 0 & 0 & 0 & 0 & 0 & 0 & 0 & 0 & 0 \\
0 & 0 & 0 & 0 & 0 & 0 & 0 & 0 & 0 & 0 & 0 & 0 & 0 & 0 & 0 & 0 & 0 & 0 & 0 & 0 & 0 & 0 & 0 & 0 & 0 & 0 & 0 & 0 & 0 & 0 & 0 & 0 & 0 & 0 & 0 & 0 & 0 & 0 \\
1 & 0 & 0 & 0 & 0 & 0 & 0 & 0 & 0 & 0 & 0 & 0 & 0 & 0 & 0 & 0 & 0 & 0 & 0 & 0 & 1 & 0 & 0 & 0 & 0 & 0 & 0 & 0 & 0 & 0 & 0 & 0 & 0 & 0 & 0 & 0 & 0 & 0 \\
0 & 0 & 0 & 0 & 0 & 0 & 0 & 0 & 0 & 0 & 0 & 0 & 0 & 0 & 0 & 0 & 0 & 0 & 0 & 0 & 0 & 0 & 0 & 0 & 0 & 0 & 0 & 0 & 0 & 0 & 0 & 0 & 0 & 0 & 0 & 0 & 0 & 0 \\
0 & 0 & 0 & 0 & 0 & 0 & 0 & 0 & 0 & 0 & 0 & 0 & 0 & 0 & 0 & 0 & 0 & 0 & 0 & 0 & 0 & 0 & 0 & 0 & 0 & 0 & 0 & 0 & 0 & 0 & 0 & 0 & 0 & 0 & 0 & 0 & 0 & 0 \\
0 & 1 & 0 & 0 & 0 & 0 & 0 & 0 & 0 & 0 & 0 & 0 & 0 & 0 & 0 & 0 & 0 & 0 & 0 & 0 & 0 & 0 & 0 & 0 & 0 & 0 & 0 & 0 & 0 & 0 & 0 & 0 & 0 & 0 & 0 & 0 & 0 & 0 \\
0 & 0 & 0 & 0 & 0 & 0 & 0 & 0 & 0 & 0 & 0 & 0 & 0 & 0 & 0 & 0 & 0 & 0 & 0 & 0 & 0 & 0 & 0 & 0 & 0 & 0 & 0 & 0 & 0 & 0 & 0 & 0 & 0 & 0 & 0 & 0 & 0 & 0 \\
0 & 0 & 1 & 0 & 0 & 0 & 0 & 0 & 0 & 0 & 0 & 0 & 0 & 0 & 0 & 0 & 0 & 0 & 0 & 0 & 0 & 0 & 0 & 0 & 0 & 0 & 0 & 0 & 0 & 0 & 0 & 0 & 0 & 0 & 0 & 0 & 0 & 0 \\
0 & 0 & 0 & 0 & 0 & 0 & 0 & 0 & 0 & 0 & 0 & 0 & 0 & 0 & 0 & 0 & 0 & 0 & 0 & 0 & 0 & 0 & 0 & 0 & 0 & 0 & 0 & 0 & 0 & 0 & 0 & 0 & 0 & 0 & 0 & 0 & 0 & 0 \\
0 & 0 & 0 & 1 & 0 & 1 & 1 & 0 & 0 & 0 & 0 & 0 & 0 & 0 & 0 & 0 & 0 & 0 & 0 & 0 & 0 & 0 & 0 & 0 & 0 & 0 & 0 & 0 & 0 & 0 & 0 & 0 & 0 & 0 & 0 & 0 & 0 & 0 \\
0 & 0 & 0 & 0 & 0 & 0 & 0 & 0 & 0 & 0 & 0 & 0 & 0 & 0 & 0 & 0 & 0 & 0 & 0 & 0 & 0 & 0 & 0 & 0 & 0 & 0 & 0 & 0 & 0 & 0 & 0 & 0 & 0 & 0 & 0 & 0 & 0 & 0 \\
0 & 0 & 0 & 0 & 1 & 0 & 0 & 0 & 0 & 0 & 0 & 0 & 0 & 0 & 0 & 0 & 0 & 0 & 0 & 0 & 0 & 0 & 0 & 0 & 0 & 0 & 0 & 0 & 0 & 0 & 0 & 0 & 0 & 0 & 0 & 0 & 0 & 0 \\
0 & 0 & 0 & 0 & 0 & 0 & 0 & 0 & 0 & 0 & 0 & 0 & 0 & 0 & 0 & 0 & 0 & 0 & 0 & 0 & 0 & 0 & 0 & 0 & 0 & 0 & 0 & 0 & 0 & 0 & 0 & 0 & 0 & 0 & 0 & 0 & 0 & 0 \\
0 & 0 & 0 & 0 & 0 & 0 & 0 & 1 & 1 & 0 & 0 & 1 & 1 & 0 & 0 & 0 & 0 & 0 & 0 & 0 & 0 & 0 & 0 & 0 & 0 & 0 & 0 & 0 & 0 & 0 & 0 & 0 & 0 & 0 & 0 & 0 & 0 & 0 \\
0 & 0 & 0 & 0 & 0 & 0 & 0 & 0 & 0 & 0 & 0 & 0 & 0 & 0 & 0 & 0 & 0 & 0 & 0 & 0 & 0 & 0 & 0 & 0 & 0 & 0 & 0 & 0 & 0 & 0 & 0 & 0 & 0 & 0 & 0 & 0 & 0 & 0 \\
0 & 0 & 0 & 0 & 0 & 0 & 0 & 0 & 0 & 0 & 0 & 0 & 0 & 0 & 0 & 0 & 0 & 0 & 0 & 0 & 0 & 0 & 0 & 0 & 0 & 0 & 0 & 0 & 0 & 0 & 0 & 0 & 0 & 0 & 0 & 0 & 0 & 0 \\
0 & 0 & 0 & 0 & 0 & 0 & 0 & 0 & 1 & 0 & 0 & 0 & 0 & 0 & 0 & 0 & 0 & 0 & 0 & 0 & 0 & 0 & 0 & 0 & 0 & 0 & 0 & 0 & 0 & 0 & 0 & 0 & 0 & 0 & 0 & 0 & 0 & 0 \\
0 & 0 & 0 & 1 & 0 & 0 & 0 & 0 & 0 & 0 & 0 & 0 & 0 & 0 & 0 & 0 & 0 & 0 & 0 & 0 & 0 & 0 & 0 & 0 & 0 & 0 & 0 & 0 & 0 & 0 & 0 & 0 & 0 & 0 & 0 & 0 & 0 & 0 \\
0 & 0 & 0 & 0 & 0 & 0 & 0 & 0 & 0 & 1 & 0 & 0 & 1 & 0 & 0 & 0 & 0 & 0 & 0 & 0 & 0 & 0 & 0 & 0 & 0 & 0 & 0 & 0 & 0 & 0 & 0 & 0 & 0 & 0 & 0 & 0 & 0 & 0 \\
0 & 0 & 0 & 0 & 0 & 0 & 0 & 0 & 0 & 0 & 0 & 0 & 0 & 0 & 0 & 0 & 0 & 0 & 0 & 0 & 0 & 0 & 0 & 0 & 0 & 0 & 0 & 0 & 0 & 0 & 0 & 0 & 0 & 0 & 0 & 0 & 0 & 0 \\
0 & 0 & 0 & 0 & 0 & 0 & 0 & 0 & 0 & 0 & 0 & 0 & 0 & 0 & 0 & 0 & 0 & 0 & 0 & 0 & 0 & 0 & 0 & 0 & 0 & 0 & 0 & 0 & 0 & 0 & 0 & 0 & 0 & 0 & 0 & 0 & 0 & 0 \\
0 & 0 & 0 & 0 & 0 & 0 & 0 & 0 & 0 & 0 & 0 & 0 & 0 & 0 & 0 & 0 & 1 & 0 & 0 & 0 & 0 & 0 & 0 & 0 & 0 & 0 & 0 & 0 & 0 & 0 & 0 & 0 & 0 & 0 & 0 & 0 & 0 & 0 \\
0 & 0 & 0 & 0 & 0 & 0 & 0 & 0 & 0 & 0 & 0 & 0 & 0 & 0 & 0 & 0 & 0 & 0 & 0 & 0 & 0 & 0 & 0 & 0 & 0 & 0 & 0 & 0 & 0 & 0 & 0 & 0 & 0 & 0 & 0 & 0 & 0 & 0 \\
0 & 0 & 0 & 0 & 0 & 0 & 0 & 0 & 0 & 0 & 0 & 0 & 0 & 0 & 0 & 0 & 1 & 1 & 0 & 0 & 0 & 0 & 0 & 0 & 0 & 0 & 0 & 0 & 0 & 0 & 0 & 0 & 0 & 0 & 0 & 0 & 0 & 0 \\
0 & 0 & 0 & 0 & 0 & 0 & 0 & 0 & 0 & 0 & 0 & 0 & 0 & 0 & 0 & 0 & 0 & 1 & 0 & 1 & 0 & 0 & 0 & 0 & 0 & 0 & 0 & 0 & 0 & 0 & 0 & 0 & 0 & 0 & 0 & 0 & 0 & 0 \\
0 & 0 & 0 & 0 & 0 & 0 & 0 & 0 & 0 & 0 & 0 & 0 & 0 & 0 & 0 & 0 & 0 & 1 & 0 & 0 & 0 & 0 & 0 & 0 & 0 & 0 & 0 & 0 & 0 & 0 & 0 & 0 & 0 & 0 & 0 & 0 & 0 & 0 \\
0 & 0 & 0 & 0 & 0 & 0 & 0 & 0 & 0 & 0 & 0 & 0 & 0 & 0 & 0 & 0 & 0 & 0 & 1 & 0 & 1 & 0 & 0 & 0 & 0 & 0 & 0 & 0 & 0 & 0 & 0 & 0 & 0 & 0 & 0 & 0 & 0 & 0 \\
0 & 0 & 0 & 0 & 0 & 0 & 0 & 0 & 0 & 0 & 0 & 0 & 0 & 0 & 0 & 0 & 0 & 0 & 0 & 1 & 0 & 0 & 0 & 0 & 0 & 0 & 0 & 0 & 0 & 0 & 0 & 0 & 0 & 0 & 0 & 0 & 0 & 0 \\
0 & 0 & 0 & 0 & 0 & 0 & 0 & 0 & 0 & 0 & 0 & 0 & 0 & 0 & 0 & 0 & 0 & 0 & 0 & 0 & 0 & 0 & 0 & 0 & 0 & 0 & 0 & 0 & 0 & 0 & 0 & 0 & 0 & 0 & 0 & 0 & 0 & 0 \\
0 & 0 & 0 & 0 & 0 & 0 & 0 & 0 & 0 & 0 & 0 & 0 & 0 & 0 & 0 & 0 & 0 & 0 & 0 & 0 & 1 & 0 & 0 & 0 & 0 & 0 & 0 & 0 & 0 & 0 & 0 & 0 & 0 & 0 & 0 & 0 & 0 & 0 \\
0 & 0 & 0 & 0 & 0 & 0 & 0 & 0 & 0 & 0 & 0 & 0 & 0 & 0 & 0 & 0 & 0 & 0 & 0 & 0 & 1 & 1 & 0 & 1 & 1 & 0 & 0 & 0 & 0 & 0 & 0 & 0 & 0 & 0 & 0 & 0 & 0 & 0 \\
0 & 0 & 0 & 0 & 0 & 0 & 0 & 0 & 0 & 0 & 0 & 0 & 0 & 0 & 0 & 0 & 0 & 0 & 0 & 0 & 0 & 0 & 1 & 0 & 0 & 0 & 0 & 0 & 0 & 0 & 0 & 0 & 0 & 0 & 0 & 0 & 0 & 0 \\
0 & 0 & 0 & 0 & 0 & 0 & 0 & 0 & 0 & 0 & 0 & 0 & 0 & 0 & 0 & 0 & 0 & 0 & 0 & 0 & 0 & 0 & 1 & 0 & 0 & 0 & 0 & 0 & 0 & 0 & 0 & 0 & 0 & 0 & 0 & 0 & 0 & 0 \\
0 & 0 & 0 & 0 & 0 & 0 & 0 & 0 & 0 & 0 & 0 & 0 & 0 & 0 & 0 & 0 & 0 & 0 & 0 & 0 & 0 & 0 & 1 & 0 & 0 & 0 & 0 & 0 & 0 & 0 & 0 & 0 & 0 & 0 & 0 & 0 & 0 & 0 \\
0 & 0 & 0 & 0 & 0 & 0 & 0 & 0 & 0 & 0 & 0 & 0 & 0 & 0 & 0 & 0 & 0 & 0 & 0 & 0 & 0 & 0 & 0 & 1 & 0 & 1 & 0 & 0 & 0 & 0 & 0 & 0 & 0 & 0 & 0 & 0 & 0 & 0 \\
0 & 0 & 0 & 0 & 0 & 0 & 0 & 0 & 0 & 0 & 0 & 0 & 0 & 0 & 0 & 0 & 0 & 0 & 0 & 0 & 0 & 0 & 0 & 0 & 0 & 0 & 1 & 0 & 1 & 0 & 0 & 0 & 0 & 0 & 0 & 0 & 0 & 0 \\
0 & 0 & 0 & 0 & 0 & 0 & 0 & 0 & 0 & 0 & 0 & 0 & 0 & 0 & 0 & 0 & 0 & 0 & 0 & 0 & 0 & 0 & 0 & 0 & 0 & 0 & 0 & 0 & 0 & 0 & 0 & 0 & 0 & 0 & 0 & 1 & 0 & 1 \\
0 & 0 & 0 & 0 & 0 & 0 & 0 & 0 & 0 & 0 & 0 & 0 & 0 & 0 & 0 & 0 & 0 & 0 & 0 & 0 & 0 & 0 & 0 & 0 & 0 & 0 & 0 & 0 & 0 & 0 & 0 & 0 & 0 & 0 & 0 & 0 & 0 & 1 \\
\end{bmatrix}
$$

具体寻找过程如下：

① 令 $k=1$，计算得

$$\boldsymbol{Y}_1 = (0, 0, 0, 0, 0, 0, 0, 0, 0, 0, 0, 0, 0, 0, 0, 0, 0, 0, 0, 0, 0, 0, 0, 0, 0, 0, 0, 0, 0, 0, 0, 1, 0)^{\mathrm{T}}$$

$$\boldsymbol{X}_1 = (0, 0, 0, 0, 0, 0, 0, 0, 0, 0, 0, 0, 0, 0, 0, 0, 0, 0, 0, 0, 0, 0, 0, 0, 0, 0, 0, 0, 0, 0, 0, 0, 1, 0, 0, 0, 0, 0, 0, 1, 0, 0, 0, 0, 0, 0, 0, 0, 0, 1)^{\mathrm{T}}$$

② 令 $k=2$，计算得

$$\boldsymbol{Y}_2 = (0, 0, 0, 0, 0, 0, 0, 0, 0, 0, 0, 0, 0, 0, 0, 0, 0, 1, 0, 1, 0, 0, 0, 1, 0, 0, 0, 0, 0, 0, 0, 0, 1, 0)^{\mathrm{T}}$$

$$\boldsymbol{X}_2 = (0, 0, 0, 0, 0, 1, 0, 0, 0, 1, 0, 0, 0, 0, 0, 1, 0, 1, 0, 0, 0, 0, 0, 0, 0, 0, 0, 1, 0, 1, 0, 0, 0, 0, 0, 0, 1, 0, 0, 0, 0, 0, 0, 0, 0, 0, 0, 1)^{\mathrm{T}}$$

③ 令 $k=3$，计算得

$$\boldsymbol{Y}_3 = (0, 1, 0, 1, 0, 1, 1, 0, 0, 0, 0, 0, 0, 0, 0, 0, 0, 1, 0, 1, 0, 0, 0, 1, 0, 0, 0, 0, 0, 0, 0, 0, 1, 0)^{\mathrm{T}}$$

$$\boldsymbol{X}_3 = (0, 0, 0, 1, 1, 1, 0, 0, 1, 1, 0, 0, 1, 1, 0, 1, 0, 1, 0, 1, 0, 0, 0, 0, 0, 0, 0, 1, 0, 1, 0, 0, 0, 0, 0, 0, 1, 0, 0, 0, 0, 0, 0, 0, 0, 0, 0, 1)^{\mathrm{T}}$$

④ 令 $k=4$，此时 $\boldsymbol{X}_4 = \boldsymbol{X}_3$，$\boldsymbol{Y}_4 = \boldsymbol{Y}_3$，已经完全获取目标库所的关联库所和关联变迁，其中 p_{48} 的关联库所集为

$$\text{IPS}(p_{48}) = \{p_4, p_5, p_6, p_9, p_{10}, p_{13}, p_{14}, p_{16}, p_{18}, p_{20}, p_{28}, p_{30}, p_{37}\}$$

关联变迁集为

$$\text{ITS}(p_{48}) = \{t_2, t_4, t_6, t_7, t_{18}, t_{20}, t_{24}, t_{33}\}$$

（2）构建子模型并更新子模型的定义。

简化后的推理子模型如图 6.3 所示。

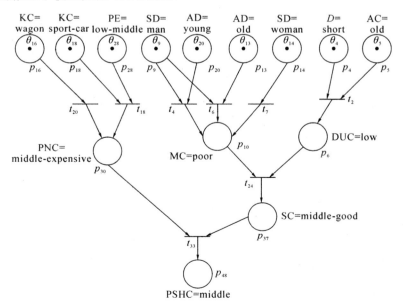

图 6.3　推理子模型

子模型定义为

$$S\text{-}IFPN = (P',\ T',\ F';\ \boldsymbol{I}',\ \mathbf{IN}',\ \boldsymbol{O}',\ \mathbf{ON}',\ \boldsymbol{\theta}',\ \mathbf{Th}',\ \mathbf{CF}')$$

其中

$$P' = \{p_4,\ p_5,\ p_6,\ p_9,\ p_{10},\ p_{13},\ p_{14},\ p_{16},\ p_{18},\ p_{20},\ p_{28},\ p_{30},\ p_{37},\ p_{48}\}$$

$$T' = \{t_2,\ t_4,\ t_6,\ t_7,\ t_{18},\ t_{20},\ t_{24},\ t_{33}\}$$

$\mathbf{IN}'$ 和 $\mathbf{ON}'$ 为零矩阵，

$$\boldsymbol{\theta}' = (\theta_4,\ \theta_5,\ \theta_6,\ \theta_9,\ \theta_{10},\ \theta_{13},\ \theta_{14},\ \theta_{16},\ \theta_{18},\ \theta_{20},\ \theta_{28},\ \theta_{30},\ \theta_{37},\ \theta_{48})^{\mathrm{T}}$$

$$\mathbf{Th}' = (t_2,\ t_4,\ t_6,\ t_7,\ t_{18},\ t_{20},\ t_{24},\ t_{33})^{\mathrm{T}}$$

$$\mathbf{CF}' = \mathrm{diag}(CF_2,\ CF_4,\ CF_6,\ CF_7,\ CF_{18},\ CF_{20},\ CF_{24},\ CF_{33})$$

$$\boldsymbol{I}' = \begin{array}{c} \\ p_4 \\ p_5 \\ p_6 \\ p_9 \\ p_{10} \\ p_{13} \\ p_{14} \\ p_{16} \\ p_{18} \\ p_{20} \\ p_{28} \\ p_{30} \\ p_{37} \\ p_{48} \end{array} \begin{array}{cccccccc} t_2 & t_4 & t_6 & t_7 & t_{18} & t_{20} & t_{24} & t_{33} \\ 1 & 0 & 0 & 0 & 0 & 0 & 0 & 0 \\ 1 & 0 & 0 & 0 & 0 & 0 & 0 & 0 \\ 0 & 0 & 0 & 0 & 0 & 0 & 1 & 0 \\ 0 & 1 & 1 & 0 & 0 & 0 & 0 & 0 \\ 0 & 0 & 0 & 0 & 0 & 0 & 1 & 0 \\ 0 & 0 & 1 & 0 & 0 & 0 & 0 & 0 \\ 0 & 0 & 0 & 1 & 0 & 0 & 0 & 0 \\ 0 & 0 & 0 & 0 & 0 & 1 & 0 & 0 \\ 0 & 0 & 0 & 0 & 1 & 0 & 0 & 0 \\ 0 & 1 & 0 & 0 & 0 & 0 & 0 & 0 \\ 0 & 0 & 0 & 0 & 1 & 0 & 0 & 0 \\ 0 & 0 & 0 & 0 & 0 & 0 & 0 & 1 \\ 0 & 0 & 0 & 0 & 0 & 0 & 0 & 1 \\ 0 & 0 & 0 & 0 & 0 & 0 & 0 & 0 \end{array}$$

$$\boldsymbol{O}' = \begin{array}{c} \\ p_4 \\ p_5 \\ p_6 \\ p_9 \\ p_{10} \\ p_{13} \\ p_{14} \\ p_{16} \\ p_{18} \\ p_{20} \\ p_{28} \\ p_{30} \\ p_{37} \\ p_{48} \end{array} \begin{array}{cccccccc} t_2 & t_4 & t_6 & t_7 & t_{18} & t_{20} & t_{24} & t_{33} \\ 0 & 0 & 0 & 0 & 0 & 0 & 0 & 0 \\ 0 & 0 & 0 & 0 & 0 & 0 & 0 & 0 \\ 1 & 0 & 0 & 0 & 0 & 0 & 0 & 0 \\ 0 & 0 & 0 & 0 & 0 & 0 & 0 & 0 \\ 0 & 1 & 1 & 1 & 0 & 0 & 0 & 0 \\ 0 & 0 & 0 & 0 & 0 & 0 & 0 & 0 \\ 0 & 0 & 0 & 0 & 0 & 0 & 0 & 0 \\ 0 & 0 & 0 & 0 & 0 & 0 & 0 & 0 \\ 0 & 0 & 0 & 0 & 0 & 0 & 0 & 0 \\ 0 & 0 & 0 & 0 & 0 & 0 & 0 & 0 \\ 0 & 0 & 0 & 0 & 0 & 0 & 0 & 0 \\ 0 & 0 & 0 & 0 & 1 & 1 & 0 & 0 \\ 0 & 0 & 0 & 0 & 0 & 0 & 1 & 0 \\ 0 & 0 & 0 & 0 & 0 & 0 & 0 & 1 \end{array}^{\mathrm{T}}$$

对比原模型和子模型，可知子模型的库所数 n' 和变迁数 m' 均小于原模型的库所数 n 和变迁数 m。与原模型相比，简化后的子模型库所和变迁数目都比较少。根据 4.3 节可知，基于 IFPN 的正向推理算法的复杂度只与推理模型中的库所和变迁数目有关，所以与原模型相比，运用简化后的子模型进行推理能有效简化推理过程，提高推理效率。

6.4.2 实例二

本节以文献[20]中的"同步提升过程中间歇上升步序故障诊断"规则库 S_2 为例对上述方法进行验证分析。规则库 S_2 如下：

R_1：IF d_1 AND d_2 AND d_3 THEN $d_4(\lambda_1$，$CF_1)$

R_2：IF $\neg d_4$ THEN $d_5(\lambda_2$，$CF_2)$

R_3：IF d_4 AND d_6 THEN $d_7(\lambda_3$，$CF_3)$

R_4：IF d_4 AND d_8 THEN $d_9(\lambda_4$，$CF_4)$

R_5：IF d_4 AND d_{10} THEN $d_{11}(\lambda_5$，$CF_5)$

R_6：IF d_4 AND d_{12} THEN $d_{13}(\lambda_6$，$CF_6)$

R_7：IF d_9 AND d_{14} THEN $d_{20}(\lambda_7$，$CF_7)$

R_8：IF d_{11} AND d_{16} THEN $d_{20}(\lambda_8$，$CF_8)$

R_9：IF d_{13} AND d_{18} THEN $d_{20}(\lambda_9$，$CF_9)$

R_{10}：IF d_{20} AND $\neg d_{21}$ THEN $d_{22}(\lambda_{10}$，$CF_{10})$

R_{11}：IF d_{20} AND d_{21} THEN $d_{23}(\lambda_{11}$，$CF_{11})$

R_{12}：IF d_9 AND d_{15} AND d_{21} THEN $d_{24}(\lambda_{12}$，$CF_{12})$

R_{13}：IF d_{11} AND d_{17} AND d_{21} THEN $d_{25}(\lambda_{13}$，$CF_{13})$

R_{14}：IF d_{17} AND d_{19} AND d_{21} THEN $d_{25}(\lambda_{14}$，$CF_{14})$

R_{15}：IF d_{26} AND d_{27} THEN $d_{30}(\lambda_{15}$，$CF_{15})$

R_{16}：IF d_{28} AND d_{29} THEN $d_{31}(\lambda_{16}$，$CF_{16})$

R_{17}：IF d_4 AND $\neg d_{30}$ AND $\neg d_{31}$ AND d_{31} THEN $d_{33}(\lambda_{17}$，$CF_{17})$

R_{18}：IF d_4 AND d_{34} AND d_{35} THEN $d_{37}(\lambda_{18}$，$CF_{18})$

R_{19}：IF d_4 AND d_{35} AND d_{36} THEN $d_{42}(\lambda_{19}$，$CF_{19})$

R_{20}：IF d_{33} AND d_{38} AND $\neg d_{39}$ THEN $d_{43}(\lambda_{20}$，$CF_{20})$

R_{21}：IF d_{33} AND d_{38} AND d_{39} THEN $d_{44}(\lambda_{21}$，$CF_{21})$

R_{22}：IF d_{33} AND d_{40} THEN $d_{45}(\lambda_{22}$，$CF_{22})$

R_{23}：IF d_{37} AND d_{41} AND $\neg d_{39}$ THEN $d_{43}(\lambda_{23}$，$CF_{23})$

R_{24}：IF d_{37} AND d_{41} AND d_{39} THEN $d_{44}(\lambda_{24}$，$CF_{24})$

R_{25}：IF d_{37} AND $\neg d_{41}$ THEN $d_{46}(\lambda_{25}$，$CF_{25})$

R_{26}：IF d_{23} THEN $d_{47}(\lambda_{26}$，$CF_{26})$

R_{27}：IF d_{43} THEN $d_{47}(\lambda_{27}$，$CF_{27})$

R_{28}：IF d_{44} THEN $d_{47}(\lambda_{28}$，$CF_{28})$

各个命题的含义如表 6.1 所示。

表 6.1 规则库 S_2 中各个命题的含义

命题	含 义	命题	含 义
d_1	主控制器到监控计算机的 USB 通信正常	d_{25}	第 n 号提升器上锚机械故障或传感器故障
d_2	主控制器的主控单片机运行正常	d_{26}	1~4 号液压缸任一使能
d_3	主控制器通信板 0 状态正常	d_{27}	大泵 1 有反馈信号
d_4	监控系统通信正常	d_{28}	5~8 号液压缸任一使能
d_5	监控系统通信异常	d_{29}	大泵 2 有反馈信号
d_6	测距传感器 k 在 500 ms 内行程变化大于 300 mm	d_{30}	大泵 1 没有启动
d_7	测距传感器 k 跳变	d_{31}	大泵 2 没有启动
d_8	步序 01 超时报警，下锚松信号"全无"没有实现	d_{32}	步序 02 超时报警
d_9	步序 01 故障状态	d_{33}	步序 02 故障状态 2
d_{10}	步序 02 上锚未松报警	d_{34}	超时报警，没有液压缸到达 2L 位置
d_{11}	步序 02 故障状态 1	d_{35}	步序 04
d_{12}	步序 03 超时报警，上锚松信号"全无"没有实现	d_{36}	测距传感器 k 在步序结束后行程小于 240 mm
d_{13}	步序 03 故障状态	d_{37}	步序 04 故障状态
d_{14}	所有下锚松信号在步序执行后没有任何变化	d_{38}	所有不在 L 位置的液压缸在步序执行后到超时报警期间行程信号没有任何变化
d_{15}	第 n 号提升器有下锚紧信号，$n=1$~8	d_{39}	大泵油压正常
d_{16}	所有上锚紧信号在步序执行后到报警出现期间没有任何变化	d_{40}	第 m 号不在 L 位置的液压缸在步序执行到超时报警期间行程信号没有任何变化
d_{17}	第 n 号提升器有上锚紧信号，$n=1$~8	d_{41}	系统只有一套泵站
d_{18}	所有上锚松信号在步序执行后没有任何变化	d_{42}	测距传感器 k 可能打滑
d_{19}	第 n 号提升器有上锚松信号，$n=1$~8	d_{43}	大泵压力不足
d_{20}	小泵故障状态	d_{44}	换向阀故障
d_{21}	小泵有反馈信号	d_{45}	第 m 号液压缸行程传感器故障或机械故障
d_{22}	小泵没有启动	d_{46}	负载过重
d_{23}	小泵压力不足或换向阀故障	d_{47}	元件级故障诊断模块
d_{24}	第 n 号提升器下锚机械故障或传感器故障		

规则库 S_2 的 IFPN 模型如图 6.4 所示。

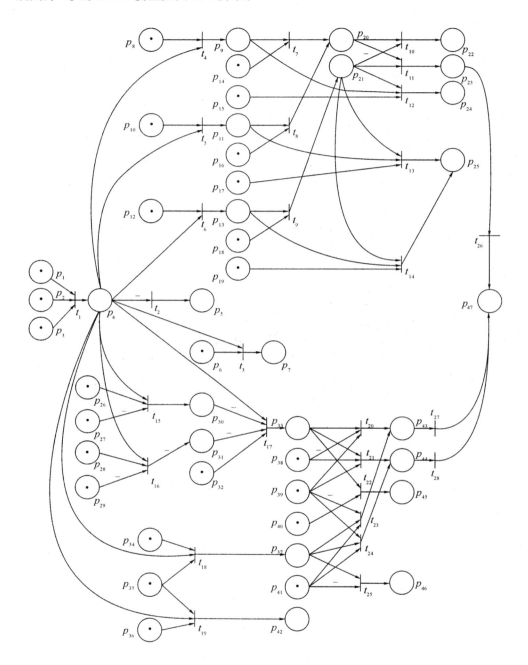

图 6.4　规则库 S_2 的 IFPN 模型

在实际运用中,若用户想要计算"第 n 号提升器上锚机械故障或传感器故障(d_{25})"的可信度,并分析故障产生的原因,则仅需要从知识库中抽取与命题 d_{25} 相关联的规则进行推理即可。为简化推理过程,只需把原规则库转化为 IFPN 模型,然后根据本章提出的方法简化原推理模型并构建子模型,最后运用子模型计算目标库所的 Token 值即可。

具体简化过程如下：

（1）运用算法 6.1 寻找目标库所的关联库所集和关联变迁集。

把命题 d_{25} 对应的库所 p_{25} 设为目标库所。已知 $n=47$，$m=28$，则

$$
\boldsymbol{I}=
\begin{bmatrix}
1 & 0 & 0 & 0 & 0 & 0 & 0 & 0 & 0 & 0 & 0 & 0 & 0 & 0 & 0 & 0 & 0 & 0 & 0 & 0 & 0 & 0 & 0 & 0 & 0 & 0 & 0 & 0 \\
1 & 0 & 0 & 0 & 0 & 0 & 0 & 0 & 0 & 0 & 0 & 0 & 0 & 0 & 0 & 0 & 0 & 0 & 0 & 0 & 0 & 0 & 0 & 0 & 0 & 0 & 0 & 0 \\
1 & 0 & 0 & 0 & 0 & 0 & 0 & 0 & 0 & 0 & 0 & 0 & 0 & 0 & 0 & 0 & 0 & 0 & 0 & 0 & 0 & 0 & 0 & 0 & 0 & 0 & 0 & 0 \\
0 & 0 & 1 & 1 & 1 & 1 & 0 & 0 & 0 & 0 & 0 & 0 & 0 & 0 & 1 & 1 & 1 & 1 & 1 & 0 & 0 & 0 & 0 & 0 & 0 & 0 & 0 & 0 \\
0 & 0 & 0 & 0 & 0 & 0 & 0 & 0 & 0 & 0 & 0 & 0 & 0 & 0 & 0 & 0 & 0 & 0 & 0 & 0 & 0 & 0 & 0 & 0 & 0 & 0 & 0 & 0 \\
0 & 0 & 1 & 0 & 0 & 0 & 0 & 0 & 0 & 0 & 0 & 0 & 0 & 0 & 0 & 0 & 0 & 0 & 0 & 0 & 0 & 0 & 0 & 0 & 0 & 0 & 0 & 0 \\
0 & 0 & 0 & 1 & 0 & 0 & 0 & 0 & 0 & 0 & 0 & 0 & 0 & 0 & 0 & 0 & 0 & 0 & 0 & 0 & 0 & 0 & 0 & 0 & 0 & 0 & 0 & 0 \\
0 & 0 & 0 & 0 & 0 & 0 & 1 & 0 & 0 & 0 & 0 & 1 & 0 & 0 & 0 & 0 & 0 & 0 & 0 & 0 & 0 & 0 & 0 & 0 & 0 & 0 & 0 & 0 \\
0 & 0 & 0 & 0 & 1 & 0 & 0 & 0 & 0 & 0 & 0 & 0 & 0 & 0 & 0 & 0 & 0 & 0 & 0 & 0 & 0 & 0 & 0 & 0 & 0 & 0 & 0 & 0 \\
0 & 0 & 0 & 0 & 0 & 0 & 1 & 0 & 0 & 0 & 0 & 1 & 0 & 0 & 0 & 0 & 0 & 0 & 0 & 0 & 0 & 0 & 0 & 0 & 0 & 0 & 0 & 0 \\
0 & 0 & 0 & 0 & 0 & 1 & 0 & 0 & 0 & 0 & 0 & 0 & 0 & 0 & 0 & 0 & 0 & 0 & 0 & 0 & 0 & 0 & 0 & 0 & 0 & 0 & 0 & 0 \\
0 & 0 & 0 & 0 & 0 & 0 & 1 & 0 & 0 & 0 & 0 & 1 & 0 & 0 & 0 & 0 & 0 & 0 & 0 & 0 & 0 & 0 & 0 & 0 & 0 & 0 & 0 & 0 \\
0 & 0 & 0 & 0 & 0 & 1 & 0 & 0 & 0 & 0 & 0 & 0 & 0 & 0 & 0 & 0 & 0 & 0 & 0 & 0 & 0 & 0 & 0 & 0 & 0 & 0 & 0 & 0 \\
0 & 0 & 0 & 0 & 0 & 0 & 0 & 0 & 0 & 0 & 0 & 1 & 0 & 0 & 0 & 0 & 0 & 0 & 0 & 0 & 0 & 0 & 0 & 0 & 0 & 0 & 0 & 0 \\
0 & 0 & 0 & 0 & 0 & 1 & 0 & 0 & 0 & 0 & 0 & 0 & 0 & 0 & 0 & 0 & 0 & 0 & 0 & 0 & 0 & 0 & 0 & 0 & 0 & 0 & 0 & 0 \\
0 & 0 & 0 & 0 & 0 & 0 & 0 & 0 & 0 & 0 & 0 & 1 & 0 & 0 & 0 & 0 & 0 & 0 & 0 & 0 & 0 & 0 & 0 & 0 & 0 & 0 & 0 & 0 \\
0 & 0 & 0 & 0 & 0 & 0 & 0 & 0 & 1 & 1 & 0 & 0 & 0 & 0 & 0 & 0 & 0 & 0 & 0 & 0 & 0 & 0 & 0 & 0 & 0 & 0 & 0 & 0 \\
0 & 0 & 0 & 0 & 0 & 0 & 0 & 0 & 0 & 1 & 1 & 1 & 1 & 0 & 0 & 0 & 0 & 0 & 0 & 0 & 0 & 0 & 0 & 0 & 0 & 0 & 0 & 0 \\
0 & 0 & 0 & 0 & 0 & 0 & 0 & 0 & 0 & 0 & 0 & 0 & 0 & 0 & 0 & 0 & 0 & 0 & 0 & 0 & 0 & 0 & 0 & 0 & 0 & 0 & 0 & 0 \\
0 & 0 & 0 & 0 & 0 & 0 & 0 & 0 & 0 & 0 & 0 & 0 & 0 & 0 & 0 & 0 & 0 & 0 & 0 & 0 & 0 & 0 & 0 & 0 & 0 & 1 & 0 & 0 \\
0 & 0 & 0 & 0 & 0 & 0 & 0 & 0 & 0 & 0 & 0 & 0 & 0 & 0 & 0 & 0 & 0 & 0 & 0 & 0 & 0 & 0 & 0 & 0 & 0 & 0 & 0 & 0 \\
0 & 0 & 0 & 0 & 0 & 0 & 0 & 0 & 0 & 0 & 0 & 0 & 0 & 0 & 0 & 0 & 0 & 0 & 0 & 0 & 0 & 0 & 0 & 0 & 0 & 0 & 0 & 0 \\
0 & 0 & 0 & 0 & 0 & 0 & 0 & 0 & 0 & 0 & 0 & 0 & 0 & 0 & 0 & 0 & 1 & 0 & 0 & 0 & 0 & 0 & 0 & 0 & 0 & 0 & 0 & 0 \\
0 & 0 & 0 & 0 & 0 & 0 & 0 & 0 & 0 & 0 & 0 & 0 & 0 & 0 & 0 & 0 & 1 & 0 & 0 & 0 & 0 & 0 & 0 & 0 & 0 & 0 & 0 & 0 \\
0 & 0 & 0 & 0 & 0 & 0 & 0 & 0 & 0 & 0 & 0 & 0 & 0 & 0 & 0 & 0 & 0 & 0 & 0 & 0 & 0 & 0 & 0 & 0 & 0 & 0 & 0 & 0 \\
0 & 0 & 0 & 0 & 0 & 0 & 0 & 0 & 0 & 0 & 0 & 0 & 0 & 0 & 0 & 0 & 0 & 0 & 0 & 0 & 0 & 0 & 0 & 0 & 0 & 0 & 0 & 0 \\
0 & 0 & 0 & 0 & 0 & 0 & 0 & 0 & 0 & 0 & 0 & 0 & 0 & 0 & 0 & 0 & 0 & 0 & 0 & 0 & 0 & 0 & 0 & 0 & 0 & 0 & 0 & 0 \\
0 & 0 & 0 & 0 & 0 & 0 & 0 & 0 & 0 & 0 & 0 & 0 & 0 & 0 & 0 & 0 & 0 & 1 & 0 & 0 & 0 & 0 & 0 & 0 & 0 & 0 & 0 & 0 \\
0 & 0 & 0 & 0 & 0 & 0 & 0 & 0 & 0 & 0 & 0 & 0 & 0 & 0 & 0 & 0 & 0 & 0 & 0 & 0 & 0 & 0 & 1 & 1 & 1 & 0 & 0 & 0 \\
0 & 0 & 0 & 0 & 0 & 0 & 0 & 0 & 0 & 0 & 0 & 0 & 0 & 0 & 0 & 0 & 0 & 0 & 0 & 0 & 0 & 1 & 0 & 0 & 0 & 0 & 0 & 0 \\
0 & 0 & 0 & 0 & 0 & 0 & 0 & 0 & 0 & 0 & 0 & 0 & 0 & 0 & 0 & 0 & 0 & 0 & 0 & 0 & 0 & 1 & 1 & 0 & 0 & 0 & 0 & 0 \\
0 & 0 & 0 & 0 & 0 & 0 & 0 & 0 & 0 & 0 & 0 & 0 & 0 & 0 & 0 & 0 & 0 & 0 & 0 & 0 & 0 & 1 & 0 & 0 & 0 & 0 & 0 & 0 \\
0 & 0 & 0 & 0 & 0 & 0 & 0 & 0 & 0 & 0 & 0 & 0 & 0 & 0 & 0 & 0 & 0 & 0 & 0 & 0 & 0 & 0 & 0 & 1 & 1 & 1 & 0 & 0 \\
0 & 0 & 0 & 0 & 0 & 0 & 0 & 0 & 0 & 0 & 0 & 0 & 0 & 0 & 0 & 0 & 0 & 0 & 0 & 0 & 0 & 0 & 1 & 0 & 0 & 0 & 0 & 0 \\
0 & 0 & 0 & 0 & 0 & 0 & 0 & 0 & 0 & 0 & 0 & 0 & 0 & 0 & 0 & 0 & 0 & 0 & 0 & 0 & 0 & 0 & 1 & 1 & 0 & 1 & 0 & 0 \\
0 & 0 & 0 & 0 & 0 & 0 & 0 & 0 & 0 & 0 & 0 & 0 & 0 & 0 & 0 & 0 & 0 & 0 & 0 & 0 & 0 & 0 & 0 & 1 & 0 & 0 & 0 & 0 \\
0 & 0 & 0 & 0 & 0 & 0 & 0 & 0 & 0 & 0 & 0 & 0 & 0 & 0 & 0 & 0 & 0 & 0 & 0 & 0 & 0 & 0 & 0 & 1 & 1 & 0 & 0 & 0 \\
0 & 0 & 0 & 0 & 0 & 0 & 0 & 0 & 0 & 0 & 0 & 0 & 0 & 0 & 0 & 0 & 0 & 0 & 0 & 0 & 0 & 0 & 0 & 0 & 0 & 0 & 0 & 0 \\
0 & 0 & 0 & 0 & 0 & 0 & 0 & 0 & 0 & 0 & 0 & 0 & 0 & 0 & 0 & 0 & 0 & 0 & 0 & 0 & 0 & 0 & 0 & 0 & 0 & 1 & 0 \\
0 & 0 & 0 & 0 & 0 & 0 & 0 & 0 & 0 & 0 & 0 & 0 & 0 & 0 & 0 & 0 & 0 & 0 & 0 & 0 & 0 & 0 & 0 & 0 & 0 & 0 & 1 \\
0 & 0 & 0 & 0 & 0 & 0 & 0 & 0 & 0 & 0 & 0 & 0 & 0 & 0 & 0 & 0 & 0 & 0 & 0 & 0 & 0 & 0 & 0 & 0 & 0 & 0 & 0 & 0 \\
0 & 0 & 0 & 0 & 0 & 0 & 0 & 0 & 0 & 0 & 0 & 0 & 0 & 0 & 0 & 0 & 0 & 0 & 0 & 0 & 0 & 0 & 0 & 0 & 0 & 0 & 0 & 0 \\
\end{bmatrix}
$$

$$\mathbf{IN}=\begin{bmatrix}
0 & 0 & 0 & 0 & 0 & 0 & 0 & 0 & 0 & 0 & 0 & 0 & 0 & 0 & 0 & 0 & 0 & 0 & 0 & 0 & 0 & 0 & 0 & 0 & 0 & 0 & 0 & 0 & 0 & 0 & 0 & 0 \\
0 & 0 & 0 & 0 & 0 & 0 & 0 & 0 & 0 & 0 & 0 & 0 & 0 & 0 & 0 & 0 & 0 & 0 & 0 & 0 & 0 & 0 & 0 & 0 & 0 & 0 & 0 & 0 & 0 & 0 & 0 & 0 \\
0 & 0 & 0 & 0 & 0 & 0 & 0 & 0 & 0 & 0 & 0 & 0 & 0 & 0 & 0 & 0 & 0 & 0 & 0 & 0 & 0 & 0 & 0 & 0 & 0 & 0 & 0 & 0 & 0 & 0 & 0 & 0 \\
0 & 1 & 0 & 0 & 0 & 0 & 0 & 0 & 0 & 0 & 0 & 0 & 0 & 0 & 0 & 0 & 0 & 0 & 0 & 0 & 0 & 0 & 0 & 0 & 0 & 0 & 0 & 0 & 0 & 0 & 0 & 0 \\
0 & 0 & 0 & 0 & 0 & 0 & 0 & 0 & 0 & 0 & 0 & 0 & 0 & 0 & 0 & 0 & 0 & 0 & 0 & 0 & 0 & 0 & 0 & 0 & 0 & 0 & 0 & 0 & 0 & 0 & 0 & 0 \\
0 & 0 & 0 & 0 & 0 & 0 & 0 & 0 & 0 & 0 & 0 & 0 & 0 & 0 & 0 & 0 & 0 & 0 & 0 & 0 & 0 & 0 & 0 & 0 & 0 & 0 & 0 & 0 & 0 & 0 & 0 & 0 \\
0 & 0 & 0 & 0 & 0 & 0 & 0 & 0 & 0 & 0 & 0 & 0 & 0 & 0 & 0 & 0 & 0 & 0 & 0 & 0 & 0 & 0 & 0 & 0 & 0 & 0 & 0 & 0 & 0 & 0 & 0 & 0 \\
0 & 0 & 0 & 0 & 0 & 0 & 0 & 0 & 0 & 0 & 0 & 0 & 0 & 0 & 0 & 0 & 0 & 0 & 0 & 0 & 0 & 0 & 0 & 0 & 0 & 0 & 0 & 0 & 0 & 0 & 0 & 0 \\
0 & 0 & 0 & 0 & 0 & 0 & 0 & 0 & 0 & 0 & 0 & 0 & 0 & 0 & 0 & 0 & 0 & 0 & 0 & 0 & 0 & 0 & 0 & 0 & 0 & 0 & 0 & 0 & 0 & 0 & 0 & 0 \\
0 & 0 & 0 & 0 & 0 & 0 & 0 & 0 & 0 & 0 & 0 & 0 & 0 & 0 & 0 & 0 & 0 & 0 & 0 & 0 & 0 & 0 & 0 & 0 & 0 & 0 & 0 & 0 & 0 & 0 & 0 & 0 \\
0 & 0 & 0 & 0 & 0 & 0 & 0 & 0 & 0 & 0 & 0 & 0 & 0 & 0 & 0 & 0 & 0 & 0 & 0 & 0 & 0 & 0 & 0 & 0 & 0 & 0 & 0 & 0 & 0 & 0 & 0 & 0 \\
0 & 0 & 0 & 0 & 0 & 0 & 0 & 0 & 0 & 0 & 0 & 0 & 0 & 0 & 0 & 0 & 0 & 0 & 0 & 0 & 0 & 0 & 0 & 0 & 0 & 0 & 0 & 0 & 0 & 0 & 0 & 0 \\
0 & 0 & 0 & 0 & 0 & 0 & 0 & 0 & 0 & 0 & 0 & 0 & 0 & 0 & 0 & 0 & 0 & 0 & 0 & 0 & 0 & 0 & 0 & 0 & 0 & 0 & 0 & 0 & 0 & 0 & 0 & 0 \\
0 & 0 & 0 & 0 & 0 & 0 & 0 & 0 & 0 & 0 & 0 & 0 & 0 & 0 & 0 & 0 & 0 & 0 & 0 & 0 & 0 & 0 & 0 & 0 & 0 & 0 & 0 & 0 & 0 & 0 & 0 & 0 \\
0 & 0 & 0 & 0 & 0 & 0 & 0 & 0 & 0 & 0 & 0 & 0 & 0 & 0 & 0 & 0 & 0 & 0 & 0 & 0 & 0 & 0 & 0 & 0 & 0 & 0 & 0 & 0 & 0 & 0 & 0 & 0 \\
0 & 0 & 0 & 0 & 0 & 0 & 0 & 0 & 0 & 0 & 0 & 0 & 0 & 0 & 0 & 0 & 0 & 0 & 0 & 0 & 0 & 0 & 0 & 0 & 0 & 0 & 0 & 0 & 0 & 0 & 0 & 0 \\
0 & 0 & 0 & 0 & 0 & 0 & 0 & 0 & 0 & 0 & 0 & 0 & 0 & 0 & 0 & 0 & 0 & 0 & 0 & 0 & 0 & 0 & 0 & 0 & 0 & 0 & 0 & 0 & 0 & 0 & 0 & 0 \\
0 & 0 & 0 & 0 & 0 & 0 & 0 & 0 & 1 & 0 & 0 & 0 & 0 & 0 & 0 & 0 & 0 & 0 & 0 & 0 & 0 & 0 & 0 & 0 & 0 & 0 & 0 & 0 & 0 & 0 & 0 & 0 \\
0 & 0 & 0 & 0 & 0 & 0 & 0 & 0 & 0 & 0 & 0 & 0 & 0 & 0 & 0 & 0 & 0 & 0 & 0 & 0 & 0 & 0 & 0 & 0 & 0 & 0 & 0 & 0 & 0 & 0 & 0 & 0 \\
0 & 0 & 0 & 0 & 0 & 0 & 0 & 0 & 0 & 0 & 0 & 0 & 0 & 0 & 0 & 0 & 0 & 0 & 0 & 0 & 0 & 0 & 0 & 0 & 0 & 0 & 0 & 0 & 0 & 0 & 0 & 0 \\
0 & 0 & 0 & 0 & 0 & 0 & 0 & 0 & 0 & 0 & 0 & 0 & 0 & 0 & 0 & 0 & 0 & 0 & 0 & 0 & 0 & 0 & 0 & 0 & 0 & 0 & 0 & 0 & 0 & 0 & 0 & 0 \\
0 & 0 & 0 & 0 & 0 & 0 & 0 & 0 & 0 & 0 & 0 & 0 & 0 & 0 & 1 & 0 & 0 & 0 & 0 & 0 & 0 & 0 & 0 & 0 & 0 & 0 & 0 & 0 & 0 & 0 & 0 & 0 \\
0 & 0 & 0 & 0 & 0 & 0 & 0 & 0 & 0 & 0 & 0 & 0 & 0 & 0 & 0 & 0 & 1 & 0 & 0 & 0 & 0 & 0 & 0 & 0 & 0 & 0 & 0 & 0 & 0 & 0 & 0 & 0 \\
0 & 0 & 0 & 0 & 0 & 0 & 0 & 0 & 0 & 0 & 0 & 0 & 0 & 0 & 0 & 0 & 1 & 0 & 0 & 0 & 0 & 0 & 0 & 0 & 0 & 0 & 0 & 0 & 0 & 0 & 0 & 0 \\
0 & 0 & 0 & 0 & 0 & 0 & 0 & 0 & 0 & 0 & 0 & 0 & 0 & 0 & 0 & 0 & 1 & 0 & 0 & 0 & 0 & 0 & 0 & 0 & 0 & 0 & 0 & 0 & 0 & 0 & 0 & 0 \\
0 & 0 & 0 & 0 & 0 & 0 & 0 & 0 & 0 & 0 & 0 & 0 & 0 & 0 & 0 & 0 & 0 & 0 & 0 & 0 & 0 & 0 & 0 & 0 & 0 & 0 & 0 & 0 & 0 & 0 & 0 & 0 \\
0 & 0 & 0 & 0 & 0 & 0 & 0 & 0 & 0 & 0 & 0 & 0 & 0 & 0 & 0 & 0 & 0 & 0 & 0 & 0 & 0 & 0 & 0 & 0 & 0 & 0 & 0 & 0 & 0 & 0 & 0 & 0 \\
0 & 0 & 0 & 0 & 0 & 0 & 0 & 0 & 0 & 0 & 0 & 0 & 0 & 0 & 0 & 0 & 0 & 0 & 0 & 0 & 0 & 0 & 0 & 0 & 0 & 0 & 0 & 0 & 0 & 0 & 0 & 0 \\
0 & 0 & 0 & 0 & 0 & 0 & 0 & 0 & 0 & 0 & 0 & 0 & 0 & 0 & 0 & 0 & 0 & 0 & 0 & 0 & 0 & 0 & 1 & 0 & 0 & 0 & 0 & 0 & 0 & 0 & 0 & 0 \\
0 & 0 & 0 & 0 & 0 & 0 & 0 & 0 & 0 & 0 & 0 & 0 & 0 & 0 & 0 & 0 & 0 & 0 & 0 & 0 & 0 & 0 & 0 & 0 & 1 & 0 & 0 & 0 & 0 & 0 & 0 & 0 \\
0 & 0 & 0 & 0 & 0 & 0 & 0 & 0 & 0 & 0 & 0 & 0 & 0 & 0 & 0 & 0 & 0 & 0 & 0 & 0 & 0 & 0 & 0 & 0 & 0 & 0 & 1 & 0 & 0 & 0 & 0 & 0 \\
0 & 0 & 0 & 0 & 0 & 0 & 0 & 0 & 0 & 0 & 0 & 0 & 0 & 0 & 0 & 0 & 0 & 0 & 0 & 0 & 0 & 0 & 0 & 0 & 0 & 0 & 0 & 0 & 0 & 0 & 0 & 0 \\
0 & 0 & 0 & 0 & 0 & 0 & 0 & 0 & 0 & 0 & 0 & 0 & 0 & 0 & 0 & 0 & 0 & 0 & 0 & 0 & 0 & 0 & 0 & 0 & 0 & 0 & 0 & 0 & 0 & 0 & 0 & 0 \\
0 & 0 & 0 & 0 & 0 & 0 & 0 & 0 & 0 & 0 & 0 & 0 & 0 & 0 & 0 & 0 & 0 & 0 & 0 & 0 & 0 & 0 & 0 & 0 & 0 & 0 & 0 & 0 & 0 & 0 & 0 & 0 \\
0 & 0 & 0 & 0 & 0 & 0 & 0 & 0 & 0 & 0 & 0 & 0 & 0 & 0 & 0 & 0 & 0 & 0 & 0 & 0 & 0 & 0 & 0 & 0 & 0 & 0 & 0 & 0 & 0 & 0 & 0 & 0 \\
\end{bmatrix}$$

$$\boldsymbol{O}=\begin{bmatrix}
0&0&0&0&0&0&0&0&0&0&0&0&0&0&0&0&0&0&0&0&0&0&0&0&0&0&0&0&0&0&0\\
0&0&0&0&0&0&0&0&0&0&0&0&0&0&0&0&0&0&0&0&0&0&0&0&0&0&0&0&0&0&0\\
0&0&0&0&0&0&0&0&0&0&0&0&0&0&0&0&0&0&0&0&0&0&0&0&0&0&0&0&0&0&0\\
1&0&0&0&0&0&0&0&0&0&0&0&0&0&0&0&0&0&0&0&0&0&0&0&0&0&0&0&0&0&0\\
0&1&0&0&0&0&0&0&0&0&0&0&0&0&0&0&0&0&0&0&0&0&0&0&0&0&0&0&0&0&0\\
0&0&1&0&0&0&0&0&0&0&0&0&0&0&0&0&0&0&0&0&0&0&0&0&0&0&0&0&0&0&0\\
0&0&0&0&0&0&0&0&0&0&0&0&0&0&0&0&0&0&0&0&0&0&0&0&0&0&0&0&0&0&0\\
0&0&0&1&0&0&0&0&0&0&0&0&0&0&0&0&0&0&0&0&0&0&0&0&0&0&0&0&0&0&0\\
0&0&0&0&0&0&0&0&0&0&0&0&0&0&0&0&0&0&0&0&0&0&0&0&0&0&0&0&0&0&0\\
0&0&0&0&1&0&0&0&0&0&0&0&0&0&0&0&0&0&0&0&0&0&0&0&0&0&0&0&0&0&0\\
0&0&0&0&0&0&0&0&0&0&0&0&0&0&0&0&0&0&0&0&0&0&0&0&0&0&0&0&0&0&0\\
0&0&0&0&0&1&0&0&0&0&0&0&0&0&0&0&0&0&0&0&0&0&0&0&0&0&0&0&0&0&0\\
0&0&0&0&0&0&0&0&0&0&0&0&0&0&0&0&0&0&0&0&0&0&0&0&0&0&0&0&0&0&0\\
0&0&0&0&0&0&0&0&0&0&0&0&0&0&0&0&0&0&0&0&0&0&0&0&0&0&0&0&0&0&0\\
0&0&0&0&0&0&0&0&0&0&0&0&0&0&0&0&0&0&0&0&0&0&0&0&0&0&0&0&0&0&0\\
0&0&0&0&0&0&0&0&0&0&0&0&0&0&0&0&0&0&0&0&0&0&0&0&0&0&0&0&0&0&0\\
0&0&0&0&0&0&1&1&0&0&0&0&0&0&0&0&0&0&0&0&0&0&0&0&0&0&0&0&0&0&0\\
0&0&0&0&0&0&0&0&1&0&0&0&0&0&0&0&0&0&0&0&0&0&0&0&0&0&0&0&0&0&0\\
0&0&0&0&0&0&0&0&0&1&0&0&0&0&0&0&0&0&0&0&0&0&0&0&0&0&0&0&0&0&0\\
0&0&0&0&0&0&0&0&0&0&1&0&0&0&0&0&0&0&0&0&0&0&0&0&0&0&0&0&0&0&0\\
0&0&0&0&0&0&0&0&0&0&0&1&0&0&0&0&0&0&0&0&0&0&0&0&0&0&0&0&0&0&0\\
0&0&0&0&0&0&0&0&0&0&0&0&1&1&0&0&0&0&0&0&0&0&0&0&0&0&0&0&0&0&0\\
0&0&0&0&0&0&0&0&0&0&0&0&0&0&0&0&0&0&0&0&0&0&0&0&0&0&0&0&0&0&0\\
0&0&0&0&0&0&0&0&0&0&0&0&0&0&0&0&0&0&0&0&0&0&0&0&0&0&0&0&0&0&0\\
0&0&0&0&0&0&0&0&0&0&0&0&0&0&0&0&0&0&0&0&0&0&0&0&0&0&0&0&0&0&0\\
0&0&0&0&0&0&0&0&0&0&0&0&0&0&1&0&0&0&0&0&0&0&0&0&0&0&0&0&0&0&0\\
0&0&0&0&0&0&0&0&0&0&0&0&0&0&0&0&0&0&0&0&0&0&0&0&0&0&0&0&0&0&0\\
0&0&0&0&0&0&0&0&0&0&0&0&0&0&0&0&1&0&0&0&0&0&0&0&0&0&0&0&0&0&0\\
0&0&0&0&0&0&0&0&0&0&0&0&0&0&0&0&0&0&0&0&0&0&0&0&0&0&0&0&0&0&0\\
0&0&0&0&0&0&0&0&0&0&0&0&0&0&0&0&0&0&1&0&0&0&0&0&0&0&0&0&0&0&0\\
0&0&0&0&0&0&0&0&0&0&0&0&0&0&0&0&0&0&0&0&0&0&0&0&0&0&0&0&0&0&0\\
0&0&0&0&0&0&0&0&0&0&0&0&0&0&0&0&0&0&0&0&0&0&0&0&0&0&0&0&0&0&0\\
0&0&0&0&0&0&0&0&0&0&0&0&0&0&0&0&0&0&0&0&0&0&0&0&0&0&0&0&0&0&0\\
0&0&0&0&0&0&0&0&0&0&0&0&0&0&0&0&0&0&0&0&0&0&1&0&0&0&0&0&0&0&0\\
0&0&0&0&0&0&0&0&0&0&0&0&0&0&0&0&0&0&0&0&0&0&0&1&0&0&1&0&0&0&0\\
0&0&0&0&0&0&0&0&0&0&0&0&0&0&0&0&0&0&0&0&0&0&0&0&1&0&0&1&0&0&0\\
0&0&0&0&0&0&0&0&0&0&0&0&0&0&0&0&0&0&0&0&0&0&0&0&0&1&0&0&0&0&0\\
0&0&0&0&0&0&0&0&0&0&0&0&0&0&0&0&0&0&0&0&0&0&0&0&0&0&0&0&1&0&0\\
0&0&0&0&0&0&0&0&0&0&0&0&0&0&0&0&0&0&0&0&0&0&0&0&0&0&0&0&1&1&1
\end{bmatrix}^{\mathrm{T}}$$

$$\mathbf{ON} = \begin{bmatrix}
0 & 0 & 0 & 0 & 0 & 0 & 0 & 0 & 0 & 0 & 0 & 0 & 0 & 0 & 0 & 0 & 0 & 0 & 0 & 0 & 0 & 0 & 0 & 0 & 0 & 0 & 0 & 0 & 0 & 0 & 0 & 0 & 0 & 0 \\
0 & 0 & 0 & 0 & 0 & 0 & 0 & 0 & 0 & 0 & 0 & 0 & 0 & 0 & 0 & 0 & 0 & 0 & 0 & 0 & 0 & 0 & 0 & 0 & 0 & 0 & 0 & 0 & 0 & 0 & 0 & 0 & 0 & 0 \\
\vdots & & & & & & & & & & & & & & & & & & & & & & & & & & & & & & & & & \vdots \\
0 & 0 & 0 & 0 & 0 & 0 & 0 & 0 & 0 & 0 & 0 & 0 & 0 & 0 & 0 & 0 & 1 & 0 & 0 & 0 & 0 & 0 & 0 & 0 & 0 & 0 & 0 & 0 & 0 & 0 & 0 & 0 & 0 & 0 \\
\vdots & & & & & & & & & & & & & & & & & & & & & & & & & & & & & & & & & \vdots \\
0 & 0 & 0 & 0 & 0 & 0 & 0 & 0 & 0 & 0 & 0 & 0 & 0 & 0 & 0 & 0 & 0 & 0 & 0 & 0 & 0 & 0 & 0 & 0 & 0 & 0 & 0 & 0 & 0 & 0 & 0 & 0 & 0 & 0 \\
\end{bmatrix}^{\mathrm{T}}$$

$$\boldsymbol{X}_0 = (0, 0, 0, 0, 0, 0, 0, 0, 0, 0, 0, 0, 0, 0, 0, 0, 0, 0, 0, 0, 0, 0, 0,$$
$$0, 0, 1, 0, 0, 0, 0, 0, 0, 0, 0, 0, 0, 0, 0, 0, 0, 0, 0, 0, 0, 0, 0, 0, 0)^{\mathrm{T}}$$

$$\boldsymbol{Y}_0 = (0, 0, 0, 0, 0, 0, 0, 0, 0, 0, 0, 0, 0, 0, 0, 0, 0, 0, 0, 0, 0, 0, 0, 0, 0, 0, 0, 0, 0, 0)^{\mathrm{T}}$$

具体过程如下：

① 令 $k=1$，计算得

$$\boldsymbol{Y}_1 = (0, 0, 0, 0, 0, 0, 0, 0, 0, 0, 0, 0, 0, 1, 1, 0, 0, 0, 0, 0, 0, 0, 0, 0, 0, 0, 0, 0, 0, 0)^{\mathrm{T}}$$

$$\boldsymbol{X}_1 = (0, 0, 0, 0, 0, 0, 0, 0, 0, 0, 0, 1, 0, 1, 0, 0, 1, 0, 1, 0, 1, 0, 0, 0, 1, 0, 0,$$
$$0, 0, 0, 0, 0, 0, 0, 0, 0, 0, 0, 0, 0, 0, 0, 0, 0, 0, 0, 0, 0, 0)^{\mathrm{T}}$$

② 令 $k=2$，计算得

$$\boldsymbol{Y}_2 = (0, 0, 0, 0, 1, 1, 0, 0, 1, 0, 0, 0, 1, 1, 0, 0, 0, 0, 0, 0, 0, 0, 0, 0, 0, 0, 0, 0, 0, 0)^{\mathrm{T}}$$

$$\boldsymbol{X}_2 = (0, 0, 0, 1, 0, 0, 0, 0, 0, 1, 1, 1, 1, 0, 0, 0, 1, 1, 1, 0, 1, 0, 0, 0, 1, 0, 0,$$
$$0, 0, 0, 0, 0, 0, 0, 0, 0, 0, 0, 0, 0, 0, 0, 0, 0, 0, 0, 0, 0, 0)^{\mathrm{T}}$$

③ 令 $k=3$，计算得

$$\boldsymbol{Y}_3 = (1, 0, 0, 0, 1, 1, 0, 0, 1, 0, 0, 0, 1, 1, 0, 0, 0, 0, 0, 0, 0, 0, 0, 0, 0, 0, 0, 0, 0, 0)^{\mathrm{T}}$$

$$\boldsymbol{X}_3 = (1, 1, 1, 1, 0, 0, 0, 0, 0, 1, 1, 1, 1, 0, 0, 0, 1, 1, 1, 0, 1, 0, 0, 0, 1, 0, 0,$$
$$0, 0, 0, 0, 0, 0, 0, 0, 0, 0, 0, 0, 0, 0, 0, 0, 0, 0, 0, 0, 0, 0)^{\mathrm{T}}$$

④ 令 $k=4$，此时 $\boldsymbol{Y}_4 = \boldsymbol{Y}_3$，$\boldsymbol{X}_4 = \boldsymbol{X}_3$，推理结束。

根据 $\boldsymbol{X}_4$ 和 $\boldsymbol{Y}_4$，可知目标库所 p_{25} 的关联库所集为

$$\text{IPS}(p_{25}) = \{p_1, p_2, p_3, p_4, p_{10}, p_{11}, p_{12}, p_{13}, p_{17}, p_{18}, p_{19}, p_{21}\}$$

关联变迁集为

$$\text{ITS}(p_{25}) = \{t_1, t_5, t_6, t_9, t_{13}, t_{14}\}$$

（1）构建子模型并更新子模型的定义。

简化后的推理子模型如图 6.5 所示。

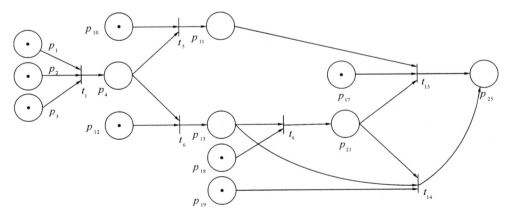

图 6.5　简化后的推理子模型

子模型定义为 S‑IFPN $= (P', T', F'; \boldsymbol{I}', \boldsymbol{IN}', \boldsymbol{O}', \boldsymbol{ON}', \boldsymbol{\theta}', \boldsymbol{Th}', \boldsymbol{CF}')$，其中

$$T' = \{t_1, t_5, t_6, t_9, t_{13}, t_{14}\}$$

$$P' = \{p_1, p_2, p_3, p_4, p_{10}, p_{11}, p_{12}, p_{13}, p_{17}, p_{18}, p_{19}, p_{21}, p_{25}\}$$

$\boldsymbol{IN}'$ 和 $\boldsymbol{ON}'$ 为零矩阵，且

$$
\boldsymbol{I'} = \begin{array}{c} \\ p_1 \\ p_2 \\ p_3 \\ p_4 \\ p_{10} \\ p_{11} \\ p_{12} \\ p_{13} \\ p_{17} \\ p_{18} \\ p_{19} \\ p_{21} \\ p_{25} \end{array}
\begin{array}{cccccc} t_1 & t_5 & t_6 & t_9 & t_{13} & t_{14} \\ \end{array}
\left[\begin{array}{cccccc}
1 & 0 & 0 & 0 & 0 & 0 \\
1 & 0 & 0 & 0 & 0 & 0 \\
1 & 0 & 0 & 0 & 0 & 0 \\
0 & 1 & 1 & 0 & 0 & 0 \\
0 & 1 & 0 & 0 & 0 & 0 \\
0 & 0 & 0 & 0 & 1 & 0 \\
0 & 0 & 1 & 0 & 0 & 0 \\
0 & 0 & 0 & 1 & 0 & 1 \\
0 & 0 & 0 & 0 & 1 & 0 \\
0 & 0 & 0 & 1 & 0 & 0 \\
0 & 0 & 0 & 0 & 0 & 1 \\
0 & 0 & 0 & 0 & 1 & 1 \\
0 & 0 & 0 & 0 & 0 & 0
\end{array}\right],
\boldsymbol{O'} = \begin{array}{c} \\ p_1 \\ p_2 \\ p_3 \\ p_4 \\ p_{10} \\ p_{11} \\ p_{12} \\ p_{13} \\ p_{17} \\ p_{18} \\ p_{19} \\ p_{21} \\ p_{25} \end{array}
\begin{array}{cccccc} t_1 & t_5 & t_6 & t_9 & t_{13} & t_{14} \\ \end{array}
\left[\begin{array}{cccccc}
0 & 0 & 0 & 0 & 0 & 0 \\
0 & 0 & 0 & 0 & 0 & 0 \\
0 & 0 & 0 & 0 & 0 & 0 \\
1 & 0 & 0 & 0 & 0 & 0 \\
0 & 0 & 0 & 0 & 0 & 0 \\
0 & 1 & 0 & 0 & 0 & 0 \\
0 & 0 & 0 & 0 & 0 & 0 \\
0 & 0 & 1 & 0 & 0 & 0 \\
0 & 0 & 0 & 0 & 0 & 0 \\
0 & 0 & 0 & 0 & 0 & 0 \\
0 & 0 & 0 & 0 & 0 & 0 \\
0 & 0 & 0 & 1 & 0 & 0 \\
0 & 0 & 0 & 0 & 1 & 1
\end{array}\right]^{\mathrm{T}}
$$

$$\boldsymbol{\theta'} = (\theta_1, \theta_2, \theta_3, \theta_4, \theta_{10}, \theta_{11}, \theta_{12}, \theta_{13}, \theta_{17}, \theta_{18}, \theta_{19}, \theta_{21}, \theta_{25})^{\mathrm{T}}$$

$$\mathbf{Th'} = (\lambda_1, \lambda_5, \lambda_6, \lambda_9, \lambda_{13}, \lambda_{14})$$

$$\mathbf{CF'} = \mathrm{diag}(\mathrm{CF}_1, \mathrm{CF}_5, \mathrm{CF}_6, \mathrm{CF}_9, \mathrm{CF}_{13}, \mathrm{CF}_{14})$$

故障原因分析：

由上述推理过程可知目标库所 p_{25} 的关联库所集为 $\mathrm{IPS}(p_{25}) = \{p_1, p_2, p_3, p_4, p_{10}, p_{11}, p_{12}, p_{13}, p_{17}, p_{18}, p_{19}, p_{21}\}$，而根据子模型结构特性可知库所 $p_1, p_2, p_3, p_{10}, p_{12}, p_{17}, p_{18}, p_{19}$ 为源库所，所以"主控制器到监控计算机的 USB 通信正常（d_1）"、"主控制器的主控单片机运行正常（d_2）"、"主控制器通信板 0 状态正常（d_3）"、"步序 02 上锚未松报警（d_{10}）"、"步序 03 超时报警，上锚松信号'全无'没有实现（d_{12}）"、"第 n 号提升器有上锚紧信号，$n = 1 \sim 8$（d_{17}）"、"所有上锚松信号在步序执行后没有任何变化（d_{18}）"和"第 n 号提升器有上锚松信号，$n = 1 \sim 8$（d_{19}）"都可能是"第 n 号提升器上锚机械故障或传感器故障（d_{25}）"产生的原因。

假设命题 $d_1, d_2, d_3, d_{10}, d_{12}, d_{17}, d_{18}, d_{19}$ 的可信度分别为

$$\langle 0.8, 0.1 \rangle, \langle 0.7, 0.1 \rangle, \langle 0.7, 0.2 \rangle, \langle 0.8, 0.2 \rangle$$
$$\langle 0.8, 0.1 \rangle, \langle 0.7, 0.2 \rangle, \langle 0.7, 0.1 \rangle, \langle 0.6, 0.3 \rangle$$

变迁 $t_1, t_5, t_6, t_9, t_{13}, t_{14}$ 的阈值为

$$\langle 0.7, 0.2 \rangle, \langle 0.6, 0.3 \rangle, \langle 0.5, 0.3 \rangle, \langle 0.5, 0.4 \rangle, \langle 0.7, 0.1 \rangle, \langle 0.5, 0.4 \rangle$$

变迁的可信度为

$$\langle 1, 0 \rangle, \langle 1, 0 \rangle, \langle 1, 0 \rangle, \langle 1, 0 \rangle, \langle 1, 0 \rangle, \langle 1, 0 \rangle$$

根据文献[1]中的推理算法可知，在运用子模型计算目标库所 p_{25} 的 Token 值的过程中，变迁 $t_1, t_5, t_6, t_9, t_{14}$ 被触发，而变迁 t_{13} 并没有被触发。

根据"路径"和"独立路径"的定义可知，在子模型中目标库所 p_{25} 共有两条路径，分别为变迁序列 t_1, t_5, t_{13} 和 t_1, t_6, t_9, t_{14}。由于在本次推理过程中变迁 t_{13} 并没有被触发，所以目标库所不能从源库所 p_{10} 和 p_{17} 中获取 Token 值，只能从 $p_1, p_2, p_3, p_{12}, p_{18}, p_{19}$ 中获取

Token 值，即"主控制器到监控计算机的 USB 通信正常（d_1）"、"主控制器的主控单片机运行正常（d_2）"、"主控制器通信板 0 状态正常（d_3）"、"步序 03 超时报警，上锚松信号'全无'没有实现（d_{12}）"、"所有上锚松信号在步序执行后没有任何变化（d_{18}）"和"第 n 号提升器有上锚松信号，$n=1\sim8$（d_{19}）"才是"第 n 号提升器上锚机械故障或传感器故障（d_{25}）"产生的真正原因；而"步序 02 上锚未松报警（d_{10}）"和"第 n 号提升器有上锚紧信号，$n=1\sim8$（d_{17}）"并不是引起该故障的原因。

如果运用文献[18][19]中的方法进行分析，由于模型中缺少阈值，所以简化模型后，只能获知命题 d_1，d_2，d_3，d_{10}，d_{12}，d_{17}，d_{18}，d_{19} 是故障 d_{25} 产生的可能原因，而无法确定故障产生的真正原因。但是，本章通过在模型中引入"阈值"、"路径"以及"有效路径"等概念并结合子模型的结构特性，便可排除无效故障原因并能准确定位故障产生的真正原因。

6.4.3　实例三

本节以文献[5]中的涡轮机故障诊断专家系统规则库 S_2 为例，对本章提出的基于 IFPN 的混合推理方法进行验证。规则库如表 6.2 所示，其对应的 IFPN 模型如图 6.6 所示。

表 6.2　涡轮机故障诊断专家系统规则库

规则	征　兆	预想故障
R_1	涡轮机线路交叉部分太大（p_1）； 组合单元效率太低（p_2）	涡轮导向器叶片的通风设备磨损撕裂（p_3）
R_2	涡轮机的喷头损坏（p_{25}）； 燃烧室里的燃料流动速度不太高（p_{26}）	涡轮机的高压喷头损坏（p_8）
R_3	涡轮机的喷头损坏（p_{25}）； 燃烧室里的燃料流动速度太高（p_7）	涡轮机的高压喷头损坏（p_8）
R_4	涡轮机排放孔温度太高（p_9）； 涡轮机效率太低（p_{10}）； 涡轮机流动系数太低（p_{11}）	涡轮机叶片剥落（p_{12}）
R_5	涡轮机效率太低（p_{10}）； 组合单元功率太低（p_{13}）； 组合单元效率太低（p_2）	涡轮机叶片磨损撕裂（p_{14}）
R_6	组合单元效率太低（p_2）； 涡轮机入口气体温度太高（p_{15}）	涡轮机叶片烧毁（p_{16}）
R_7	压缩机流动路径磨损撕裂（p_{17}）	压缩机处于湍流状态（p_{18}）
R_8	压缩机叶片损坏（p_{19}）	压缩机处于湍流状态（p_{18}）
R_9	压缩机的变换流量太低（p_{20}）； 压缩机的增压率太低（p_5）； 压缩机有问题（p_{24}）	压缩机入口冻结（p_{22}）

续表

规则	征　兆	预想故障
R_{10}	组合单元效率太低(p_2)； 组合单元燃料消耗太高(p_{21})； 涡轮机入口气体温度太高(p_{15})	压缩机有问题(p_{24})
R_{11}	压缩机的增压率太低(p_5)； 压缩机统一熵的压缩效率太低(p_{23})	涡轮机叶片剥落(p_{12})
R_{12}	压缩机的变换流量不太低(p_{27})； 压缩机的增压率不太低(p_{28})； 压缩机有问题(p_{24})	压缩机流动路径磨损撕裂(p_{17})
R_{13}	涡轮机入口气体压力太低(p_4)； 组合单元效率太低(p_2)； 压缩机的增压率太低(p_5)	涡轮机的喷头损坏(p_{25})

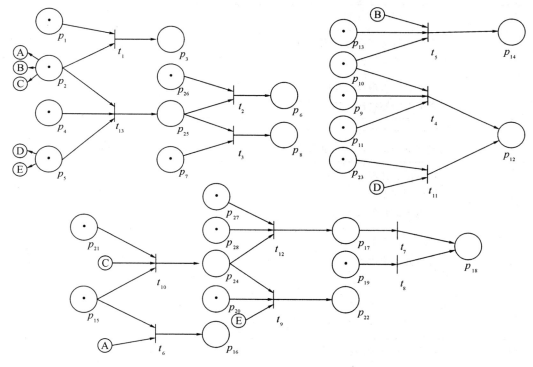

图 6.6　涡轮机故障诊断专家系统的 IFPN 模型

假设用户想计算命题"压缩机处于湍流状态(p_{18})"的可信度，并分析引起该故障的原因，那么 p_{18} 即为目标库所，则推理过程如下：

（1）运用算法 6.1 寻找目标库所的关联库所集和关联变迁集。

已知 $n=28$，$m=13$，且

$$\boldsymbol{X}_0 = (0,\ 0,\ 0,\ 0,\ 0,\ 0,\ 0,\ 0,\ 0,\ 0,\ 0,\ 0,\ 0,\ 0,\ 0,\ 0,\ 0,\ 1,\ 0,\ 0,\ 0,\ 0,\ 0,\ 0,\ 0,\ 0,\ 0,\ )^{\mathrm{T}}$$

$$\boldsymbol{Y}_0 = (0,\ 0,\ 0,\ 0,\ 0,\ 0,\ 0,\ 0,\ 0,\ 0,\ 0,\ 0,\ 0)^{\mathrm{T}}$$

$$
\boldsymbol{I} = \begin{bmatrix}
1 & 0 & 0 & 0 & 0 & 0 & 0 & 0 & 0 & 0 & 0 & 0 & 0 & 0 \\
1 & 0 & 0 & 0 & 1 & 1 & 0 & 0 & 0 & 1 & 0 & 0 & 0 & 1 \\
0 & 0 & 0 & 0 & 0 & 0 & 0 & 0 & 0 & 0 & 0 & 0 & 0 & 0 \\
0 & 0 & 0 & 0 & 0 & 0 & 0 & 0 & 0 & 0 & 0 & 0 & 0 & 1 \\
0 & 0 & 0 & 0 & 0 & 0 & 0 & 0 & 1 & 0 & 1 & 0 & 1 & 0 \\
0 & 0 & 0 & 0 & 0 & 0 & 0 & 0 & 0 & 0 & 0 & 0 & 0 & 0 \\
0 & 0 & 1 & 0 & 0 & 0 & 0 & 0 & 0 & 0 & 0 & 0 & 0 & 0 \\
0 & 0 & 0 & 0 & 0 & 0 & 0 & 0 & 0 & 0 & 0 & 0 & 0 & 0 \\
0 & 0 & 0 & 1 & 0 & 0 & 0 & 0 & 0 & 0 & 0 & 0 & 0 & 0 \\
0 & 0 & 0 & 1 & 1 & 0 & 0 & 0 & 0 & 0 & 0 & 0 & 0 & 0 \\
0 & 0 & 0 & 1 & 0 & 0 & 0 & 0 & 0 & 0 & 0 & 0 & 0 & 0 \\
0 & 0 & 0 & 0 & 0 & 0 & 0 & 0 & 0 & 0 & 0 & 0 & 0 & 0 \\
0 & 0 & 0 & 0 & 1 & 0 & 0 & 0 & 0 & 0 & 0 & 0 & 0 & 0 \\
0 & 0 & 0 & 0 & 0 & 1 & 0 & 0 & 0 & 1 & 0 & 0 & 0 & 0 \\
0 & 0 & 0 & 0 & 0 & 0 & 0 & 0 & 0 & 0 & 0 & 0 & 0 & 0 \\
0 & 0 & 0 & 0 & 0 & 1 & 0 & 0 & 0 & 0 & 0 & 0 & 0 & 0 \\
0 & 0 & 0 & 0 & 0 & 0 & 0 & 0 & 0 & 0 & 0 & 0 & 0 & 0 \\
0 & 0 & 0 & 0 & 0 & 0 & 1 & 0 & 0 & 0 & 0 & 0 & 0 & 0 \\
0 & 0 & 0 & 0 & 0 & 0 & 0 & 0 & 1 & 0 & 0 & 0 & 0 & 0 \\
0 & 0 & 0 & 0 & 0 & 0 & 0 & 0 & 1 & 0 & 0 & 0 & 0 & 0 \\
0 & 0 & 0 & 0 & 0 & 0 & 0 & 0 & 0 & 0 & 0 & 0 & 0 & 0 \\
0 & 0 & 0 & 0 & 0 & 0 & 0 & 0 & 1 & 0 & 0 & 0 & 0 & 0 \\
0 & 0 & 0 & 0 & 0 & 0 & 0 & 0 & 1 & 0 & 0 & 1 & 0 & 0 \\
0 & 1 & 1 & 0 & 0 & 0 & 0 & 0 & 0 & 0 & 0 & 0 & 0 & 0 \\
0 & 1 & 0 & 0 & 0 & 0 & 0 & 0 & 0 & 0 & 0 & 0 & 0 & 0 \\
0 & 0 & 0 & 0 & 0 & 0 & 0 & 0 & 0 & 0 & 0 & 1 & 0 & 0 \\
0 & 0 & 0 & 0 & 0 & 0 & 0 & 0 & 0 & 0 & 0 & 1 & 0 & 0
\end{bmatrix},\quad
\boldsymbol{O} = \begin{bmatrix}
0 & 0 & 0 & 0 & 0 & 0 & 0 & 0 & 0 & 0 & 0 & 0 & 0 & 0 \\
0 & 0 & 0 & 0 & 0 & 0 & 0 & 0 & 0 & 0 & 0 & 0 & 0 & 0 \\
1 & 0 & 0 & 0 & 0 & 0 & 0 & 0 & 0 & 0 & 0 & 0 & 0 & 0 \\
0 & 0 & 0 & 0 & 0 & 0 & 0 & 0 & 0 & 0 & 0 & 0 & 0 & 0 \\
0 & 1 & 0 & 0 & 0 & 0 & 0 & 0 & 0 & 0 & 0 & 0 & 0 & 0 \\
0 & 0 & 0 & 0 & 0 & 0 & 0 & 0 & 0 & 0 & 0 & 0 & 0 & 0 \\
0 & 0 & 1 & 0 & 0 & 0 & 0 & 0 & 0 & 0 & 0 & 0 & 0 & 0 \\
0 & 0 & 0 & 0 & 0 & 0 & 0 & 0 & 0 & 0 & 0 & 0 & 0 & 0 \\
0 & 0 & 0 & 0 & 0 & 0 & 0 & 0 & 0 & 0 & 0 & 0 & 0 & 0 \\
0 & 0 & 0 & 0 & 0 & 0 & 0 & 0 & 0 & 0 & 0 & 0 & 0 & 0 \\
0 & 0 & 0 & 1 & 0 & 0 & 0 & 0 & 0 & 0 & 1 & 0 & 0 & 0 \\
0 & 0 & 0 & 0 & 0 & 0 & 0 & 0 & 0 & 0 & 0 & 0 & 0 & 0 \\
0 & 0 & 0 & 1 & 0 & 0 & 0 & 0 & 0 & 0 & 0 & 0 & 0 & 0 \\
0 & 0 & 0 & 0 & 0 & 1 & 0 & 0 & 0 & 0 & 0 & 0 & 0 & 0 \\
0 & 0 & 0 & 0 & 0 & 0 & 0 & 0 & 0 & 0 & 0 & 1 & 0 & 0 \\
0 & 0 & 0 & 0 & 0 & 0 & 1 & 1 & 0 & 0 & 0 & 0 & 0 & 0 \\
0 & 0 & 0 & 0 & 0 & 0 & 0 & 0 & 0 & 0 & 0 & 0 & 0 & 0 \\
0 & 0 & 0 & 0 & 0 & 0 & 0 & 1 & 0 & 0 & 0 & 0 & 0 & 0 \\
0 & 0 & 0 & 0 & 0 & 0 & 0 & 0 & 0 & 0 & 0 & 0 & 0 & 0 \\
0 & 0 & 0 & 0 & 0 & 0 & 0 & 1 & 0 & 0 & 0 & 0 & 0 & 0 \\
0 & 0 & 0 & 0 & 0 & 0 & 0 & 0 & 0 & 0 & 0 & 0 & 0 & 0 \\
0 & 0 & 0 & 0 & 0 & 0 & 0 & 0 & 0 & 0 & 1 & 0 & 0 & 0 \\
0 & 0 & 0 & 0 & 0 & 0 & 0 & 0 & 0 & 0 & 0 & 0 & 0 & 1 \\
0 & 0 & 0 & 0 & 0 & 0 & 0 & 0 & 0 & 0 & 0 & 0 & 0 & 0 \\
0 & 0 & 0 & 0 & 0 & 0 & 0 & 0 & 0 & 0 & 0 & 0 & 0 & 0 \\
0 & 0 & 0 & 0 & 0 & 0 & 0 & 0 & 0 & 0 & 0 & 0 & 0 & 0 \\
0 & 0 & 0 & 0 & 0 & 0 & 0 & 0 & 0 & 0 & 0 & 0 & 0 & 0
\end{bmatrix}^{\mathrm{T}}
$$

具体过程如下：

① 令 $k=1$，计算得

$$\boldsymbol{X}_1 = (0,\ 0,\ 0,\ 0,\ 0,\ 0,\ 1,\ 1,\ 0,\ 0,\ 0,\ 0,\ 0)^{\mathrm{T}}$$

$$\boldsymbol{Y}_1 = (0,\ 0,\ 0,\ 0,\ 0,\ 0,\ 0,\ 0,\ 0,\ 0,\ 0,\ 0,\ 0,\ 0,\ 0,\ 0,\ 1,\ 1,\ 1,\ 0,\ 0,\ 0,\ 0,\ 0,\ 0,\ 0,\ 0,\ 0)^{\mathrm{T}}$$

② 令 $k=2$，计算得

$$\boldsymbol{X}_2 = (0,\ 0,\ 0,\ 0,\ 0,\ 0,\ 1,\ 1,\ 0,\ 0,\ 0,\ 1,\ 0)^{\mathrm{T}}$$

$$\boldsymbol{Y}_2 = (0,\ 0,\ 0,\ 0,\ 0,\ 0,\ 0,\ 0,\ 0,\ 0,\ 0,\ 0,\ 0,\ 0,\ 0,\ 0,\ 1,\ 1,\ 1,\ 0,\ 0,\ 0,\ 0,\ 1,\ 0,\ 0,\ 1,\ 1)^{\mathrm{T}}$$

③ 令 $k=3$，计算得

$$\boldsymbol{X}_3 = (0,\ 0,\ 0,\ 0,\ 0,\ 0,\ 1,\ 1,\ 0,\ 1,\ 0,\ 1,\ 0)^{\mathrm{T}}$$

$\boldsymbol{Y}_3 = (0, 1, 0, 0, 0, 0, 0, 0, 0, 0, 0, 0, 0, 0, 1, 0, 1, 1, 1, 0, 1, 0, 0, 1, 0, 0, 1, 1)^{\mathrm{T}}$

④ 令 $k=4$，此时 $\boldsymbol{X}_4 = \boldsymbol{X}_3$，$\boldsymbol{Y}_4 = \boldsymbol{Y}_3$，已经完全获取目标库所的关联库所和关联变迁，其中目标库所 p_{18} 的关联库所集为

$$\text{IPS}(p_{18}) = \{p_2, p_{15}, p_{17}, p_{19}, p_{21}, p_{24}, p_{27}, p_{28}\}$$

关联变迁集为

$$\text{ITS}(p_{18}) = \{t_7, t_8, t_{10}, t_{12}\}$$

（2）构建子模型并更新子模型的定义。

简化后的子模型如图 6.7 所示。

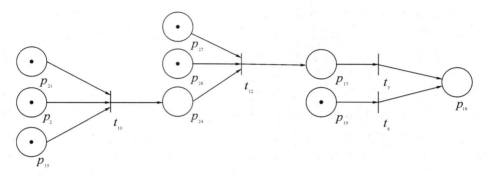

图 6.7　简化后的子模型

子模型定义为 $\text{S-IFPN} = (P', T', F'; \boldsymbol{I}', \boldsymbol{O}', \boldsymbol{\theta}', \mathbf{Th}', \mathbf{CF}')$，其中

$P' = \{p_2, p_{15}, p_{17}, p_{18}, p_{19}, p_{21}, p_{24}, p_{27}, p_{28}\}$，$T' = \{t_7, t_8, t_{10}, t_{12}\}$，

$$
\boldsymbol{I}' =
\begin{array}{c}
p_2 \\ p_{15} \\ p_{17} \\ p_{18} \\ p_{19} \\ p_{21} \\ p_{24} \\ p_{27} \\ p_{28}
\end{array}
\begin{bmatrix}
0 & 0 & 1 & 0 \\
0 & 0 & 1 & 0 \\
1 & 0 & 0 & 0 \\
0 & 0 & 0 & 0 \\
0 & 1 & 0 & 0 \\
0 & 0 & 1 & 0 \\
0 & 0 & 0 & 1 \\
0 & 0 & 0 & 1 \\
0 & 0 & 0 & 1
\end{bmatrix},
\quad
\boldsymbol{O}' =
\begin{array}{c}
p_2 \\ p_{15} \\ p_{17} \\ p_{18} \\ p_{19} \\ p_{21} \\ p_{24} \\ p_{27} \\ p_{28}
\end{array}
\begin{bmatrix}
0 & 0 & 0 & 0 \\
0 & 0 & 0 & 0 \\
0 & 0 & 0 & 1 \\
1 & 1 & 0 & 0 \\
0 & 0 & 0 & 0 \\
0 & 0 & 0 & 0 \\
0 & 0 & 1 & 0 \\
0 & 0 & 0 & 0 \\
0 & 0 & 0 & 0
\end{bmatrix}^{\mathrm{T}}
$$

（列标均为 $t_7 \ t_8 \ t_{10} \ t_{12}$）

假设

$\boldsymbol{\theta}'^0 = (\theta_2, \theta_{15}, \theta_{17}, \theta_{18}, \theta_{19}, \theta_{21}, \theta_{24}, \theta_{27}, \theta_{28})^{\mathrm{T}}$

$\quad = (\langle 0.6, 0.3 \rangle, \langle 0.7, 0.1 \rangle, \langle 0, 1 \rangle, \langle 0, 1 \rangle, \langle 0.8, 0.1 \rangle, \langle 0.7, 0.2 \rangle, \langle 0, 1 \rangle,$

$\quad\quad \langle 0.4, 0.5 \rangle, \langle 0.6, 0.3 \rangle)^{\mathrm{T}}$

$\mathbf{Th}' = (\lambda_7, \lambda_8, \lambda_{10}, \lambda_{12})^{\mathrm{T}} = (\langle 0.6, 0.2 \rangle, \langle 0.6, 0.3 \rangle, \langle 0.5, 0.4 \rangle, \langle 0.7, 0.1 \rangle)^{\mathrm{T}}$

$\mathbf{CF}' = \text{diag}(\text{CF}_7, \text{CF}_8, \text{CF}_{10}, \text{CF}_{12})$

$\quad\quad = \text{diag}(\langle 0.8, 0.1 \rangle, \langle 0.7, 0.2 \rangle, \langle 1, 0 \rangle, \langle 0.6, 0.3 \rangle)$

输入已知条件，运用 4.3 节中的基于 IFPN 的推理算法进行推理，当推理结束后，$\boldsymbol{\rho}'_2 = (\langle 0, 1 \rangle, \langle 0.8, 0.1 \rangle, \langle 0.6, 0.3 \rangle, \langle 0, 1 \rangle)^{\mathrm{T}}$，这说明变迁 t_7 和 t_{12} 在整个推理过程中未触

发。又根据"路径"和"有效路径"的定义可知目标库所 p_{18} 有两个路径，分别为变迁序列 t_{10}，t_{12}，t_7 和变迁 t_8，其中 t_8 为有效路径，所以目标库所 p_{18} 只能通过变迁 t_8 从源库所 p_{19} 中获取 Token 值，而不能通过变迁序列 t_{10}，t_{12}，t_7 从源库所 p_2，p_{15}，p_{21}，p_{27}，p_{28} 中获取 Token 值，这表示"压缩机处于湍流状态（p_{18}）"这一故障产生的真正原因是"压缩机叶片损坏（p_{19}）"。虽然"组合单元效率太低（p_2）"、"组合单元燃料消耗太高（p_{21}）"、"涡轮机入口气体温度太高（p_{15}）"导致了"压缩机有问题（p_{24}）"，但它们并不是导致"压缩机处于湍流状态（p_{18}）"的原因，同样"压缩机的变换流量不太低（p_{27}）"以及"压缩机的增压率不太低（p_{28}）"也不是导致"压缩机处于湍流状态（p_{18}）"的原因。

如果运用文献［18］［19］中的方法进行分析，通过简化模型只能获知"组合单元效率太低（p_2）"、"组合单元燃料消耗太高（p_{21}）"、"涡轮机入口气体温度太高（p_{15}）"、"压缩机的变换流量不太低（p_{27}）"、"压缩机的增压率不太低（p_{28}）"和"压缩机叶片损坏（p_{19}）"都有可能是导致"压缩机处于湍流状态（p_{18}）"的原因，而无法确定"压缩机叶片损坏（p_{19}）"产生的真正原因，但是通过在模型中引入阈值并结合"路径"以及"有效路径"的定义后，便可知该故障实际上是由"压缩机叶片损坏（p_{19}）"引起的。

由此可以发现，与文献［18］［19］中的方法相比，文献［18］［19］中的方法只能找出故障产生的可能原因，而无法确定故障产生的真正原因，而本章提出的方法在找出故障产生的可能原因后可以进一步排除无效的故障原因，并找出故障产生的真正原因，从而提高了故障诊断的准确度，便于故障的预防。

6.4.4　结果分析

通过实例验证可以发现，与现有方法相比较，本章提出的简化方法主要具有以下特点：

（1）克服了 FPN 隶属度单一的缺陷。

本章将 IFS 理论与 Petri 网理论相结合构建了 IFPN，克服了 FPN 隶属度单一的缺陷。

（2）可用于简化含有否命题的 IFPN 模型。

由于本章提出的 IFPN 模型可以合理地同时表示原命题及否命题，所以该模型简化方法也可以运用于含有否命题的 IFPN 推理模型。

（3）可简化模型，提高正向推理效率。

假设原 IFPN 模型的库所数为 n，变迁数为 m，简化后的子模型库所数为 n'，变迁数为 m'，根据简化方法可知，子模型的库所数 n' 和变迁数 m' 通常都小于原模型的库所数 n 和变迁数 m，所以与原模型相比，运用简化后的子模型进行推理能有效简化推理过程，提高推理效率。

（4）可准确分析问题产生的真正原因。

文献［18］［19］由于缺乏阈值，仅能获取问题产生的可能原因，而本章提出的方法通过引入"阈值"、"路径"以及"有效路径"等概念，并结合子模型的结构特性，可以准确分析问题产生的真正原因。

（5）推理过程可充分利用 Petri 网的并行运算能力。

本章提出的方法在寻找目标库所的关联库所和关联变迁时是通过矩阵实现的，其计算过程虽然没有文献［15］～［17］中的方法直观，但是能充分利用 Petri 网的并行运算能力和 IFPN 的推理能力，而且比文献［15］～［17］中的方法的计算过程简单、高效。本章提出的方法与现有方法的比较如表 6.3 所示。

表 6.3 本章提出的方法与现有方法的比较

		方法来源					
		文献[15]	文献[16]	文献[17]	文献[18]	文献[19]	本章
优缺点	是否存在隶属度单一的缺陷	√	√	√	√	√	×
	能否用于含有否命题的模型	×	×	×	×	×	√
	能否充分利用 Petri 网的并行推理能力	×	×	×	√	√	√
	推理过程是否直观	√	√	√	×	×	×
	能否准确分析问题产生的真正原因	×	×	×	×	×	√
	能否简化推理模型，提高推理效率	√	√	√	√	√	√

（6）方法具有通用性。

模型简化方法的计算过程仅需使用输入正转移矩阵 I、输入抑制转移矩阵 $\mathbf{IN}$、输出正转移矩阵 O 和输出抑制转移矩阵 $\mathbf{ON}$ 参与运算，所以该方法也可用于其他类型的 IFPN 和 FPN 模型简化，具有一定的通用性。

本 章 小 结

本章针对现有的基于 FPN 和 IFPN 的推理方法在求解只涉及知识库中部分规则的问题时存在资源浪费、推理效率不高，而且不能对问题产生的真正原因进行分析等缺陷，提出了基于反向推理的 IFPN 推理模型简化方法。该方法首先把所要求解的问题转化为目标库所，并引入关联库所、关联变迁、子模型等概念；其次运用反向推理寻找目标库所的关联库所和关联变迁；再次根据得到的关联库所和关联变迁，运用子模型构建算法，通过化简原模型得到子模型；最后以子模型为推理模型，在获取问题产生的可能原因后，通过在模型中引入"阈值"以及"路径"和"有效路径"等概念，排除无效关联库所，从而找出问题产生的真正原因。

实验及分析表明，在运用该方法对推理模型简化后，得到的子模型的变迁数和库所数都明显小于原模型，因此在运用子模型进行推理时，推理过程中的计算量也会明显降低，推理效率也会显著提高；由于可以确定问题产生的真正原因，所以该方法可以用于故障和异常分析等领域；在模型简化过程中，仅需使用输入转移矩阵 I 和 $\mathbf{IN}$、输出转移矩阵 O 和 $\mathbf{ON}$ 参与推理运算，所以该方法也可用于其他类型的 IFPN 和 FPN 模型简化，具有一定的通用性。

参 考 文 献

[1] 孟飞翔，雷英杰，余晓东，等. 基于直觉模糊 Petri 网的知识表示和推理[J]. 电子学报，2016，44(1)：77 - 86.

[2] Looney C G. Fuzzy Petri nets for rule - based decisionmaking[J]. IEEE Transactions on Systems，Man，and Cybernetics，1988，18(1)：178 - 183.

[3] Chen S M，Ke J S，Chang J F. Knowledge representation using fuzzy Petri nets[J]. IEEE Transaction on Knowledge and Data Engineering，1990，2(3)：311 - 319.

[4] Chen S M. Weighted fuzzy reasoning using weighted fuzzy Petri nets[J]. IEEE Transaction on Knowledge and Data Engineering，2002，14(2)：386 - 397.

[5] Gao M M，Zhou M C，Huang X G，et al. Fuzzy reasoning Petri nets[J]. IEEE Transactions on Systems，Man and Cybernetics - Part A：Systems and Humans，2003，33(3)：314 - 324.

[6] 汪洋，林闯，曲扬，等. 含有否定命题逻辑推理的一致性模糊 Petri 网模型[J]. 电子学报，2006，34(11)：1955 - 1960.

[7] 贾立新，薛钧义，茹峰. 采用模糊 Petri 网的形式化推理算法及其应用[J]. 西安交通大学学报，2003，37(12)：1263 - 1266.

[8] Li X O，Yu W，Rosano FL. Dynamic knowledge inference and learning under adaptive fuzzy Petri net framework[J]. IEEE Transactions on Systems，Man，and Cybernetics - Part C：Applications and Reviews，2000，30(4)：442 - 450.

[9] Li X O，Rosano F L. Adaptive fuzzy petri nets for dynamic knowledge representation and inference[J]. Expert Systems with Applications，19(2000)：235 - 241.

[10] Liu H C，Liu L，Lin Q L，et al. Knowledge acquisition and representation using fuzzy evidentialreasoning and dynamic adaptive fuzzy Petri nets[J]. IEEE Transactions on Cybernetics. 2013，43(3)：1059 - 1072.

[11] Liu H C，Lin Q L，Mao L X，et al. Dynamic Adaptive Fuzzy Petri Nets for Knowledge Representation and Reasoning[J]. IEEE Transactions on Systems，Man，and Cybernetics：Systems. 2013，43(6)：1399 - 1410.

[12] Shen X Y，Lei Y J，Li C H. Intuitionistic Fuzzy Petri Nets Model and Reasoning Algorithm[C]. 2009 Sixth International Conference on Fuzzy Systems and Knowledge Discovery，Tianjin，China，2009：119 - 122.

[13] Liu H C，You J X，You X Y，et al. Fuzzy Petri nets Using Intuitionistic Fuzzy Sets and Ordered Weighted Averaging Operators [J]. IEEE Transactions on Cybernetics，DOI：10. 1109/TCYB. 2015. 2455343.

[14] Arnould T，Tano S. Interval - Valued Fuzzy Backward Reasoning [J]. IEEE Transactions on Fuzzy Systems，1995，3(4)：425 - 437.

[15] Scarpelli H，Gomide F，Yager R R. A reasoning algorithm for high - level fuzzy Petri nets[J]. IEEE Transactions on Fuzzy Systems. 1996，4(3)：282 - 294.

［16］　Chen S M. Fuzzy backward reasoning using fuzzy Petri nets［J］. IEEE Transactions on Systems，Man，and Cybernetics – Part B：Cybernetics，2000，30(6)：846 – 856.

［17］　Ye Y，Jiang Z，Diao X，et al. Extended event – condition – action rules and fuzzy Petri nets based exception handling for workflow management ［J］. Expert Systems with Applications，2011(38)：10847 – 10861.

［18］　鲍培明. 模糊 Petri 网模型的反向推理算法［J］. 南京师范大学学报(工程技术版)，2003，3(3)：21 – 25.

［19］　Yuan J，Shi H B，Liu C，et al. Backward Concurrent Reasoning Based on Fuzzy Petri Nets［C］. 2008 IEEE International Conference on Fuzzy Systems，2008：832 – 837.

［20］　李厦. 基于 Petri 网的故障诊断技术研究及其在液压系统中的应用［D］. 上海：同济大学博士论文，2006.

［21］　孟飞翔. 直觉模糊 Petri 网及其在弹道目标识别中的应用研究［D］. 西安：空军工程大学，2016.

第七章　基于直觉模糊 Petri 网的敌战术意图识别方法

本章针对敌战术意图识别问题，提出基于直觉模糊 Petri 网的意图识别方法，将时间、空间和因果因素相结合构建混合推理模型，通过一个防空作战实例，对模型进行验证。

7.1　意图识别问题描述

意图识别是战场态势理解的核心内容之一，也是当前决策级信息融合的研究热点与难点。态势理解接受低级融合与态势觉察的结果，从中抽取出对当前军事态势尽可能准确、完整的感知，以逐步对敌方意图和作战计划加以识别，为指挥员决策提供直接支持。本文主要以防空作战中敌战术意图识别为研究对象。

在防空作战中，敌我双方都想千方百计地通过各种办法来伪装、隐蔽自己的行动，或者制造种种假象麻痹对方，以达到隐真示假、欺骗对方的目的。其本质就是掩盖己方意图，以期扰乱对方视线，从而降低对方"知彼"的程度。

敌方意图固然难于推测，但其意图总会在行动上表露出一些蛛丝马迹，主要从以下几个方面考虑：

（1）从敌作战部队的运动状态进行估计；

（2）从事件或活动的模式进行估计；

（3）从关键兵力元素的作战准备情况进行估计；

（4）敌作战条令及战术原则。

也就是说，意图总可以与某些事件相关联；反过来说，就是相应的事件发生可以推理出相应的意图，这是意图识别的基础。

敌战术意图识别要处理的对象比较具体，对识别的实时性要求较高。其过程包括：根据信息源提供的信息进行敌战术意图特征提取，然后通过一定的识别推理机制（识别机），获取敌方战术意图，如图 7.1 所示。

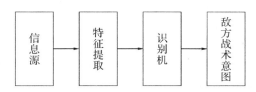

图 7.1　敌战术意图识别过程

信息源是敌战术意图识别的依据，主要是战场态势数据；特征提取是根据战场态势数据，分析战场环境和目标作战特征的过程，如获取目标特征事件（雷达开机）、分析目标的机动类型、战术编组等；识别机采用不同的推理理论和算法构成不同的识别方法。特征提取与识别机是敌战术意图识别的核心。根据态势估计的三级结构划分及功能描述，敌战术意图识别的推理过程主要由态势理解模块完成，即根据生成的态势特征向量结合领域专家的军事知识对当前态势进行解释，用于判断敌方战场分布和行动企图，这是对敌方意图和作战计划的识别。

7.2　敌战术意图识别问题建模

通过建立意图识别数学模型，对态势特征元素分析、提取，并对其进行模糊等级划分，然后根据历史信息、专家经验和事件检测获得的大量不确定信息提取模糊推理规则，构建规则库，为下一节直觉模糊 Petri 网模型的构建打下基础。

7.2.1　意图识别数学模型

由于不同的战场态势体现出不同的态势特征，包含不同的态势元素，所以寻找态势特征与敌方行为模式和作战意图之间的对应关系是实现意图识别的重要方法。这其中涉及两个对象：态势特征集合和意图模式假设集合。

敌战术意图识别的数学模型描述如下：

设 $F=\{F_1, F_2, F_3, \cdots, F_m\}$ 为态势特征集合，$\Theta=\{I_1, I_2, I_3, \cdots, I_h\}$ 为意图模式假设集合，每个意图模式假设中都包含了敌方的作战意图和实现该意图的一系列行为模式，意图识别就是要建立这样的映射

$$\Delta: F \to \Theta \tag{7.1}$$

当给定一个态势特征集 $F' \subseteq F$ 时，就可以得到 $\Delta(F') \in \Theta$，于是可对 F' 作出行为模式和意图的解释。

1. 态势特征集合

目标的特定行动或状态是目标意图的外在表现。用以识别敌方目标意图的信息主要来自低级融合及态势觉察系统得到的敌目标类别、属性、航向、速度、编队、时空关系等信息，以及上级、友邻的敌情通报，我方保卫对象类型等，它们共同组成了态势特征集合 $F=\{F_1, F_2, F_3, \cdots, F_m\}$。本文将态势特征集划分为相对静态因素、动态因素以及时空因素。

（1）静态因素。防空作战对敌意图识别涉及的相对静态因素主要有：我方保卫对象类型、地形、天气、敌方作战条例、指挥官的指挥风格、空袭样式、敌方核心目标类型、干扰能力、突防能力和机载武器等。

（2）动态因素。对于防空作战而言，敌方目标临近我方空域飞行，即对我保卫目标构成威胁，其行动意图的估计将随飞行时间和航线的变化逐渐明确。敌方目标具有某种作战意图时，其表现出来的各种特征量具有典型的取值（取值离散时）或取值范围（取值连续时）。敌方核心目标的动态因素主要有：距离、速度和航向角等。

（3）时空因素。敌方在形成和变更部署过程中，战术动作之间、各协同兵力行动之间均满足一定的时空限制。时间和空间限制不仅能够体现敌意图特征，也是意图实现过程中一些事件的特征。不同意图的兵力部署受到不同的时间和空间限制，因此分析所观察到的敌方目标行动的时间和空间关系，也是推理敌方意图的一条重要途径。时空因素主要有

已方保卫目标与敌方观察范围的空间关系，已方保卫目标与敌方火力范围的空间关系，当前时刻与预测战术动作的时间关系、发生事件间的时间关系等。

若要全面合理考虑每个因素，给出一个意图模式与各种态势特征的函数关系，难度很大，一般应根据实际应用场合选择核心因素。同时，这些因素经常是不完全的、不精确的或是不确定的，需要利用直觉模糊集将个别因素划分为不同模糊等级。

2. 意图模式假设集合

一般情况下，意图模式假设集合，可以根据具体防空作战背景、战术原则及作战需求事先予以确定。设 $\Theta = \{I_1, I_2, I_3, \cdots, I_h\}$ 为 h 个意图模式假设组成的集合，表示某一特定防空作战背景下敌方可能的意图模式。其中，每个意图模式假设中都蕴含着敌方实现这一作战意图的一系列战术行为模式。

空袭作战与反空袭作战是一个随时间变化的随机过程，来袭目标的状态随时间变化而随机改变，单独一个时刻的目标动态因素并不能决策出目标的意图，而考虑过多时刻，敌方意图就有可能改变，从而可能错失作战良机。因此，这里需要根据具体的作战环境、作战经验和敌方战术原则提取适当的若干典型阶段的动态参数，并采用基于知识的推理方法，逐步获取敌方意图。

7.2.2 态势特征数据处理

通常，敌机与我方保护目标距离越近，我方的防御时间越短；目标速度越快，突破我方防御的可能性越高；降低飞行高度能使作战飞机被发现的概率明显减小；当目标航向直指我地面目标时，其执行对我地面目标攻击任务的可能性就越大，攻击成功的可能性也越高；上述情况来袭概率较大。目标类型（如战斗机、攻击机、导弹、轰炸机等）同样是意图预测的一个因素。

可见，防空体系中识别空中目标意图的因素主要有目标类型、目标距地面目标的距离、目标高度（空袭样式）、目标速度以及目标航向与我方地面目标之间的夹角（航向角）等，同时需要兼顾考虑时间关系和空间关系。

本文考虑敌方核心目标的态势因素主要有目标类型 S、空袭样式（目标高度）H、距离 D、速度 V 和航向角（目标速度以及目标航向与我方地面目标之间的夹角）θ，以及与敌方观察范围的空间关系 R_L、与敌方火力范围的空间关系 R_F、现在时刻与预测攻击开始（不确定点）的时间关系 R_T。对态势特征数据的处理主要有三个方面：状态变量归一化处理、态势特征模糊等级划分和时空关系模糊等级划分。

1. 状态变量归一化处理与态势特征模糊等级划分

利用文献[1]中的转换方法，将各个特征的取值转化到[0，1]范围内进行模糊等级的划分，并利用三角形和梯形的组合函数建立隶属度函数 μ_A，非隶属度函数 γ_A 根据犹豫度因子进行调节，一般将犹豫度设为常数 a，这样 $\gamma_A = 1 - a - \mu_A$。

（1）目标类型论域 S。

为方便模糊处理，可将敌方核心目标按照其反射面积分为：小型目标包括战术弹道导弹、空地导弹、反辐射导弹、巡航导弹和隐身飞机等；中型目标，如武装直升机等；大型目标，如民航飞机、轰炸机、歼击轰炸机、强击机等，即 $S = \{$小型目标 S_s，中型目标 S_m，大型目标 $S_l\}$。

假定来袭目标的反射面积范围为 $0\sim200\ \mathrm{m^2}$，将输入变量 s 统一在 $[0,1]$ 范围内，有

$$s=\begin{cases}\dfrac{x}{4}, & x<1\\[2mm]\dfrac{x-8}{28}+0.5, & 1\leqslant x<15\\[2mm]\dfrac{x-200}{740}+1, & 15\leqslant x\leqslant200\end{cases}$$

对应三个直觉模糊子集，其隶属度函数参数为 $[0,0,0.05,0.5]$，$[0.05,0.5,0.95]$ 和 $[0.5,0.95,1,1]$，如图 7.2 所示。

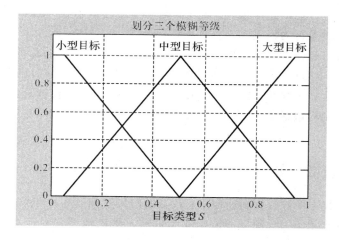

图 7.2　敌方核心目标类型

（2）空袭样式论域 H。

来袭目标的高度变化范围为 $0\sim30000\ \mathrm{m}$，可将敌方目标的空袭样式划分为五个模糊等级，即 $H=\{$超低空 H_{xl}，低空 H_l，中空 H_m，高空 H_h，超高空 $H_{xh}\}$。将输入变量 h 统一在 $[0,1]$ 范围内，有

$$h=\begin{cases}\dfrac{x}{800}, & x\leqslant100\\[2mm]\dfrac{x-550}{2800}+0.25, & 100<x\leqslant1000\\[2mm]\dfrac{x-4000}{24000}+0.5, & 1000<x\leqslant7000\\[2mm]\dfrac{x-11000}{32000}+0.75, & 7000<x\leqslant15000\\[2mm]\dfrac{x-30000}{120000}+1, & 15000<x\leqslant30000\end{cases}$$

对应五个直觉模糊子集，其隶属度函数参数分别为 $[0,0,0.05,0.2]$，$[0.05,0.2,0.4]$，$[0.2,0.4,0.6]$，$[0.6,0.8,1]$ 和 $[0.8,0.95,1,1]$。

（3）距离论域 D。

来袭目标距我方保卫目标的距离的变化范围为 $0\sim1200\ \mathrm{km}$，可将距离划分为三个模糊等级，即 $D=\{$近距 D_n，中距 D_m，远距 $D_f\}$。将输入变量 d 统一在 $[0,1]$ 范围内，有

$$d = \begin{cases} \dfrac{x}{800}, & x \leqslant 200 \\[2mm] \dfrac{x-350}{600}+0.5, & 200 < x \leqslant 500 \\[2mm] \dfrac{x-1200}{2800}+1, & x > 500 \end{cases}$$

对应三个直觉模糊子集，其隶属度函数参数分别为 $[0, 0, 0.05, 0.5]$，$[0.05, 0.5, 0.95]$ 和 $[0.5, 0.95, 1, 1]$。

（4）速度论域 V。

来袭目标的速度变化范围为 $0 \sim 1800$ m/s，可将速度变化分为三个模糊等级，即 $V = \{$ 低速 V_l，中速 V_m，高速 $V_h \}$。将输入变量 v 统一在 $[0, 1]$ 范围内，有

$$v = \begin{cases} \dfrac{x}{880}, & x \leqslant 220 \\[2mm] \dfrac{x-510}{1160}+0.5, & 220 < x \leqslant 800 \\[2mm] \dfrac{x-1800}{4000}+1, & x > 800 \end{cases}$$

对应三个直觉模糊子集，其隶属度函数参数分别为 $[0, 0, 0.05, 0.5]$，$[0.05, 0.5, 0.95]$ 和 $[0.5, 0.95, 1, 1]$。

（5）航向角论域 θ。

来袭目标的航向角变化范围为 $0° \sim 180°$，可将航向角变化分为四个模糊等级，即 $\theta = \{$ 临近 θ_n，迂回 θ_d，侧翼 θ_m，背离 $\theta_f \}$。将输入变量 θ 统一在 $[0, 1]$ 范围内，有

$$\theta = \begin{cases} \dfrac{x}{90}, & x \leqslant 15 \\[2mm] \dfrac{x-27.5}{75}+0.3333, & 15 < x \leqslant 40 \\[2mm] \dfrac{x-65}{150}+0.6667, & 40 < x \leqslant 90 \\[2mm] \dfrac{x-180}{540}+1, & x > 90 \end{cases}$$

对应四个直觉模糊子集，其隶属度函数参数分别为 $[0, 0, 0.065, 0.355]$，$[0.065, 0.355, 0.645]$，$[0.355, 0.645, 0.935]$ 和 $[0.645, 0.935, 1, 1]$。

2. 时空关系模糊等级划分

（1）与敌方观察、火力范围的空间关系 R_L 和 R_F。

与敌方观察、火力范围的空间关系均分为四个模糊等级，即 $R_L = \{$ 相离 $R_{L\text{-}d}$，相交 $R_{L\text{-}t}$，外包含 $R_{L\text{-}oc}$，内包含 $R_{L\text{-}ic} \}$，$R_F = \{$ 相离 $R_{F\text{-}d}$，相交 $R_{F\text{-}t}$，外包含 $R_{F\text{-}oc}$，内包含 $R_{F\text{-}ic} \}$。

根据 2.3.3 小节提出的基于直觉模糊集的空间拓扑关系的抽象方法，可计算各空间关系的相关度，即可能性，我们将其作为直觉模糊子集的隶属度；非隶属度的计算根据犹豫度因子进行调节。

（2）不确定点的时间关系 R_T。

不确定点的时间关系分为三个模糊等级，即 $R_T = \{$ 早于 $R_{T\text{-}s}$，相等 $R_{T\text{-}e}$，晚于 $R_{T\text{-}l} \}$。

根据 2.1 节提出的基于直觉模糊集的不确定点的时序逻辑判定方法，可计算出两个不确定时刻之间关系的可能性，我们将其作为直觉模糊子集的隶属度；非隶属度的计算根据犹豫度因子进行调节。

7.2.3 推理规则的提取算法

从众多不完全、不精确或不确定的知识和信息中提取隐含的、潜在的规则是实现知识获取的关键步骤。在传统的专家系统或模糊推理系统中，规则往往是由专家根据经验给出的，这就可能存在着规则不够客观、专家经验难以获取等问题。

借鉴文献[2]提出的规则提取方法，根据历史信息、专家经验和事件检测获得的大量用直觉模糊集描述的不确定信息，建立一个规则信息表，用于提取规则。分析态势特征集合与意图模式假设集合的逻辑关系，能够提取出可信度较高或满足用户要求的规则。

建立一个直觉模糊规则信息表，如表 7.1 所示。

表 7.1 直觉模糊规则信息表

U	F_1				F_2				$\cdots$	F_m				Θ
	F_{11}	F_{12}	$\cdots$	F_{1k1}	F_{21}	F_{22}	$\cdots$	F_{2k2}	$\cdots$	F_{m1}	F_{m2}	$\cdots$	F_{mkm}	
x_1	x_{111}	x_{112}	$\cdots$	x_{11k1}	x_{121}	x_{122}	$\cdots$	x_{12k2}	$\cdots$	x_{1m1}	x_{1m2}	$\cdots$	x_{1mkm}	I_1
x_2	x_{211}	x_{212}	$\cdots$	x_{21k1}	x_{221}	x_{222}	$\cdots$	x_{22k2}	$\cdots$	x_{2m1}	x_{2m2}	$\cdots$	x_{2mkm}	I_2
$\cdots$	$\cdots$	$\cdots$	$\cdots$	$\cdots$	$\cdots$	$\cdots$	$\cdots$	$\cdots$	$\cdots$	$\cdots$	$\cdots$	$\cdots$	$\cdots$	$\cdots$
x_n	x_{n11}	x_{n12}	$\cdots$	x_{n1k1}	x_{n21}	x_{n22}	$\cdots$	x_{n2k2}	$\cdots$	x_{nm1}	x_{nm2}	$\cdots$	x_{nmkm}	I_q

其中，U 表示信息对象，$F=\{F_1, F_2, F_3, \cdots, F_m\}$ 为态势特征，每一条件属性 F_i 都对应一个直觉模糊语言变量，且这一语言变量可取一组直觉模糊语言值 $F_{i1}, F_{i2}, \cdots, F_{iki}$，$ki$ 表示 F_i 具有的直觉模糊语言值的个数，$\Theta=\{I_1, I_2, I_3, \cdots, I_q\}$ 为意图模式；$x_{jpi}=(\mu_{jpi}, \gamma_{jpi})$ 表示第 j 个对象在第 p 个条件属性的第 i 个直觉模糊语言值下的隶属度与非隶属度值，$j=1, 2, \cdots, n$，$p=1, 2, \cdots, m$，$i=1, 2, \cdots, ki$。

基于直觉模糊规则信息库进行规则提取主要解决两个问题：逻辑关系的提取和决策规则的选取。下面分别给出这两个问题的解决方法。

1. 逻辑关系的提取

表 7.1 中蕴含的逻辑关系为

$$(F_{11} \vee F_{12} \vee \cdots \vee F_{1k1}) \wedge (F_{21} \vee F_{22} \vee \cdots \vee F_{2k2}) \wedge \cdots \wedge (F_{m1} \vee F_{m2} \vee \cdots \vee F_{mkm}) \Rightarrow (I_1 \vee I_2 \vee \cdots \vee I_q)$$

$$(7.2)$$

将式(7.2)进行分解，可以得到如下逻辑关系，即 w 组初始规则（$w=k1 \times k2 \times \cdots \times km$）：

$$\mathrm{RL}_1: \begin{cases} F_{11} \wedge F_{21} \wedge \cdots \wedge F_{m1} \Rightarrow I_1 \\ F_{11} \wedge F_{21} \wedge \cdots \wedge F_{m1} \Rightarrow I_2 \\ \qquad\qquad \vdots \\ F_{11} \wedge F_{21} \wedge \cdots \wedge F_{m1} \Rightarrow I_q \end{cases}$$

$$RL_2: \begin{cases} F_{11} \wedge F_{22} \wedge \cdots \wedge F_{m1} \Rightarrow I_1 \\ F_{11} \wedge F_{22} \wedge \cdots \wedge F_{m1} \Rightarrow I_2 \\ \qquad\qquad \vdots \\ F_{11} \wedge F_{22} \wedge \cdots \wedge F_{m1} \Rightarrow I_q \end{cases}$$

$$RL_w: \begin{cases} F_{1k1} \wedge F_{2k2} \wedge \cdots \wedge F_{mkm} \Rightarrow I_1 \\ F_{1k1} \wedge F_{2k2} \wedge \cdots \wedge F_{mkm} \Rightarrow I_2 \\ \qquad\qquad \vdots \\ F_{1k1} \wedge F_{2k2} \wedge \cdots \wedge F_{mkm} \Rightarrow I_q \end{cases}$$

其中，直觉模糊语言值 F_{i1}，F_{i2}，$\cdots$，F_{iki} 均对应 U 上的直觉模糊子集，体现在规则信息库中就是表中的一列。

上述逻辑关系对应一组直觉模糊分类规则，这组规则包含了该规则信息库中可以获取的所有规则，其中存在不可信的规则，因此需要对其进行排除，从而提取出可信度较高或满足用户要求的规则。下面给出规则可信度的求解方法，以便进行决策规则的选取。

2. 决策规则的选取

对于直觉模糊规则 $RL_{11}: F_{11} \wedge F_{21} \wedge \cdots \wedge F_{m1} \Rightarrow I_1$，设意图模式为 I_1 的对象集合为 X_1，$X_1 \subseteq U$，取 F_{11}，F_{21}，$\cdots$，$F_{m1} \in \mathrm{IFS}(U)$ 在 X_1 上的投影，即获得 m 个 X_1 上的直觉模糊子集 F_{11}^1，F_{21}^1，$\cdots$，$F_{m1}^1 \in \mathrm{IFS}(X_1)$。对 X_1 上的直觉模糊子集执行直觉模糊集的合成运算，即可得规则 RL_{11} 的可信度 $CF_{RL_{11}}$ 为

$$CF_{RL_{11}} = \vee (F_{11}^1 \wedge F_{21}^1 \wedge \cdots \wedge F_{m1}^1) \tag{7.3}$$

同理，对于直觉模糊规则 $RL_{12} \sim RL_{1q}$，有

$$F_{11} \wedge F_{21} \wedge \cdots \wedge F_{m1} \Rightarrow I_2$$
$$\vdots$$
$$F_{11} \wedge F_{21} \wedge \cdots \wedge F_{m1} \Rightarrow I_q$$

分别求取 F_{11}，F_{21}，$\cdots$，F_{m1} 在意图模式为 I_2，$\cdots$，I_q 的对象集合 X_2，$\cdots$，X_q 上的投影，并执行直觉模糊集的合成运算，即可获得

$$CF_{RL_{12}} = \vee (F_{21} \wedge F_{22} \wedge \cdots \wedge F_{2m})$$
$$\vdots$$
$$CF_{RL_{1q}} = \vee (F_{q1} \wedge F_{q2} \wedge \cdots \wedge F_{qn}) \tag{7.4}$$

接着，需要从 $RL_{12} \sim RL_{1q}$ 中选择可信度最高的规则。而值得一提的是，这里的可信度为一直觉模糊值 $CF_{RL_{1l}} = (\mu(RL_{1l})，\gamma(RL_{1l}))$，$l = 1, 2, \cdots, q$。$\mu(RL_{1l})$ 表示规则 RL_{1l} 可信度的支持度，这里称其为置信度；$\gamma(RL_{1l})$ 表示可信度的反对度，这里称其为非置信度。其中，

$$\begin{cases} \mu(RL_{1l}) = \bigvee\limits_{x \in X_l} (\mu_{F_{11}^l}(x) \wedge \mu_{F_{21}^l}(x) \wedge \cdots \wedge \mu_{F_{m1}^l}(x)) \\ \gamma(RL_{1l}) = \bigwedge\limits_{x \in X_l} (\gamma_{F_{11}^l}(x) \vee \gamma_{F_{21}^l}(x) \vee \cdots \vee \gamma_{F_{m1}^l}(x)) \end{cases} \tag{7.5}$$

因此，需选择 $RL_{11} \sim RL_{1q}$ 中置信度最大而非置信度最小的规则作为可信度最高的规则。这里存在一个问题，即当置信度最大而非置信度不是最小的情况时，就需要按照一定的规则将所有的直觉指数 $\pi(RL_{1l})$ 进行相应的分配，如

$$\mu(RL_{1l}) = \mu(RL_{1l}) + t \cdot \pi(RL_{1l})$$
$$\gamma(RL_{1l}) = \gamma(RL_{1l}) + s \cdot \pi(RL_{1l}) \tag{7.6}$$

其中，$0{\leqslant}t+s{\leqslant}1$，$0{\leqslant}t{\leqslant}1$，$0{\leqslant}s{\leqslant}1$，一般取 $t=s=1/2$，从中选取可信度最高的规则作为 RL_1。按照以上方法对 $\mathrm{RL}_2{\sim}\mathrm{RL}_w$ 做同样处理，即可获得一组具有一定可信度的直觉模糊规则。

最后，从中提取可信度较高或满足用户要求的决策规则。在实际操作中，可设定阈值 $\langle\alpha, \beta\rangle$，满足 $0<\alpha+\beta{\leqslant}1$。$\alpha>0$ 表示置信度阈值，$\beta{\geqslant}0$ 表示非置信度阈值。当规则 RL_w 的置信度 $\mu(\mathrm{RL}_w)$ 大于置信度阈值 α，且规则 RL_w 的非置信度 $\gamma(\mathrm{RL}_w)$ 小于非置信度阈值 β 时，规则被提取。另一种方法是，通过专家指导的直觉模糊值的真值合成方法或按比例的真值合成方法，将所有可信度 $\mathrm{CF}(\mathrm{RL}_w)$ 转化为一个模糊值，从而可以根据常用的设定阈值的方法来决定哪些规则被提取。

下面给出具体的算法步骤。

算法 7.1　规则提取算法

输入：直觉模糊规则信息表 U。

输出：直觉模糊决策规则集 RL。

过程：

Step1：设定阈值 $\langle\alpha, \beta\rangle$，$\mathrm{RL}=\varnothing$，参数 t、s，其中 $0{\leqslant}t+s{\leqslant}1$、$0{\leqslant}t{\leqslant}1$、$0{\leqslant}s{\leqslant}1$、$0<\alpha+\beta{\leqslant}1$；

Step2：按照式(7.2)提取逻辑关系，进行分解，得到 w 组初始规则 $\{\mathrm{RL}_1，\mathrm{RL}_2，\cdots，\mathrm{RL}_l\}$，$l=1, 2, \cdots, w$；

Step3：对于每组初始规则 RL_l，按照式(7.3)和式(7.4)求取其中每条规则的可信度 $\mathrm{CF}_{\mathrm{RL}_l}=\{\mathrm{CF}_{\mathrm{RL}_{l1}}，\mathrm{CF}_{\mathrm{RL}_{l2}}，\cdots，\mathrm{CF}_{\mathrm{RL}_{lq}}\}$，根据式(7.5)和式(7.6)将可信度进行转化，选择可信度最大的直觉模糊规则 $\{r_l=\mathrm{RL}_{lk}|\kappa(\mathrm{RL}_{lk})=\sup\kappa(\mathrm{RL}_l)\}$，$\mathrm{RL}=\mathrm{RL}\cup\{r_l\}$；

Step4：根据设定的阈值 $\langle\alpha, \beta\rangle$ 对 RL 中的规则进行筛选，剔除置信度小于 α 而非置信度大于 β 的规则，输出直觉模糊决策规则集 RL，算法终止。

算法 7.1 的时间复杂度主要体现在可信度的计算上。若直觉模糊条件信息系统如表 7.1 所示，则初始规则集共有 $w=k1\times k2\times\cdots\times km$ 组，每组规则有 q 条规则，那么需计算 $w\cdot q$ 次可信度。因此，算法 7.1 的时间复杂度为 $O(n^2)$。当条件属性对应的直觉模糊语言值较多时，算法的复杂度会比较大。

获得规则集 RL，我们就可以利用第四章直觉模糊 Petri 网的知识表示方法构建 Petri 网模型进行推理。

7.3　基于 IFPN 的敌战术意图识别方法

下面用一个防空作战实例说明意图识别的推理求解过程。在某一地面防空作战中，敌方可能的意图模式 $\Theta=\{I_1, I_2, I_3\}$，其中，I_1 表示敌对我保卫目标进行攻击，I_2 表示敌对我保卫目标进行侦查，I_3 表示敌对我保卫目标实施压制。

7.3.1　模型构建

模拟 200 条意图识别的特征数据，数据结构如表 7.1 所示，通过算法 7.1 提取规则。

（1）初始化算法参数。

设定阈值 $\langle\alpha, \beta\rangle=\langle0.65, 0.35\rangle$，$t=s=0.5$。

（2）提取逻辑关系。

该信息表中蕴含如下逻辑关系：

$(S_s \vee S_m \vee S_l) \wedge (H_{xl} \vee H_l \vee H_m \vee H_h \vee H_{xh}) \wedge (D_n \vee D_m \vee D_f) \wedge (V_l \vee V_m \vee V_h) \wedge (\theta_n \vee \theta_d \vee \theta_m \vee \theta_f) \wedge [(R_{L\text{-}d} \vee R_{L\text{-}t} \vee R_{L\text{-}oc} \vee R_{L\text{-}ic}) \wedge (R_{F\text{-}d} \vee R_{F\text{-}t} \vee R_{F\text{-}oc} \vee R_{F\text{-}ic}) \wedge (R_{T\text{-}s} \vee R_{T\text{-}e} \vee R_{T\text{-}l})] \Rightarrow (I_1 \vee I_2 \vee I_3)$

其中，[·]中的逻辑项为可选项，根据实际情况而定，因为有的特征数据中没有时间和空间关系数据。将上式进行分解，可以得到 w 组初始规则 $\{RL_1, RL_2, \cdots, RL_w\}$，$540 \leq w \leq 25920$。

（3）计算可信度。

对于每组初始规则 RL_l（$l=1, 2, \cdots, w$），按照式（7.3）和式（7.4）求取其中每条规则的可信度 $CF_{RL_l} = \{CF_{RL_{l1}}, CF_{RL_{l2}}, \cdots, CF_{RL_{lq}}\}$，根据式（7.5）和式（7.6）将可信度进行转化，选择可信度最大的直觉模糊规则 $\{r_l = RL_{lk} | \kappa(RL_{lk}) = \sup \kappa(RL_l)\}$，然后将规则 r_l 加入决策规则集 RL。

（4）筛选规则。

对 RL 中的规则进行筛选，剔除置信度小于 0.65 且非置信度大于 0.35 的规则。

经过以上步骤，即可获得意图识别标准规则库。为简单起见对其进行精简，只取其中 10 条典型规则进行推理。

根据直觉模糊 Petri 网的知识表示方法，将之转换为直觉模糊 Petri 网模型，如图 7.3 所示。

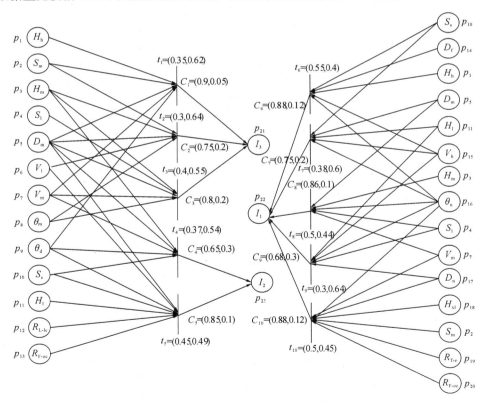

图 7.3　敌战术意图的 IFPN 表示模型

从图 7.3 中可以看出，该图包括 23 个库所（图中为了方便表示，重复画了 8 个库所），对应于 20 个态势特征因素变量（输入库所）和 3 个意图结果变量（输出库所），10 个变迁对应于 10 条推理规则，共一层结构。

7.3.2 参数优化

在如上所构建的直觉模糊 Petri 网模型中，阈值与可信度参数均已确定。下面通过第四章提出的参数优化算法，对模型中的权重系数进行确定。

1. 模糊推理中连续函数的建立

该模型仅有一层，故不需要对其进行分层，可以同时点燃 10 个变迁。下面分别建立输出库所 p_{21}、p_{22} 和 p_{23} 对应的连续函数。

(1) 先点燃变迁 t_1、t_2 和 t_3，共同得到库所 p_{21}。

$$x_\mu(t_1) = M_\mu(p_1) \times \omega_{11} + M_\mu(p_2) \times \omega_{12} + M_\mu(p_5) \times \omega_{13} + M_\mu(p_7) \times \omega_{14} + M_\mu(p_9) \times \omega_{15}$$
$$x_\gamma(t_1) = M_\gamma(p_1) \times \omega_{11} + M_\gamma(p_2) \times \omega_{12} + M_\gamma(p_5) \times \omega_{13} + M_\gamma(p_7) \times \omega_{14} + M_\gamma(p_9) \times \omega_{15}$$
$$x_\mu(t_2) = M_\mu(p_2) \times \omega_{21} + M_\mu(p_3) \times \omega_{22} + M_\mu(p_5) \times \omega_{23} + M_\mu(p_6) \times \omega_{24} + M_\mu(p_8) \times \omega_{25}$$
$$x_\gamma(t_2) = M_\gamma(p_2) \times \omega_{21} + M_\gamma(p_3) \times \omega_{22} + M_\gamma(p_5) \times \omega_{23} + M_\gamma(p_6) \times \omega_{24} + M_\gamma(p_8) \times \omega_{25}$$
$$x_\mu(t_3) = M_\mu(p_3) \times \omega_{31} + M_\mu(p_4) \times \omega_{32} + M_\mu(p_5) \times \omega_{33} + M_\mu(p_7) \times \omega_{34} + M_\mu(p_8) \times \omega_{35}$$
$$x_\gamma(t_3) = M_\gamma(p_3) \times \omega_{31} + M_\gamma(p_4) \times \omega_{32} + M_\gamma(p_5) \times \omega_{33} + M_\gamma(p_7) \times \omega_{34} + M_\gamma(p_8) \times \omega_{35}$$

那么

$$\begin{cases} M1_\mu(p_{21}) = \dfrac{x_\mu(t_1) \cdot C_1}{(1+e^{-b(x_\mu(t_1)-\tau\mu_1)}) \cdot (1+e^{b(x_\mu(t_1)-\tau\gamma_1)})} \\ M1_\gamma(p_{21}) = 1 - \dfrac{x_\mu(t_1) \cdot C_1}{(1+e^{-b(x_\mu(t_1)-\tau\mu_1)}) \cdot (1+e^{b(x_\mu(t_1)-\tau\gamma_1)})} \end{cases}$$

$$\begin{cases} M2_\mu(p_{21}) = \dfrac{x_\mu(t_2) \cdot C_2}{(1+e^{-b(x_\mu(t_2)-\tau\mu_2)}) \cdot (1+e^{b(x_\mu(t_2)-\tau\gamma_2)})} \\ M2_\gamma(p_{21}) = 1 - \dfrac{x_\mu(t_2) \cdot C_2}{(1+e^{-b(x_\mu(t_2)-\tau\mu_2)}) \cdot (1+e^{b(x_\mu(t_2)-\tau\gamma_2)})} \end{cases}$$

$$\begin{cases} M1_\mu(p_{21}) = \dfrac{x_\mu(t_3) \cdot C_3}{(1+e^{-b(x_\mu(t_3)-\tau\mu_3)}) \cdot (1+e^{b(x_\mu(t_3)-\tau\gamma_3)})} \\ M1_\gamma(p_{21}) = 1 - \dfrac{x_\mu(t_3) \cdot C_3}{(1+e^{-b(x_\mu(t_3)-\tau\mu_3)}) \cdot (1+e^{b(x_\mu(t_3)-\tau\gamma_3)})} \end{cases}$$

$$\begin{cases} M_\mu(p_{21}) = \max(M1_\mu(p_{21}), M2_\mu(p_{21}), M3_\mu(p_{21})) \\ M_\gamma(p_{21}) = \min(M1_\gamma(p_{21}), M2_\gamma(p_{21}), M3_\gamma(p_{21})) \end{cases}$$

根据第四章最大、最小运算连续函数的建立方法，可求得其对应的连续函数。

(2) 点燃变迁 t_4 和 t_5，共同得到库所 p_{23}。

$$x_\mu(t_4) = M_\mu(p_3) \times \omega_{41} + M_\mu(p_5) \times \omega_{42} + M_\mu(p_7) \times \omega_{43} + M_\mu(p_9) \times \omega_{44} + M_\mu(p_{10}) \times \omega_{45}$$
$$x_\gamma(t_4) = M_\gamma(p_3) \times \omega_{41} + M_\gamma(p_5) \times \omega_{42} + M_\gamma(p_7) \times \omega_{43} + M_\gamma(p_9) \times \omega_{44} + M_\gamma(p_{10}) \times \omega_{45}$$
$$x_\mu(t_5) = M_\mu(p_5) \times \omega_{51} + M_\mu(p_6) \times \omega_{52} + M_\mu(p_9) \times \omega_{53} + M_\mu(p_{10}) \times \omega_{54} + M_\mu(p_{11}) \times \omega_{55} \\ + M_\mu(p_{12}) \times \omega_{56} + M_\mu(p_{13}) \times \omega_{57}$$
$$x_\mu(t_5) = M_\mu(p_5) \times \omega_{51} + M_\mu(p_6) \times \omega_{52} + M_\mu(p_9) \times \omega_{53} + M_\mu(p_{10}) \times \omega_{54} + M_\mu(p_{11}) \times \omega_{55} \\ + M_\mu(p_{12}) \times \omega_{56} + M_\mu(p_{13}) \times \omega_{57}$$

之后确定其连续函数，同上。

(3) 点燃变迁 t_6、t_7、t_8、t_9 和 t_{10}，共同得到库所 p_{22}。

$$x_\mu(t_6) = M_\mu(p_{10}) \times \omega_{61} + M_\mu(p_{14}) \times \omega_{62} + M_\mu(p_1) \times \omega_{63} + M_\mu(p_{15}) \times \omega_{64} + M_\mu(p_{16}) \times \omega_{65}$$

$$x_\gamma(t_6) = M_\gamma(p_{10}) \times \omega_{61} + M_\gamma(p_{14}) \times \omega_{62} + M_\gamma(p_1) \times \omega_{63} + M_\gamma(p_{15}) \times \omega_{64} + M_\gamma(p_{16}) \times \omega_{65}$$

$$x_\mu(t_7) = M_\mu(p_{10}) \times \omega_{71} + M_\mu(p_5) \times \omega_{72} + M_\mu(p_{11}) \times \omega_{73} + M_\mu(p_{15}) \times \omega_{74} + M_\mu(p_{16}) \times \omega_{75}$$

$$x_\gamma(t_7) = M_\gamma(p_{10}) \times \omega_{71} + M_\gamma(p_5) \times \omega_{72} + M_\gamma(p_{11}) \times \omega_{73} + M_\gamma(p_{15}) \times \omega_{74} + M_\gamma(p_{16}) \times \omega_{75}$$

$$x_\mu(t_8) = M_\mu(p_5) \times \omega_{81} + M_\mu(p_3) \times \omega_{82} + M_\mu(p_{16}) \times \omega_{83} + M_\mu(p_4) \times \omega_{84} + M_\mu(p_7) \times \omega_{85}$$

$$x_\gamma(t_8) = M_\gamma(p_5) \times \omega_{81} + M_\gamma(p_3) \times \omega_{82} + M_\gamma(p_{16}) \times \omega_{83} + M_\gamma(p_4) \times \omega_{84} + M_\gamma(p_7) \times \omega_{85}$$

$$x_\mu(t_9) = M_\mu(p_{11}) \times \omega_{91} + M_\mu(p_{15}) \times \omega_{92} + M_\mu(p_{16}) \times \omega_{93} + M_\mu(p_4) \times \omega_{94} + M_\mu(p_{17}) \times \omega_{95}$$

$$x_\gamma(t_9) = M_\gamma(p_{11}) \times \omega_{91} + M_\gamma(p_{15}) \times \omega_{92} + M_\gamma(p_{16}) \times \omega_{93} + M_\gamma(p_4) \times \omega_{94} + M_\gamma(p_{17}) \times \omega_{95}$$

$$x_\mu(t_{10}) = M_\mu(p_{16}) \times \omega_{01} + M_\mu(p_7) \times \omega_{02} + M_\mu(p_{17}) \times \omega_{03} + M_\mu(p_{18}) \times \omega_{04} + M_\mu(p_2) \times \omega_{05}$$
$$+ M_\mu(p_{19}) \times \omega_{06} + M_\mu(p_{20}) \times \omega_{07}$$

$$x_\gamma(t_{10}) = M_\gamma(p_{16}) \times \omega_{01} + M_\gamma(p_7) \times \omega_{02} + M_\gamma(p_{17}) \times \omega_{03} + M_\gamma(p_{18}) \times \omega_{04} + M_\gamma(p_2) \times \omega_{05}$$
$$+ M_\gamma(p_{19}) \times \omega_{06} + M_\gamma(p_{20}) \times \omega_{07}$$

之后，确定其连续函数，同上。

2. 参数训练学习

根据文献[3]提出的训练和测试样本的生成方法，依据历史经验和防空实际产生 300 批目标，采用文献[4]提出的敌战术意图识别方法给出各意图的可能性度量，然后由专家对数据进行校正，以此作为最终的训练样本集和测试集。

取 200 个样本作为训练样本，推理函数中常量 $b = 5000$，初始学习率 $\eta = 0.15$，之后其值随网络输出误差根据式(3.25)动态调整，$\varepsilon = 0.03$，训练前模型原始参数以随机取数的方式初始化，变迁阈值及可信度参数已知。运用算法 4.3，对 IFPN 参数进行学习和修正。经过 165 次学习，总平均误差函数值为 $0.02952 < 0.03$，满足要求。经学习各参数优化结果如表 7.2 所示。

表 7.2　各参数优化结果

参数	优化结果	参数	优化结果	参数	优化结果
ω_{11}	0.1534	ω_{31}	0.1627	ω_{51}	0.1023
ω_{12}	0.3257	ω_{32}	0.3014	ω_{52}	0.1217
ω_{13}	0.1628	ω_{33}	0.1616	ω_{53}	0.1248
ω_{14}	0.1876	ω_{34}	0.1986	ω_{54}	0.1954
ω_{15}	0.1705	ω_{35}	0.1757	ω_{55}	0.0978
ω_{21}	0.3149	ω_{41}	0.1528	ω_{56}	0.1826
ω_{22}	0.1427	ω_{42}	0.1625	ω_{57}	0.1754
ω_{23}	0.1634	ω_{43}	0.1782	ω_{61}	0.3174
ω_{24}	0.2018	ω_{44}	0.2019	ω_{62}	0.1551
ω_{25}	0.1772	ω_{45}	0.3046	ω_{63}	0.1573

续表

参数	优化结果	参数	优化结果	参数	优化结果
ω_{64}	0.1996	ω_{82}	0.1496	ω_{95}	0.1458
ω_{65}	0.1726	ω_{83}	0.1987	ω_{01}	0.1275
ω_{71}	0.3026	ω_{84}	0.3217	ω_{02}	0.1293
ω_{72}	0.1527	ω_{85}	0.1722	ω_{03}	0.1017
ω_{73}	0.1432	ω_{91}	0.1527	ω_{04}	0.0996
ω_{74}	0.2014	ω_{92}	0.2015	ω_{05}	0.1673
ω_{75}	0.2001	ω_{93}	0.1876	ω_{06}	0.1826
ω_{81}	0.1578	ω_{94}	0.3124	ω_{07}	0.1920

　　为了检验上述参数的泛化性能，取 100 个测试样本，应用优化的模型参数进行 IFPN 模糊推理，分别比较三个输出库所的实际值、期望值和其误差，结果如图 7.4 所示。

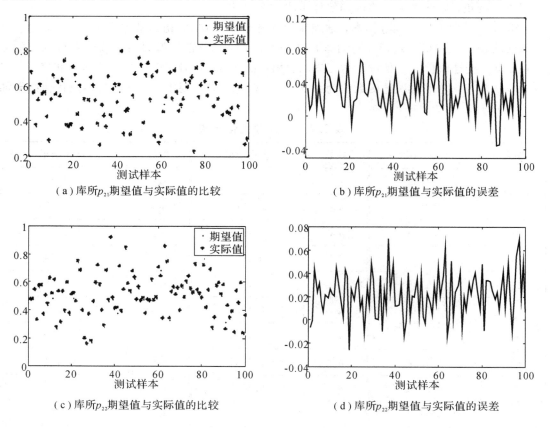

（a）库所 p_{21} 期望值与实际值的比较　　　　　（b）库所 p_{21} 期望值与实际值的误差

（c）库所 p_{22} 期望值与实际值的比较　　　　　（d）库所 p_{22} 期望值与实际值的误差

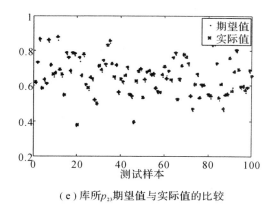

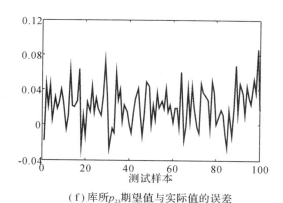

（e）库所 p_{23} 期望值与实际值的比较　　　　　（f）库所 p_{23} 期望值与实际值的误差

图 7.4　IFPN 模型参数测试结果

从图 7.4 中可以看出，实际值与期望值基本重合，泛化性能评判指标 APE＝0.0265。可见，对模型参数的优化是成功的，而且有很好的泛化性能。

下面通过一个具体实例给出意图推理的求解过程。

7.3.3　意图推理

假设现有一批典型目标需要识别其作战意图，对该批各个目标的态势特征进行直觉模糊化处理，利用文献[5]中提出的 IFCM 聚类方法进行目标编群，获取聚类中心，作为直觉 Petri 网模型推理时各库所的初始模糊 Token 值。下面根据算法 3.1 进行推理，找出其战术意图。

1. 初始化

（1）初始化加权输入矩阵 I。

按照上一节优化的权重参数建立加权输入矩阵，如下

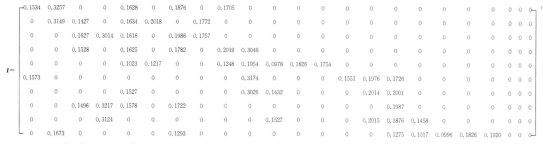

（2）初始化变迁阈值向量 τ＝（〈0.35，0.62〉〈0.3，0.64〉〈0.4，0.55〉〈0.37，0.54〉〈0.45，0.49〉〈0.55，0.4〉〈0.38，0.6〉〈0.3，0.44〉〈0.3，0.64〉〈0.5，0.45〉）^{T}。

（3）初始化库所初始 Token 值 $\theta^{(0)}$＝（〈0.10，0.88〉〈0.42，0.58〉〈0.41，0.57〉〈0.09，0.91〉〈0.51，0.46〉〈0.10，0.89〉〈0.51，0.48〉〈0.14，0.84〉〈0.43，0.53〉〈0.90，0.10〉〈0.79，0.19〉〈1，0〉〈0，1〉〈0.12，0.85〉〈0.87，0.10〉〈0.81，0.15〉〈0.82，0.15〉〈0.56，0.42〉〈0.89，0.11〉〈0.87，0.13〉〈0，1〉〈0，1〉〈0，1〉）^{T}。

（4）初始化输出矩阵 O。

131

$$\boldsymbol{O}=\begin{bmatrix}
(0,1)&(0,1)&(0,1)&(0,1)&(0,1)&(0,1)&(0,1)&(0,1)&(0,1)&(0,1)\\
(0,1)&(0,1)&(0,1)&(0,1)&(0,1)&(0,1)&(0,1)&(0,1)&(0,1)&(0,1)\\
(0,1)&(0,1)&(0,1)&(0,1)&(0,1)&(0,1)&(0,1)&(0,1)&(0,1)&(0,1)\\
(0,1)&(0,1)&(0,1)&(0,1)&(0,1)&(0,1)&(0,1)&(0,1)&(0,1)&(0,1)\\
(0,1)&(0,1)&(0,1)&(0,1)&(0,1)&(0,1)&(0,1)&(0,1)&(0,1)&(0,1)\\
(0,1)&(0,1)&(0,1)&(0,1)&(0,1)&(0,1)&(0,1)&(0,1)&(0,1)&(0,1)\\
(0,1)&(0,1)&(0,1)&(0,1)&(0,1)&(0,1)&(0,1)&(0,1)&(0,1)&(0,1)\\
(0,1)&(0,1)&(0,1)&(0,1)&(0,1)&(0,1)&(0,1)&(0,1)&(0,1)&(0,1)\\
(0,1)&(0,1)&(0,1)&(0,1)&(0,1)&(0,1)&(0,1)&(0,1)&(0,1)&(0,1)\\
(0,1)&(0,1)&(0,1)&(0,1)&(0,1)&(0,1)&(0,1)&(0,1)&(0,1)&(0,1)\\
(0,1)&(0,1)&(0,1)&(0,1)&(0,1)&(0,1)&(0,1)&(0,1)&(0,1)&(0,1)\\
(0,1)&(0,1)&(0,1)&(0,1)&(0,1)&(0,1)&(0,1)&(0,1)&(0,1)&(0,1)\\
(0,1)&(0,1)&(0,1)&(0,1)&(0,1)&(0,1)&(0,1)&(0,1)&(0,1)&(0,1)\\
(0,1)&(0,1)&(0,1)&(0,1)&(0,1)&(0,1)&(0,1)&(0,1)&(0,1)&(0,1)\\
(0,1)&(0,1)&(0,1)&(0,1)&(0,1)&(0,1)&(0,1)&(0,1)&(0,1)&(0,1)\\
(0,1)&(0,1)&(0,1)&(0,1)&(0,1)&(0,1)&(0,1)&(0,1)&(0,1)&(0,1)\\
(0,1)&(0,1)&(0,1)&(0,1)&(0,1)&(0,1)&(0,1)&(0,1)&(0,1)&(0,1)\\
(0,1)&(0,1)&(0,1)&(0,1)&(0,1)&(0,1)&(0,1)&(0,1)&(0,1)&(0,1)\\
(0.9,0.05)&(0.75,0.2)&(0.8,0.2)&(0,1)&(0,1)&(0,1)&(0,1)&(0,1)&(0,1)&(0,1)\\
(0,1)&(0,1)&(0,1)&(0,1)&(0,1)&(0.88,0.12)&(0.75,0.2)&(0.86,0.1)&(0.68,0.3)&(0.88,0.12)\\
(0,1)&(0,1)&(0,1)&(0.65,0.3)&(0.85,0.1)&(0,1)&(0,1)&(0,1)&(0,1)&(0,1)
\end{bmatrix}$$

2. 推理运算

利用算法 3.1 进行迭代运算，下面给出第一次迭代的运算过程。

（1）计算各变迁的等效模糊输入 Token 值向量 $\boldsymbol{E}$。

$\boldsymbol{E}=\boldsymbol{I}^{\mathrm{T}}\times\boldsymbol{\theta}^{(0)}=(\langle 0.4042, 0.5792\rangle\ \langle 0.3191, 0.6676\rangle\ \langle 0.3021, 0.6843\rangle\ \langle 0.5974, 0.3848\rangle\ \langle 0.5537, 0.4350\rangle\ \langle 0.6317, 0.3476\rangle\ \langle 0.8006, 0.1779\rangle\ \langle 0.4195, 0.5631\rangle\ \langle 0.5956, 0.3835\rangle\ \langle 0.7082, 0.2804\rangle)^{\mathrm{T}}$

（2）将获取的 Token 值向量 $\boldsymbol{E}$ 与变迁阈值 $\boldsymbol{\tau}$ 相比较，去掉无法触发的输入项。

$\boldsymbol{G}=\boldsymbol{E}\odot(\boldsymbol{E}\ \copyright\ \boldsymbol{\tau})=(\langle 0.4042, 0.5792\rangle\ \langle 0,1\rangle\ \langle 0,1\rangle\ \langle 0.5974, 0.3848\rangle\ \langle 0.5537, 0.4350\rangle\ \langle 0.6317, 0.3476\rangle\ \langle 0.8006, 0.1779\rangle\ \langle 0,1\rangle\ \langle 0.5956, 0.3835\rangle\ \langle 0.7082, 0.2804\rangle)^{\mathrm{T}}$。

可见，变迁 t_2、t_3 和 t_8 均没有被触发。

（3）计算模糊输出库所的 Token 值，用以表示推理后得到结论的命题的真值。

$\boldsymbol{S}=\boldsymbol{O}\otimes\boldsymbol{G}=(\langle 0,1\rangle\ \langle 0,1\rangle\ \langle 0,1\rangle\ \langle 0,1\rangle\ \langle 0,1\rangle\ \langle 0,1\rangle\ \langle 0,1\rangle\ \langle 0,1\rangle\ \langle 0,1\rangle\ \langle 0,1\rangle\ \langle 0,1\rangle\ \langle 0,1\rangle\ \langle 0,1\rangle\ \langle 0,1\rangle\ \langle 0,1\rangle\ \langle 0,1\rangle\ \langle 0,1\rangle\ \langle 0,1\rangle\ \langle 0.2637, 0.7002\rangle\ \langle 0.7232, 0.2423\rangle\ \langle 0.4707, 0.4915\rangle)^{\mathrm{T}}$

（4）计算当前得到的所有库所的 Token 值。

$\boldsymbol{\theta}^{(1)}=\boldsymbol{\theta}^{(0)}\oplus\boldsymbol{S}=(\langle 0.10, 0.88\rangle\ \langle 0.42, 0.58\rangle\ \langle 0.41, 0.57\rangle\ \langle 0.09, 0.91\rangle\ \langle 0.51, 0.46\rangle\ \langle 0.10, 0.89\rangle\ \langle 0.51, 0.48\rangle\ \langle 0.14, 0.84\rangle\ \langle 0.43, 0.53\rangle\ \langle 0.90, 0.10\rangle\ \langle 0.79, 0.19\rangle\ \langle 1, 0\rangle\ \langle 0,1\rangle\ \langle 0.12, 0.85\rangle\ \langle 0.87, 0.10\rangle\ \langle 0.81, 0.15\rangle\ \langle 0.82, 0.15\rangle\ \langle 0.56, 0.42\rangle\ \langle 0.89, 0.11\rangle$

$\langle 0.87，0.13\rangle\langle 0.3637，0.6002\rangle\langle 0.7232，0.2423\rangle\langle 0.4707，0.4915\rangle)^{\mathrm{T}}$

通过迭代计算，可知 $\boldsymbol{\theta}^{(2)}=\boldsymbol{\theta}^{(1)}$，迭代结束，库所最终 Token 值 $\boldsymbol{\theta}=\boldsymbol{\theta}^{(1)}$。

从推理结果看，所有输出库所中隶属度最大、非隶属度最小的库所均为 $p_{22}=\langle 0.7232，0.2423\rangle$，即对我保卫目标进行攻击的可能性最大，敌对我保卫目标实施压制的可能性最小，与专家预测结果相吻合。

7.3.4　讨论分析

通过与现有文献中关于意图识别方法的比较分析，本书提出的基于直觉模糊 Petri 网模型的敌战术意图识别方法主要有以下几个优点：

（1）综合考虑时间关系、空间关系和态势因果关系，构建了意图识别混合推理模型，解决了现有文献中忽略时空因素的问题，使得推理模型更加完善；

（2）Petri 网模型的推理过程完全并行，推理计算的迭代步数只和推理进行的最大深度有关，而与规则的多少无关，这对于规则繁多且错综复杂的敌意图识别显得尤为重要，提高了指挥决策效率；

（3）直觉模糊集的引入，可以很好地描述复杂不确定态势特征信息，包括对时间和空间信息的处理，使得推理结果更加准确可信，同时获取更多的预测信息；

（4）直觉模糊 Petri 网模型有很好的可视效果和动态推理能力，可随时根据战场态势的变化，通过增加库所和变迁动态调整模型，改善了以往文献中模型交互性差的性能；

（5）利用 BP 误差反传算法对模型进行优化，一定程度上解决了因人为因素造成的参数测量不准确的问题，提高了推理精度，为指挥员做出正确决策提供支持。

但是，大量的态势特征和作战意图可能会引起所有 Petri 网在大型系统建模时出现状态空间爆炸以及层次结构不明晰等问题，而面向对象技术可以较好地解决这一问题，所以需进一步研究直觉模糊对象 Petri 网，对模型进行优化。

同时，敌战术意图识别跟其他领域的识别问题不同，即目标存在对抗，目标为掩盖其真实作战意图而作出一些带有欺骗性质的战术行为，给目标战术意图准确识别带来困难。因此，在目标作出欺骗行为的前提下，研究战术意图的识别方法也是一个主要的研究方向。

本 章 小 结

本章针对防空作战中敌战术意图识别问题，提出一种基于直觉模糊 Petri 网的意图识别方法，具体如下，

首先，建立意图识别数学模型，通过分析防空作战中天空来袭目标影响意图识别的主要因素，提取态势特征，对其状态变量归一化并进行模糊等级划分，给出隶属度和非隶属度的度量方法。

其次，根据历史信息、专家经验和事件检测获得的大量用直觉模糊集描述的不确定信息，建立规则信息表，用于提取规则。通过分析态势特征集合与意图模式假设集合的逻辑关系，提取出可信度较高的规则。

最后，通过一个防空作战实例，综合考虑时间、空间和因果因素，构建基于 IFPN 的意图识别混合推理模型，利用 BP 误差反传算法对模型参数进行优化，进而推理分析、获取意

图。而后，通过对比分析，该方法优于其他意图识别方法。

参 考 文 献

［1］ 雷英杰，王宝树，王毅. 基于直觉模糊推理的威胁评估方法［J］. 电子与信息学报，2007，29(9)：2077－2081.

［2］ 李洋. 模糊 Petri 网参数优化问题的研究及分析［D］. 长沙：长沙理工大学，2007.

［3］ 徐小来. 直觉模糊集理论及其在防空 C^4 ISR 中的应用研究［D］. 西安：空军工程大学博士学位论文，2009.

［4］ 蔡茹. 基于直觉模糊集理论的敌意图识别方法研究［D］. 西安：空军工程大学，2009.

［5］ 申晓勇. 直觉模糊 Petri 网理论及其在防空 C^4 ISR 中的应用研究［D］. 西安：空军工程大学，2010.

第八章　基于 IFTPN 的防空 C⁴ISR 指挥决策系统建模与分析

本章主要研究防空 C⁴ISR 指挥决策系统模型的构建和决策时延分析方法。该方法首先构建了直觉模糊时间 Petri 网,并给出了冲突化解策略及线性推理方法;然后,根据防空 C⁴ISR 系统指挥决策过程,基于直觉模糊时间 Petri 网对 C⁴ISR 指挥决策系统进行建模;最后,通过实例对该模型决策时延进行分析。

8.1　引　　言

防空 C⁴ISR 系统是一个具有分布、并发和异步等特征的复杂系统。为了分析、评价和开发系统,必须选用某种恰当的数学模型描述系统功能、系统结构、系统动态行为以及系统各部分之间及其与环境之间的交互作用。防空 C⁴ISR 系统的指标体系不仅包括其本身的性能指标,还包括它与武器系统、战场环境相结合完成作战使命的作战效能指标。防空 C⁴ISR 系统的这些特点造成了系统建模的复杂性和多维性,这就需要有合适的描述模型来对其进行建模。

Petri 网具有可视化图形描述功能,能描述系统的静态结构和动态变化;它还是一种结构化系统描述工具,可以描述系统异步、同步、并发逻辑关系;它既能分析系统运行性能,又可用于检查与防止诸如锁死、堆栈溢出、资源冲突等不期望的系统运行性能,还可用于系统的仿真,从而对系统进行分析与评估;它也支持形式化数学描述与分析,如不变量分析。时间 Petri 网在普通 Petri 网的基础上为库所或变迁引入时延参量,使其不仅能够用来描述系统在逻辑层次上的关系,而且能够适度地表征系统在时间层次上的关系。

因此,本章通过对现有模糊时间 Petri 网模型的分析拓展,基于第三章提出的直觉模糊时序逻辑构建直觉模糊时间 Petri 网(Intuitionistic Fuzzy Time Petri Net,IFTPN),并给出冲突化解策略和推理方法,对防空 C⁴ISR 指挥决策系统建模,并对其决策时延进行分析。

8.2　直觉模糊时间 Petri 网模型及其推理方法

为了解决复杂系统中不确定时间的描述和推理问题,国内外学者提出了多种不确定时间关系的模糊时间 Petri 模型和分析方法。但是,时间的不确定性往往不能单纯地通过四元组形式的梯形函数或者三角形函数进行描述,简单边界运算的结果不能很好地解决实际问题。同时,现有的各种模糊时间 Petri 网模型的时间知识推理算法对冲突关系均缺乏定量描述和分析,不能定量分析冲突事件中的不确定时间知识,也无法准确给出最终结果的可能性,仅文献[1]给出了简单的定量描述和分析。

针对现有模糊时间 Petri 网在对复杂不确定时间信息描述和推理方面的局限性,本章采取基于直觉模糊时序逻辑构建直觉模糊时间 Petri 网模型。该 Petri 网模型利用直觉模糊集对模糊时延和模糊时间片进行描述，表达定义在离散论域或连续论域上的各种不确定时间信息，并基于直觉模糊逻辑定义模糊时间运算法则；同时，通过线性逻辑对该模型进行描述，定义变迁之间的各种触发规则，给出推理方法。

8.2.1 IFTPN 模型的定义

基于直觉模糊时序逻辑对传统的模糊时间 Petri 网进行直觉化扩展。直觉模糊时间 Petri网模型的定义如下

定义 8.1（直觉模糊时间 Petri 网，IFTPN） IFTPN 的结构可用如下的七元组来表示：

$$IFTPN = (P, T, Pre, Post, \Phi, \Psi, M_0) \tag{8.1}$$

其中

(1) $P = \{p_1, p_2, \cdots, p_n\}$ 是一个有限库所集合，每个库所关联一个状态。

(2) $T = \{t_1, t_2, \cdots, t_m\}$ 是一个有限变迁集合，且满足：$P \cup T \neq \varnothing$，$P \cap T = \varnothing$，每个变迁关联一个事件。

(3) Pre：$P \times T \rightarrow \{0, 1\}$ 是前相关函数，如果 p_i 是 t_j 的输入库所，则 $Pre(p_i, t_j) = 1$，否则为 0。

(4) $Post$：$P \times T \rightarrow \{0, 1\}$ 是后相关函数，如果 p_i 是 t_j 的输出库所，则 $Post(p_i, t_j) = 1$，否则为 0。

(5) Φ：$T \rightarrow \Pi$ 是一个从变迁到模糊时间区间的映射函数。每一个变迁被赋予一个模糊时间区间，我们称之为模糊时延，它是对事件发生使得系统从一种状态到另一种状态所经历时间长度可能性的度量，可利用直觉模糊集对 Π 进行描述，具体定义如下

定义 8.2（模糊时延） 假设有一变迁 t，则该变迁的模糊时延可以表示为

$$\Pi(t) = (\alpha, A(i)) \tag{8.2}$$

其中，$\alpha = [\tau_1, \tau_2]$，$i \in \alpha$，$A(i)$ 表示在区间 α 上的直觉模糊集，$A(i) = \{\langle i, \mu_A(i), \gamma_A(i), \pi_A(i) \rangle | i \in \alpha\}$；$\tau_1$ 和 τ_2 表示相对时间，即相对于变迁使能的时间。特别当 $\alpha = [0, 0]$ 时，该变迁定义为瞬时变迁。

(6) Ψ：$P \rightarrow \pi(\tau)$ 是库所 P 的一个关联函数，表示托肯（Token，令牌）在时间区间 τ 内到达某一库所的可能性分布，我们称 $\pi(\tau)$ 为模糊时间片。利用直觉模糊集合对 $\pi(\tau)$ 进行描述，定义如下

定义 8.3（模糊时间片） 假设有一库所在时间轴上某一模糊时刻 τ 托肯到达，则模糊时间片可以表示为

$$\pi(\tau) = (\beta, B(\tau)) \tag{8.3}$$

其中，$\beta = [\tau_1, \tau_2]$，$\tau \in \beta$，$B(\tau)$ 表示在区间 β 上的直觉模糊集，$B(\tau) = \{\langle \tau, \mu_B(\tau), \gamma_B(\tau), \pi_B(\tau) \rangle | \tau \in \beta\}$。

(7) M_0 是库所 P 上的初始标识。

系统的标识 M_i 是对系统动态行为的描述。系统的每一个状态对应于库所的一个标识向量，取值为空时间片的库所不出现在集合中。

该定义主要是利用直觉模糊集对模糊时延和模糊时间片进行描述，集合的核表示最可能发生的时间区间，支集中的最小元素表示可能发生的最早时间，支集中的最大元素表示

可能发生的最迟时间；如果取单位时间长度，则可以表示各个发生时间的可能性，以至于可以表达更加复杂的不确定时间信息；同时，时间之间的运算可以转化为直觉模糊集交、并运算和关系运算，故该描述方法能准确地描述客观实际。

8.2.2　IFTPN 模型的线性逻辑描述及化简规则

下面根据 IFTPN 模型，利用线性逻辑对其进行描述，分别定义相应的时间运算关系和线性逻辑化简规则，最后给出线性推理方法。

1. IFTPN 的线性逻辑描述

首先，线性逻辑的主要连接符可定义如下：

$\otimes$：表示资源之间的"与"关系，对于命题 A，$A \otimes A = 2A$；

$\oplus$：表示资源之间的"或"关系，对于命题 A，$A \oplus A = A$；

$-^\circ$：表示因果关系，对于命题 A 和 B，$A -^\circ B$ 表示 A 推出 B，然后 A 不再成立；

$|-$：表示资源间的可证明关系，比如 $\Gamma |- \Delta$ 表示 Δ 可以由 Γ 证明得出，Δ 和 Γ 均为资源集合。

这样，对于任意 IFTPN 模型，当前标识采用线性逻辑可描述为：$M = \otimes p_k^m$，其中 p_k 表示库所，m 表示托肯数目，一般令 $m = 1$，这样可以省略，记为 $M = \otimes p_k$；变迁 t_j 可以表示输入库所和输出库所之间的因果关系，即可用符号 $-^\circ$ 表示变迁。

如图 8.1 所示的 IFTPN 模型，利用线性逻辑可以描述为

$M_0 = p_1^1$，$M_1 = p_2^1 \otimes p_3^1$，$M_2 = p_4^1 \otimes p_5^1$，$M_3 = p_6^1$

$t_1 : p_1 -^\circ p_2 \otimes p_3$，$t_2 : p_2 -^\circ p_4$，$t_3 : p_3 -^\circ p_5$，$t_4 : p_4 \otimes p_5 -^\circ p_6$

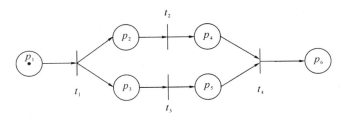

图 8.1　一个简单 IFTPN 模型

2. IFTPN 的时间运算定义

为了描述方便，首先定义以下几种时间运算关系。

假设两个模糊时间分别为 $\text{interval1} = (\alpha, A(i))$，$\text{interval2} = (\beta, B(j))$，其中，$\alpha = [\tau_1, \tau_2]$，$\beta = [\tau_3, \tau_4]$，$i \in \alpha$，$j \in \beta$，$A(i)$ 和 $B(j)$ 分别表示在区间 α 和 β 上的直觉模糊集，那么时间之间的运算可转化为直觉模糊集间的运算，定义如下

（1）"求和"运算 ad。

对于两个模糊时间区间的"求和"运算可以通过直觉模糊关系运算进行描述。直觉模糊关系 R 的隶属度和非隶属度定义如下：

$$\begin{cases} \mu_R(k) = \bigvee_{i+j=k} [\mu_A(i) + \mu_B(j)]/2 \\ \gamma_R(k) = \bigwedge_{i+j=k} [\gamma_A(i) + \gamma_B(j)]/2 \end{cases} \quad (8.4)$$

其中，$k\in\sigma=[\tau_1+\tau_3,\tau_2+\tau_4]$，那么，ad(interval1，interval2)$=(\sigma,R(k))$。当然，该式也适合于计算模糊时刻与模糊时段的相加操作。

（2）"较晚"运算 ld 和"较早"运算 ed。

对于两个模糊时间区间的"较晚"和"较早"运算可以通过直觉模糊集关系运算进行描述。直觉模糊关系 R 的隶属度和非隶属度定义如下

$$\begin{cases}\mu_R(k)=\mu_A(k)\vee\mu_B(k)\\\gamma_R(k)=\gamma_A(k)\wedge\gamma_B(k)\end{cases} \tag{8.5}$$

其中，当 $k\in\sigma=[\max(\tau_1,\tau_3),\max(\tau_2,\tau_4)]$ 表示"较晚"运算；当 $k\in\sigma=[\min(\tau_1,\tau_3),\min(\tau_2,\tau_4)]$ 表示"较早"运算；当 $k\notin\alpha$，$\mu_A(k)=0$，$\gamma_A(k)=1$；当 $k\notin\beta$，$\mu_B(k)=0$，$\gamma_B(k)=1$。

（3）"较宽"运算 wd 和"较窄"运算 nd。

对于两个模糊时间区间的"较宽"运算可以通过两个直觉模糊集的并集 C 进行描述。直觉模糊集 C 的隶属度和非隶属度定义如下

$$\begin{cases}\mu_C(k)=\mu_A(k)\vee\mu_B(k)\\\gamma_C(k)=\gamma_A(k)\wedge\gamma_B(k)\end{cases} \tag{8.6}$$

其中，当 $k\in\sigma=[\min(\tau_1,\tau_3),\max(\tau_2,\tau_4)]$，表示"较宽"运算；当 $k\in\sigma=[\max(\tau_1,\tau_3),\min(\tau_2,\tau_4)]$ 表示"较窄"运算；当 $k\notin\alpha$，$\mu_A(k)=0$，$\gamma_A(k)=1$；当 $k\notin\beta$，$\mu_B(k)=0$，$\gamma_B(k)=1$。

3. IFTPN 的线性逻辑化简规则

基于线性逻辑，根据两变迁输入库所及输出库所之间的关系，定义四类 IFTPN 变迁之间的化简规则，分别表示变迁触发的顺序、并行、并行冲突和资源共享冲突等关系，并给出其对应时间信息的运算公式。

规则 1： 假设有两个变迁 t_1：$p_1-{}^\circ p_2$，$\Phi(t_1)$ 和 t_2：$p_2-{}^\circ p_3$，$\Phi(t_2)$，若 t_2 的触发以 t_1 的触发为条件，则 t_1 和 t_2 是顺序触发关系，且满足如下规则

$$t=t_1\bullet t_2：p_1-{}^\circ p_3,\Phi(t)$$

其中，连接符"$\bullet$"表示变迁顺序触发，$\Phi(t)=\text{ad}(\Phi(t_1),\Phi(t_2))$，$\Psi(p_3)=\text{ad}(\Psi(p_1),\Phi(t))$。

规则 2： 假设有两个变迁 t_1：$p_1-{}^\circ p_2$，$\Phi(t_1)$ 和 t_2：$p_3-{}^\circ p_4$，$\Phi(t_2)$，若 t_1 与 t_2 的触发互不相关且相互独立，库所 p_2 与 p_4 可以相同，也可以不同，则 t_1 和 t_2 是并行触发关系，且满足如下规则

$$t=t_1\parallel t_2：p_1{}'-{}^\circ p_2{}',\Phi(t)$$

其中，连接符"$\parallel$"表示变迁并行触发，$\Phi(t)=\text{ld}(\Phi(t_1),\Phi(t_2))$，两个变迁等效为从库所 $p_1{}'$ 到 $p_2{}'$ 的变迁，$\Psi(p_1{}')=\text{ld}(\Psi(p_1),\Psi(p_3))$，$\Psi(p_2{}')=\text{ad}(\Psi(p_1{}'),\Phi(t))$。

规则 3： 假设有两个变迁 t_1：$p_1-{}^\circ p_2$，$\Phi(t_1)$ 和 t_2：$p_1-{}^\circ p_3$，$\Phi(t_2)$，若 t_1 与 t_2 的输入库所相同，则 t_1 和 t_2 是并行冲突关系，且满足如下规则

$$t=t_1\mid t_2：p_1-{}^\circ p_2{}',\Phi(t)$$

其中，连接符"$\mid$"表示变迁并行冲突，对于 p_2 与 p_3 是否相同分情况讨论。

①当 $p_2=p_3$ 时，$\Phi(t)=\text{wd}(\Phi(t_1),\Phi(t_2))$，$\Psi(p_2{}')=\text{ad}(\Psi(p_1),\Phi(t))$；

②当 $p_2\neq p_3$ 时，需要根据实际情况择一触发，即 $\Phi(t)=\Phi(t_1)$ 或 $\Phi(t_2)$。

规则 4： 假设有两个变迁 t_1：$p_1\otimes p_2-{}^\circ p_4$，$\Phi(t_1)$ 和 t_2：$p_1\otimes p_3-{}^\circ p_5$，$\Phi(t_2)$，若 t_1 与

t_2 的输入库所部分相同，则 t_1 和 t_2 是资源共享冲突关系，且满足如下规则

$$t=t_1/t_2: M\overset{\circ}{-}N, \Phi(t)$$

其中，连接符"/"表示变迁资源共享冲突，$\Psi(p_1\otimes p_2)=\mathrm{ld}(\Psi(p_1), \Psi(p_2))$，$\Psi(p_1\otimes p_3)=\mathrm{ld}(\Psi(p_1), \Psi(p_3))$。

①当 $p_4=p_5$ 时，两个变迁等效为从库所 M 到 N 的变迁，若 $\Psi(M)=\mathrm{ed}(\Psi(p_1\otimes p_2), \Psi(p_1\otimes p_3))$，则 $\Phi(t)=\mathrm{ed}(\Phi(t_1), \Phi(t_2))$，$\Psi(N)=\mathrm{ad}(\Psi(M), \Phi(t))$；

②当 $p_4\neq p_5$ 时，两个变迁都有可能触发，每个变迁的输出库所对应的模糊时间片计算如下：

$$\Psi(p_4)=\mathrm{nd}(\mathrm{ad}(\Psi(p_1\otimes p_2), \Phi(t_1)), \mathrm{ed}(\mathrm{ad}(\Psi(p_1\otimes p_2), \Phi(t_1)), \mathrm{ad}(\Psi(p_1\otimes p_3), \Phi(t_2))))$$

$$\Psi(p_5)=\mathrm{nd}(\mathrm{ad}(\Psi(p_1\otimes p_3), \Phi(t_2)), \mathrm{ed}(\mathrm{ad}(\Psi(p_1\otimes p_2), \Phi(t_1)), \mathrm{ad}(\Psi(p_1\otimes p_3), \Phi(t_2))))$$

由于这些规则中的时间信息均用直觉模糊集描述，所以时间之间的运算就涉及直觉模糊集间的交、并运算和关系运算，直觉模糊集的引入使得时间之间的运算更加精确，更适合描述各种复杂的不确定时间信息。

8.2.3　基于 IFTPN 的线性推理方法

基于 IFTPN 的时间知识推理方法是将直觉模糊集理论、线性逻辑和时间 Petri 网理论相结合提出的对不确定时间知识进行定量推理分析的一种方法。

在推理计算之前，需对 IFTPN 模型加以限制，具体如下：

(1) 一个模型只有一个起始库所和一个终止库所；

(2) 系统模型中不存在环路和孤立的变迁。

上述限制保证了该模型在任何情况下都能推演到最终状态，即托肯能到达结束点对应的库所。

定理 8.1　对于任意的 IFTPN 模型，如果只有一个起始库所和一个终止库所，且不存在环路，则可在线性时间内解决相应的时间推理问题。

证明：

进行推理求解的问题通常可分为两类：一类是求单个事件发生的时间信息，另一类是求系统中两个事件间的时序逻辑关系。第二类问题本质上也是先求每个事件相应的时间信息，再求两个事件可能的逻辑关系。

若是求第一类问题，假设求事件 X 的时间信息，设系统模型的唯一起始库所为 p，托肯从 p 到所求事件 X 的对应库所必经过一个相关变迁集合 $T_x=\{t_1, t_2, \cdots, t_m\}$，$m\leqslant n$，$n$ 为模型变迁总数。由于系统中不存在环路，故托肯不会重复流经同一库所，即最多经 m 步便可到达 X 的对应库所。每步运算可由上述四条规则对模型进行等价化简，至多经 $m-1$ 步可将 p 到 X 之间的子网化成一个等价变迁 T_x，进而计算出事件 X 对应的模糊时间片 π_x。

若是求第二类问题，假设求事件 X 和 Y 的时序逻辑关系，首先由上述步骤求出 X 的对应模糊时间片，然后从 p 到 Y 的等价变迁集合 T_y 中，计算出事件 Y 对应的模糊时间片 π_y，即可求得事件 X 和 Y 的时序逻辑关系。因此总的运算步骤小于等于 $2n$。

综上所述，对于任何满足上述约束的时间推理问题，可以在线性时间复杂度内解决。

算法开始之前，根据用户问题构造相应的 IFTPN 模型，给出各变迁对应的模糊时延以及各初始库所的模糊时间片。下面给出基于 IFTPN 的不确定时间知识的线性推理算法。

算法 8.1 IFTPN 的推理算法。

输入：库所集 P、变迁集 T、输入弧集、输出弧集、各初始库所模糊时间片、各变迁模糊时延、问题描述。

输出：库所的模糊时间片。

过程：

Step1：判断模型的起始库所和终止库所是否唯一，如果不唯一，加入新的瞬时变迁，实现起始库所和终止库所的唯一化，保证不存在环路；

Step2：从模型中查找问题所对应的库所，形成新的子模型；

Step3：利用四类线性逻辑化简规则对该子模型进行化简，获取简化模型；

Step4：利用时间运算公式对简化模型进行分析计算，求得对应库所的模糊时间片以及等价变迁的模糊时延；

Step5：对推理结果进行分析，给出求解答案。

由于该算法一定能在线性复杂度内解决，故算法的时间复杂度为 $O(n)$。

基于 IFTPN 的不确定时间知识的线性推理方法，不仅可以解决系统复杂不确定时间信息的描述和推理问题，同时还可以对具有时延信息的复杂系统进行建模，并对其时间信息进行描述和推理。下面研究基于 IFTPN 的防空 C⁴ISR 系统建模及其决策时延分析方法。

8.3　防空 C⁴ISR 指挥决策系统的建模与分析

要对防空 C⁴ISR 系统进行仿真分析，必须对其进行建模，建模包括静态结构和动态运行过程，特别是描述系统的动态过程必须考虑在给定背景下系统各要素是如何相互作用的。本章以防空 C⁴ISR 指挥决策系统为例，给出其决策过程，并基于直觉模糊时间 Petri 网进行建模分析。

8.3.1　防空 C⁴ISR 系统指挥决策过程的描述

防空 C⁴ISR 指挥决策系统的建模工作对防空作战指挥起着重要作用。假想存在一个防空旅级的作战指挥系统，该作战指挥系统主要由旅指挥所统一指挥或由各营指挥所指挥，对空袭兵器进行空中拦截，保卫目标。其主要作战功能是用于击毁高度在 10～6000 m、击毁距离在 1500～12 000 m 之间的敌方空袭战术。指挥系统主要包括侦察警戒雷达系统、旅指挥所和防空导弹营。

侦察警戒雷达系统包括低空警戒雷达和高空警戒雷达。低空警戒雷达主要任务是对低空范围内进行目标搜索，发布近方空情通报，为防空群提供空中目标信息指示；高空警戒雷达则针对高空范围。侦察警戒雷达系统通过对空中目标扫描、发现、锁定，将近方空情信息上报给指挥所，并通过各雷达站传达给导弹部队。

假设由一个导弹旅指挥所和两个导弹营指挥所组成决策组织，作战过程为：决策组织接收来自警戒雷达的信息，要产生一个目标分配方案，即由哪个导弹营打哪批飞机。对某一空情，当预警雷达发现目标获得敌情报信息后，将目标位置及信息实时传到旅、营指挥部，旅、营两级各自进行作战区域内的态势评估，营指挥部将它的态势评价上报给旅指挥部。旅指挥部综合考虑自己的态势估计与营指挥部上报的态势，进行信息融合，准确判明敌情，得到一个新的、更全面的态势，且以此为基础产生一个目标分配方案，并以作战命令的方式下达到营指挥部。营指挥部根据自己的态势评价、威胁评估和对上级命令的理解，产生一个营范围内的目标分配方案，以此作为营指挥部决策融合过程的响应。从敌情输入到决策信息输出，整个指挥决策过程是一个信息处理、融合的过程，但在形成整个作战决策时要求旅、营两级单位紧密结合、相互作用。旅营两级组织指挥决策过程如图 8.2 所示。

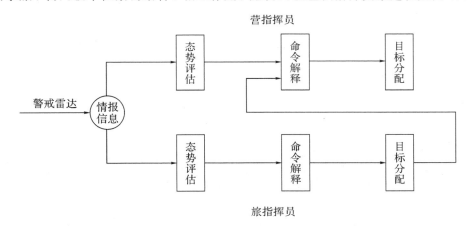

图 8.2 旅营两级组织指挥决策过程

8.3.2 防空 C⁴ISR 指挥决策系统的建模

根据以上决策过程的描述，下面分别用 IFTPN 模型对单个决策者的决策行为和防空 C⁴ISR 指挥决策系统进行建模。

1. 单个决策者的 IFTPN 模型

单个决策者的 IFTPN 模型反映了组织与外部环境的信息交互、组织内部的处理活动和组织之间的信息交互。在决策单元的结构模型中，对信息的处理过程可分为四个处理级：态势评估（SA）、信息融合（IF）、命令解释（CI）和响应选择级（RS）。

单个决策者的 IFTPN 模型如图 8.3 所示。

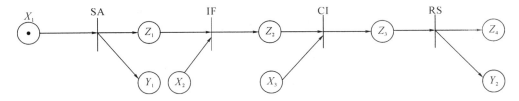

图 8.3 单个决策者的 IFTPN 模型

其中，库所用于描述情报和命令信息状态（X_1、X_2、X_3；Y_1、Y_2），态势评估、融合等状态（Z_1、Z_2、Z_3、Z_4）；变迁对应四个处理级（SA、IF、CI、RS），每一级均对应一个模糊时延；令牌用于描述各库所状态所对应的数据，如模糊时间片等。

由图 8.3 可知，在这四级处理过程中，只有 SA 级能从外部环境接收信息输入，RS 级向外部环境输出响应；IF 和 CI 级可以从其他决策者接收输入，而 SA 和 RS 级可以向其他决策者传递信息。

2. 防空 C^4ISR 指挥决策系统的 IFTPN 模型

根据需求描述，一个防空旅下辖两个导弹营，导弹营有各自的指挥所，分别负责所保护区域的一半，即共有三个决策者。利用直觉模糊时间 Petri 网进行构建，其结构如图 8.4 所示。

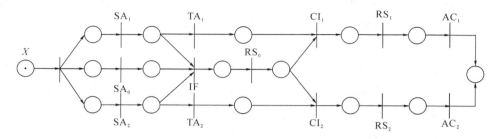

图 8.4　防空 C^4ISR 指挥决策系统模型

图 8.4 中，SA、IF、CI 和 RS 的含义和图 8.3 相同，AC 表示火力单元（导弹营）执行命令。旅指挥所和两个导弹营指挥所同时接收外界信息 X，各自对战场态势进行评估（SA_0、SA_1 和 SA_2），然后旅指挥所把各导弹营和自身的评估信息进行融合 IF，得出自己的目标分配计划，并送给武器系统执行；营指挥所以态势评估的结果为背景，综合敌方的破坏能力、机动能力及行为意图，作出关于敌方兵力杀伤能力及对我方威胁程度的评估（TA_1 和 TA_2）；CI_1 和 CI_2 是营指挥所在决策时接收到旅的目标分配计划，结合自身威胁评估，产生命令解释，并作出响应 RS_1 和 RS_2，生成决策方案。

直觉模糊时间 Petri 网描述整个指挥决策融合过程。信息处理活动用 Petri 网的变迁表示，每项处理活动的输入、输出信息用 Petri 网的库所表示。当信息可用时，在相应位置放入令牌，信息在决策过程中的传递相当于令牌的流动。直觉模糊时间 Petri 网模型显示了决策融合过程的并发、分布、顺序、同步及各项任务时间区间等特性。通过构造变迁序列，可以很清楚地观察到某些事件（即变迁）之间的并行、顺序和异步关系。例如：SA_0、SA_1 和 SA_2 是并行关系，IF、RS_0、RS_1 和 AC_1 是顺序关系，CI_1 和 CI_2 是资源共享冲突关系。

8.3.3　基于 IFTPN 的防空 C^4ISR 决策时延分析

为了验证直觉模糊时间 Petri 网模型在 C^4ISR 系统决策时延分析方面的应用，本节根据上节构建的防空 C^4ISR 指挥决策系统模型，对其决策时延进行分析。

1. 问题描述

对图 8.4 所构建的模型进行具体描述，给出各库所和变迁的含义及时延信息，如图 8.5 所示。

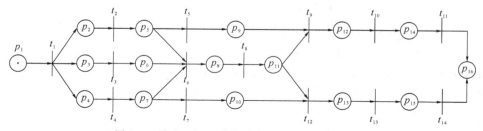

图 8.5　防空 C^4ISR 指挥决策系统的 IFTPN 模型

p_1 表示警戒雷达发现目标；p_2、p_3 和 p_4 分别表示导弹一营指挥所、旅指挥所以及导弹二营指挥所获取的情报信息；p_5、p_6 和 p_7 分别表示指挥所获取各自战区的态势评估信息；p_8 表示旅指挥所经过数据融合获取的综合态势信息；p_9 和 p_{10} 表示各营获取的威胁评估信息；p_{11} 表示旅指挥所获取的火力分配方案；p_{12} 和 p_{13} 表示各营对自己的局面评价和上级命令的理解结果；p_{14} 和 p_{15} 表示各营获取自己营范围内的火力分配方案；p_{16} 表示各火力单元开始执行命令。

为简单起见，设初始标识 p_1 的起始时间为 0。下面给出各变迁的含义和模糊时延，为了表达方便，根据到达信息量的大小设定合适的单位时间。

t_1 表示警戒雷达向各指挥所传送敌方情报信息，设为瞬时变迁。

t_2、t_3 和 t_4 表示指挥所对各自战区进行态势评估，$\Phi(t_2)=([3,7],A(i))$，$\Phi(t_3)=([4,9],B(i))$，$\Phi(t_4)=\Phi(t_2)$，其中

$$\mu_A(i)=\begin{cases} i-3, & 3\leqslant i<4 \\ 1, & 4\leqslant i<6 \\ -i+7, & 6\leqslant i\leqslant 7 \end{cases},\quad \gamma_A(i)=\begin{cases} 4-i, & 3\leqslant i<4 \\ 0, & 4\leqslant i\leqslant 6 \\ i-6, & 6\leqslant i\leqslant 7 \end{cases}$$

$$\mu_B(i)=\begin{cases} \dfrac{i}{2}-2, & 4\leqslant i<6 \\ 1, & 6\leqslant i<7 \\ \dfrac{-i}{2}+9/2, & 7\leqslant i\leqslant 9 \end{cases},\quad \gamma_B(i)=\begin{cases} 3-i/2, & 4\leqslant i<6 \\ 0, & 6\leqslant i<7 \\ i/2-7/2, & 7\leqslant i\leqslant 9 \end{cases}$$

t_6 表示旅指挥所进行数据融合，$\Phi(t_6)=([5,8],C(i))$，其中

$$\mu_C(i)=\begin{cases} i-5, & 5\leqslant i<6 \\ 1, & 6\leqslant i<7 \\ -i+8, & 7\leqslant i\leqslant 8 \end{cases},\quad \gamma_C(i)=\begin{cases} 6-i, & 5\leqslant i<6 \\ 0, & 6\leqslant i<7 \\ i-7, & 7\leqslant i\leqslant 8 \end{cases}$$

t_5 和 t_7 分别表示导弹营指挥所进行威胁评估，$\Phi(t_5)=([2,4],D(i))$，$\Phi(t_7)=([3,5],E(i))$，其中

$$D(i)=\{\langle 0.5,0.45\rangle/2+\langle 0.9,0.1\rangle/3+\langle 0.5,0.5\rangle/4\}$$
$$E(i)=\{\langle 0.6,0.4\rangle/3+\langle 0.8,0.2\rangle/4+\langle 0.55,0.4\rangle/5\}$$

t_8 表示旅指挥所进行火力分配，$\Phi(t_8)=([2,4],F(i))$，其中

$$\mu_F(i)=\begin{cases} i-2, & 2\leqslant i<3 \\ -i+4, & 3\leqslant i\leqslant 4 \end{cases},\quad \gamma_F(i)=\begin{cases} 3-i, & 2\leqslant i<3 \\ i-3, & 3\leqslant i\leqslant 4 \end{cases}$$

t_9 和 t_{12} 表示各营对上级命令进行理解，$\Phi(t_9)=([1,3],G(i))$，$\Phi(t_{12})=([2,3],H(i))$，其中

$$G(i)=\{\langle 0.6,0.3\rangle/1+\langle 0.9,0.1\rangle/2+\langle 0.5,0.5\rangle/3\}$$
$$H(i)=\{\langle 0.6,0.35\rangle/2+\langle 0.85,0.1\rangle/3\}$$

t_{10} 和 t_{13} 表示各营进行火力分配，$\Phi(t_{10})=\Phi(t_{13})=([1,3],K(i))$，其中

$$\mu_K(i)=\begin{cases} i-1, & 1\leqslant i<2 \\ -i+3, & 2\leqslant i\leqslant 3 \end{cases},\quad \gamma_K(i)=\begin{cases} -i, & 1\leqslant i<2 \\ i-2, & 2\leqslant i\leqslant 3 \end{cases}$$

t_{11} 和 t_{14} 表示各营开始执行射击，设为瞬时变迁。

2. 时延分析

根据本文定义的线性推理规则，对模型进行化简，计算终止库所 p_{16} 对应的模糊时间

片，即整个指控系统需要的时间。

（1）计算 p_5、p_6 和 p_7 对应的模糊时间片。由于 p_1 的起始时间为 0，则
$$\Psi(p_5)=\Psi(p_7)=\Phi(t_2), \ \Psi(p_6)=\Phi(t_3)$$

（2）t_6 和 t_8 为顺序关系 $t_6 \cdot t_8$，用线性逻辑可以描述为
$$t_6: p_5\otimes p_6\otimes p_7 -^{\circ} p_8, \ t_8: p_8 -^{\circ} p_{11}$$

利用规则 1 计算可知：
$$\Psi(p_{11})=\mathrm{ad}(\mathrm{ld}(\Psi(p_5),\Psi(p_6),\Psi(p_7)),\mathrm{ad}(\Phi(t_6),\Phi(t_8)))=([11,21],Z(i))$$
其中
$$\mu_Z(i)=\begin{cases}\dfrac{(i-9)}{4}, & 11\leqslant i<13\\ 1, & 13\leqslant i<17\\ \dfrac{-i+21}{4}, & 17\leqslant i\leqslant 21\end{cases} \gamma_Z(i)=\begin{cases}\dfrac{13-i}{4}, & 11\leqslant i<13\\ 0, & 13\leqslant i<17\\ \dfrac{i-17}{4}, & 17\leqslant i\leqslant 21\end{cases}$$

（3）顺序关系 $t_2 \cdot t_5$ 和 $t_4 \cdot t_7$ 用线性逻辑可以描述为
$$t_2: p_2 -^{\circ} p_5, \ t_8: p_5 -^{\circ} p_9; \ t_4: p_4 -^{\circ} p_7, \ t_7: p_7 -^{\circ} p_{10}$$

利用规则 1 计算可知：
$$\Psi(p_9)=\mathrm{ad}(\Phi(t_2),\Phi(t_5))=([5,11],X(i))$$
$$\Psi(p_{10})=\mathrm{ad}(\Phi(t_4),\Phi(t_7))=([6,12],Y(i))$$
其中
$$\mu_X(i)=\begin{cases}0.35i-1.5, & 5\leqslant i<7\\ 0.95, & 7\leqslant i<9\\ -0.375i+4.325, & 9\leqslant i\leqslant 11\end{cases} \gamma_X(i)=\begin{cases}-0.3375i+2.4125, & 5\leqslant i<7\\ 0.05, & 7\leqslant i<9\\ 0.35i-3.1, & 9\leqslant i\leqslant 11\end{cases}$$
$$\mu_Y(i)=\begin{cases}0.3i-1.5, & 6\leqslant i<8\\ 0.9, & 8\leqslant i<10\\ -0.3375i+4.275, & 10\leqslant i\leqslant 12\end{cases} \gamma_Y(i)=\begin{cases}-0.3i+2.5, & 6\leqslant i<8\\ 0.1, & 8\leqslant i<10\\ 0.3i-2.9, & 10\leqslant i\leqslant 12\end{cases}$$

（4）t_9 和 t_{12} 为资源共享冲突关系，用线性逻辑可以描述为
$$t_9: p_9\otimes p_{11} -^{\circ} p_{12}, \ t_{12}: p_{10}\otimes p_{11} -^{\circ} p_{13}$$

利用规则 4 分别计算 p_{12} 和 p_{13} 的模糊时间片，那么
$$\Psi(p_{12})=\mathrm{nd}(\mathrm{ad}(\Psi(p_9\otimes p_{11}),\Phi(t_9)),\mathrm{ed}(\mathrm{ad}(\Psi(p_9\otimes p_{11}),\Phi(t_9)),$$
$$\mathrm{ad}(\Psi(p_{10}\otimes p_{11}),\Phi(t_{12}))))$$
$$\Psi(p_{13})=\mathrm{nd}(\mathrm{ad}(\Psi(p_{10}\otimes p_{11}),\Phi(t_{12})),\mathrm{ed}(\mathrm{ad}(\Psi(p_9\otimes p_{11}),\Phi(t_9)),$$
$$\mathrm{ad}(\Psi(p_{10}\otimes p_{11}),\Phi(t_{12}))))$$

计算可知：$\Psi(p_{12})=([12,24],Q(i))$，$\Psi(p_{13})=([13,24],W(i))$。其中
$$\mu_Q(i)=\begin{cases}2i/15-1.05, & 12\leqslant i<15\\ 0.95, & 15\leqslant i<19\\ -0.14i+3.61, & 19\leqslant i\leqslant 24\end{cases} \gamma_Q(i)=\begin{cases}-0.35i+1.8, & 12\leqslant i<15\\ 0.05, & 15\leqslant i<19\\ 0.14i-2.61, & 19\leqslant i\leqslant 24\end{cases}$$
$$\mu_W(i)=\begin{cases}(i-8.6)/8, & 13\leqslant i<16\\ 0.925, & 16\leqslant i<20\\ (-i+27.4)/8, & 20\leqslant i\leqslant 24\end{cases} \gamma_W(i)=\begin{cases}(-i+16.4)/8, & 13\leqslant i<16\\ 0.05, & 16\leqslant i<20\\ (i-19.6)/8, & 20\leqslant i\leqslant 24\end{cases}$$

（5）最后，有并行触发关系：$t_{10} \cdot t_{11} \parallel t_{13} \cdot t_{14}$，用线性逻辑可以描述为

$$t_{10}: p_{12} \multimap^\circ p_{14}, \ t_{11}: p_{14} \multimap^\circ p_{16}; \ t_{13}: p_{13} \multimap^\circ p_{15}, \ t_{14}: p_{15} \multimap^\circ p_{16}$$

利用规则 1 和规则 2 计算最终库所 p_{16} 的模糊时间片，那么

$$\Psi(p_{16}) = \mathrm{ad}(\mathrm{ld}(\Psi(p_{12}), \Psi(p_{13})), \mathrm{ld}(\mathrm{ad}(\Phi(t_{10}), \Phi(t_{11})), \mathrm{ad}(\Phi(t_{13}), \Phi(t_{14}))))$$
$$= ([14, 27], S(i))$$

其中

$$\mu_S(i) = \begin{cases} 0.165\,i - 2.01, & 14 \leqslant i < 18 \\ 0.96, & 18 \leqslant i < 22 \\ -0.15\,i + 4.26, & 22 \leqslant i \leqslant 27 \end{cases}, \quad \gamma_S(i) = \begin{cases} -0.17\,i + 3.09, & 14 \leqslant i < 18 \\ 0.03, & 18 \leqslant i < 22 \\ 0.15\,i - 3.27, & 22 \leqslant i \leqslant 27 \end{cases}$$

直觉模糊集 $S(i)$ 表示各个时间区间发生的可能性，在时间区间 [18, 22] 发生的可能性最大，可达到 0.96，即最可能需要 18～22 个时间单位；也可以通过设定阈值，限定出可能的时间范围。比如：我们只需要隶属度大于 0.8，非隶属度小于 0.2 的时间区间，利用截集概念可知区间为 [17, 23]。即从发现目标到开始执行命令，可能需要 17～23 个时间单位。

3. 结果分析

现有的基于 Petri 网的不确定时间知识推理方法，比较典型的主要有：文献[2]提出的基于扩展时段时序逻辑的时间 Petri 网模型 TPN，文献[3]提出的模糊时间 Petri 网模型 FTPN，以及文献[1]提出的扩展模糊时间 Petri 网 EFTPN。下面将本文方法与以上几种方法进行对比，从而体现其优越性，对比结果如表 8.1。

表 8.1 不确定时间知识推理方法的比较

	TPN	FTPN	EFTPN	IFTPN
时间不确定性描述	时间区间 $[a, b]$	四元组形式的梯形函数 $[a, b, c, d]$	四元组形式的梯形函数及可能性描述 $p[a, b, c, d]$	直觉模糊集合描述 $([a, b], A(i))$
冲突事件中时间不确定性的处理	无定量分析	无定量分析	简单定量分析	基于直觉模糊隶属度函数和非隶属度函数的定量分析
时间运算	算术不等式	梯形边界运算	梯形边界运算	直觉模糊关系运算
结果可能性分析	无	无	不精确	利用直觉模糊集合截集精确描述

结合实例对表 8.1 进行分析，可得出如下结论：

（1）TPN 模型无法描述实例中各变迁的不确定时间信息，FTPN 和 EFTPN 模型均无法描述变迁 t_5、t_7、t_9 和 t_{12} 对应的模糊时延，而 IFTPN 模型利用直觉模糊集合可以描述各种不同的不确定时间信息，同时它加入非隶属度信息，使得描述更加符合实际。

（2）各变迁之间在运行的过程中，可能会存在冲突。当冲突发生时，前三种方法只有 EFTPN 模型通过定义在整个时间区间的可能性值给出了简单的定量分析，而 IFTPN 模型通过隶属度函数和非隶属度函数进行计算，使得结果更加精确。

（3）TPN 模型通过简单的不等式运算无法准确给出决策的时延，而 FTPN 和 EFTPN

模型均利用梯形函数边界的加、减、取大以及取小运算给出输出库所对应的模糊时间片，不是很精确，而 IFTPN 模型利用直觉模糊集合间的关系运算，充分利用经典模糊集合解决不确定信息的优势，可以给出精确的决策时延预测。

（4）TPN 和 FTPN 模型的计算结果均是一个时间区间，至于在这个区间发生的可能性是没有描述的，EFTPN 模型只是给出了一个笼统的可能性值，无法描述最后结果中哪一个子区间的可能性最大和可能性值，而 IFTPN 模型不仅可以给出以上的信息，还可以描述哪些子区间最不可能发生及其不可能性值。

可见，直觉模糊时间 Petri 网模型在时间不确定性描述、冲突事件中时间不确定性的处理、时间运算以及结果可能性分析等方面均有较大优势，可以很好地描述和处理各种复杂的不确定时间信息，解决了传统的模糊时间 Petri 网模型无法描述的复杂不确定时间信息，同时提高了时延预测的准确性，获取更多的决策信息。

本 章 小 结

本章提出基于直觉模糊时间 Petri 网的防空 C^4ISR 指挥决策系统的模型构建和时延分析方法。

首先，针对现有模糊时间 Petri 网在对复杂不确定时间信息描述和推理方面的局限性，基于直觉模糊时序逻辑构建直觉模糊时间 Petri 网模型，利用直觉模糊集对模糊时延和模糊时间片进行描述，表达定义在离散论域或连续论域上的各种不确定时间信息，并基于直觉模糊逻辑定义模糊时间运算法则，以及变迁之间的各种触发规则，给出线性推理方法。

其次，根据防空 C^4ISR 系统指挥决策过程，基于直觉模糊时间 Petri 网分别对单个决策者的决策行为和防空 C^4ISR 指挥决策系统进行建模。

最后，基于所构建的指挥决策系统模型，通过实例验证了直觉模糊时间 Petri 网在决策时延分析方面的应用，通过与现有的基于时间 Petri 网的不确定时间知识推理方法的对比分析，从时间不确定性描述、冲突事件中时间不确定性处理、时间运算以及结果可能性分析等方面均证明该方法的优越性。

参 考 文 献

［1］ 杜彦华. 基于 EFTPN 不确定时间知识的分析处理及其在铁路中的应用[D]. 北京：铁道科学研究院，2006.

［2］ 林闯，刘婷，曲扬. 一种不确定时段的扩展时段时序逻辑：时间 Petri 网模型表示和线性推理[J]. 计算机学报，2001，24(12)：1299 - 1309.

［3］ Ye Y D, Zhang L, Du Y H, et al. Three - dimension train group operation simulation system based on petri net with objects[A]. IEEE. Proceeding of Sixth International Conference on Intelligent Transportation Systems[C]. 2003，1568 - 1573.

［4］ 申晓勇. 直觉模糊 Petri 网理论及其在防空 C^4ISR 中的应用研究[D]. 西安：空军工程大学，2010.

第九章　基于 IFPN 的弹道目标识别方法

本章针对弹道目标识别过程中存在的大量不确定性信息，以弹道中段目标为研究对象，将 IFPN 理论引入弹道中段目标识别领域，提出了基于 IFPN 的弹道中段目标识别方法。本章首先选取中段目标群中的弹头、轻重诱饵以及气球作为研究对象，建立了各类目标的模型，并仿真分析了各类目标的目标特性；其次提出基于 IFPN 的单特征识别方法，并分别运用目标的 RCS 和 HRRP 特征进行了仿真实验；再次针对基于单特征的识别方法存在精度不高的问题，提出了基于 IFPN 的多特征融合的识别方法，并分别研究了基于多特征的识别结果融合规则、目标类别排序规则以及目标类别判决规则；最后针对单次识别存在精度不高的问题，提出了连续识别融合方法，并进行了仿真实验。实验及分析表明基于 IFPN 的弹道中段目标识别方法不仅对先验信息要求低、识别速度快，而且能进行连续、多次的识别，能满足弹道目标识别实时性强、对识别系统可靠性要求高的需求，该方法为弹道中段目标识别提供了新的解决思路。

9.1　引　　言

弹道导弹是现代战争中最具威胁的攻击性武器之一，具有速度快、射程远、威力大、打击精度高以及突防能力强等特点。目前，除了美国和俄罗斯等传统军事强国之外，其他军事大国也在竞相开展弹道导弹技术的研究。纵观我国周边，有不少国家已经装备了不同类型射程的弹道导弹或者正在开展相关技术的研究，如俄罗斯、印度和朝鲜等，这对我国的战略环境安全构成了严重的威胁。因此，开展弹道导弹防御相关技术的研究并逐步建立完善的导弹防御体系刻不容缓。

弹道导弹的飞行过程通常划分为助推段、中段和再入段三个阶段[1]。针对这三个阶段可分别建立助推段反导系统、中段反导系统以及末段反导系统，其中助推段反导系统需要在弹道导弹发射后及时发现目标并深入敌方展开攻击，所以助推段反导系统虽然效率高，但是可行性太差；末段反导系统又可分为末段高层反导系统和末段低层反导系统，但由于末段目标的飞行速度快、飞行时间短，所以拦截的效率并不高，而且末段拦截一般都是在本土上空，来袭的弹道导弹携带核弹头，即使拦截成功，也会对本土造成危害；而中段是整个弹道导弹飞行过程中最长的一段，通常能占到弹道导弹整体飞行时间的 $80\% \sim 90\%$，而且目标在中段的飞行相对稳定，所以中段反导系统在整个反导作战过程中占据着重要的地位。中段反导系统主要包括海基中段反导系统和陆基中段反导系统，前者具有移动性好，部署方便等优点，但是易受舰船吨位和雷达性能的限制，而后者并没有这些限制，所以美国等军事强国除了发展海基中段反导系统外，都在大力发展陆基中段反导系统。典型的陆基中段反导拦截系统如图 9.1 所示。

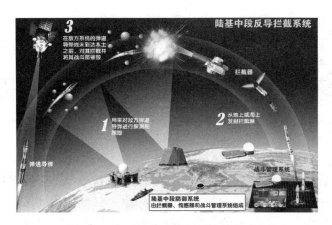

图 9.1 典型的陆基中段反导拦截系统

弹道导弹防御的关键问题是能否成功地从诱饵和其他突防装置中准确识别出真弹头。为此，各国学者对弹道导弹的目标识别技术进行了深入的研究。常见的弹道目标不同阶段的识别方法如图 9.2[2] 所示。

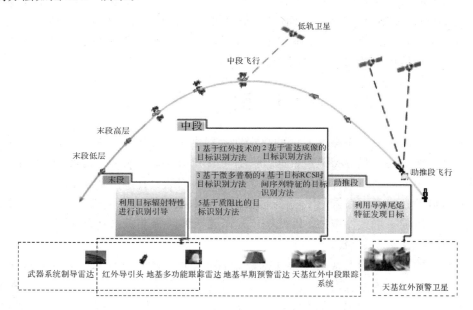

图 9.2 常用的弹道目标不同阶段的识别方法

常用的弹道目标不同阶段的识别方法极大地促进了弹道目标识别技术的发展，但是现代战争中的战场环境复杂多变，而且目标在突防过程中采用了大量的干扰技术和隐身技术，再加上雷达等传感器本身就具有一定的测量误差，使得雷达获取的目标特性不仅不完整而且不精确，具有很强的不确定性。因此，一些学者提出了多种基于不确定理论的信息融合方法用于解决弹道中段目标识别这一不确定性难题。

冯德军[3,4] 分别提出了基于多特征的弹道目标模糊识别方法和基于模糊分类树的弹道目标识别方法。柏仲干等[5] 将 D-S 证据理论引入到弹道中段目标识别领域。刘进等[6] 提出了一种弹道目标雷达识别的融合模型。吴珺等[7] 将模糊理论与区间型多属性决策相融合，并成功地将该方法运用到弹道目标识别领域，构建了一个智能化的决策层融合识别模型。马梁[8]研究了弹道中段目标的微动特性，并设计了一种基于隶属度函数的弹道目标分类器。

上述方法为弹道目标识别提供了较好的解决思路，但主要集中于模糊领域；虽然能描述弹道目标识别领域的不确定信息，但由于 ZFS 理论具有隶属度单一的缺陷，所以对弹道目标识别过程中的不确定信息描述不够全面、准确，而 IFS 理论是 ZFS 理论的重要扩充和发展，且由于增加了非隶属函数，所以可以描述"非此即彼"的中立状态。为此，一些学者将 IFS 理论与相关理论相融合用于弹道目标识别领域。

雷阳等[9,10]首先提出了一种基于直觉模糊核匹配追踪的目标识别方法，然后针对核匹配追踪算法存在进行全局最优搜索学习时间过长的缺陷，提出一种基于直觉模糊 c 均值聚类核匹配追踪算法，并将其应用于弹道中段目标识别。郑寇全等[11]针对弹道中段目标识别时间资源有限的问题，提出了一种基于线性直觉模糊时间序列的弹道中段目标融合识别方法。该方法能够有效缩短目标识别时间，提高识别效率。余晓东[12,13]针对现有直觉模糊核 c 均值聚类算法存在对初始值敏感、易陷入局部最优解和收敛速度慢等缺陷，提出了一种基于粒子群优化的直觉核 c 均值聚类算法，并将其用于弹道中段目标识别。范成礼[2][14]将基于直觉模糊核聚类引入到弹道中段目标识别领域，提出一种基于直觉模糊核聚类的弹道中段目标识别方法，该方法能有效提高中段目标识别准确率。这些研究表明，运用直觉模糊混合理论解决弹道目标识别这一不确定性难题不仅可行而且有效，它能为弹道目标识别提供一种崭新的解决思路。

IFPN 作为良好的知识表示和推理工具，是 FPN 的有效扩充和发展。它充分结合了 IFS 理论和 Petri 网理论的优点，既具有 Petri 网的图形描述能力和并行运算能力，又具有直觉模糊系统的推理能力，能有效分析和解决系统中的不确定性问题，已被逐步运用到知识的表示和推理[15]、意图识别[16]、战术决策[17]、故障诊断[18]等领域。鉴于此，本章拟将 IFPN 理论用于解决弹道中段目标识别这一典型的不确定性难题，探索新的有效的弹道中段目标识别方法，以促进弹道中段目标识别等关键问题的解决。

9.2　弹道中段目标特性及特征提取

弹道目标在中段飞行过程中，目标群主要由弹头、发射碎片、诱饵以及有源干扰等组成[1][3][19]。雷达作为弹道中段目标识别的重要组成设备，担负着从众多真假目标中识别出真弹头的重任[20]。

弹道中段目标的目标特性数据是目标识别的关键，但是由于弹道目标的军事敏感性，世界各国的弹道目标数据都高度保密，所以目前无法获取实战中真实弹道中段目标特性数据。常用的数据获取方法通常可以分为实测和仿真两大类，其中实测包括全尺寸外场测量和微波暗室测量。全尺寸外场测量虽能够提供逼真战场环境，但是在测量过程中需耗费巨大的人力物力，而微波暗室测量要求测量波长与目标尺寸的电尺寸比例必须保持不变，在高频段对大型目标难以适用[21]。为此，本节首先利用先进的建模技术分别对弹头和诱饵等目标建立精确的模型，然后运用专业的电磁仿真软件对其进行仿真分析。相对于实测方法而言，运用仿真建模技术分析，能节省大量的人力物力，并可以提供较为准确的目标雷达特性。

本节首先针对弹道中段目标的运动特性进行了分析，然后运用电磁仿真软件 FEKO 建立了弹头，轻、重诱饵，以及气球四类目标的模型，并分析了各类目标的 RCS 和 HRRP 特性以及相关的特征提取技术。

9.2.1　弹道中段目标的运动特性

1. 弹道中段目标的弹道特性

分析弹道中段目标的运动特性，通常认为地球是一个均匀球体，并且忽略目标所受的空气阻力，在此条件下可以认为目标是在由地球引力向量和速度向量所决定的平面内运动[22,23]。

假设地心 O_e 为极坐标原点，C 为初始极轴，f 为极角，则在极坐标系下的弹道目标飞行过程可用图 9.3 表示[8]。

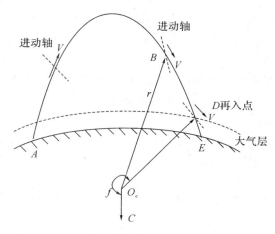

图 9.3　极坐标系下的弹道目标飞行过程示意图

由弹道学的相关知识可知，在极坐标系下目标飞行中段的标准弹道方程可以表示为

$$r=\frac{P}{e\cos f+1} \tag{9.1}$$

式中，r 为极轴，P 为半通径，e 为偏心率。其中，

$$P=\frac{R_k^2 V_k^2 \cos^2\theta_k}{\mu} \tag{9.2}$$

$$e=\sqrt{1+(\nu_k^2-2\nu_k)\cos^2\theta_k} \tag{9.3}$$

式中，V_k 表示关机速度，R_k 表示地心距，θ_k 表示弹道倾角，$\nu_k=R_kV_k^2/\mu$ 表示能量参数，μ 表示开普勒常数。

极坐标下的弹道目标运动方程可以转化为直角坐标下的表示，即

$$\frac{x^2}{a^2}+\frac{y^2}{b^2}=1 \tag{9.4}$$

其中，$a=P/(1-e^2)$ 为椭圆轨道的长半轴，$b=a\sqrt{1-e^2}$ 为椭圆轨道短半轴。

根据式(9.1)可以计算出目标的径向速度 V_r 和周向速度 V_f，即为

$$V_r = \sqrt{\frac{\mu}{P}} e\sin f, \quad V_f = \sqrt{\frac{\mu}{P}} (1 + e\cos f) \tag{9.5}$$

文献[3]借助辅助圆得出了偏近地角 E 与极角 f 之间的关系为

$$\sin f = \frac{\sqrt{1-e^2}\sin E}{1-e\cos E}, \quad \cos f = \frac{\cos E - e}{1 - e\cos E} \tag{9.6}$$

根据式(9.5)和式(9.6),可得目标的总速度 V 和弹道倾角 θ 为

$$V = \sqrt{\frac{\mu(1-e^2\cos^2 E)}{a\,(1-e\cos E)^2}} \tag{9.7}$$

$$\theta = \arctan \frac{e\sin E}{\sqrt{1-e^2}} \tag{9.8}$$

其中,偏近点角 E 可按照文献[3]中的方法计算。

假设 $V_k = 5000$ m/s, $R_k = 6471$ km, $\theta_k = 57.2°$,根据以上方法计算弹道目标运动参数总速度 V、弹道倾角 θ、径向速度 V_r 和周向速度 V_f,结果如图 9.4 所示。

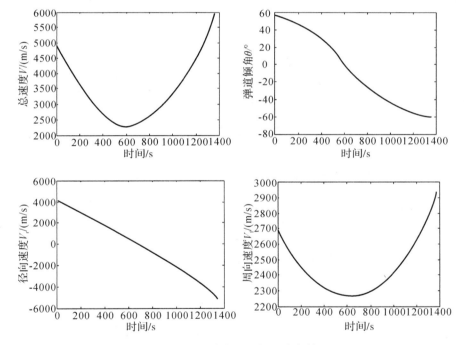

图 9.4　弹道中段目标运动参数

根据图 9.4 可知,在飞行过程中,目标的弹道倾角 θ 变化较为平缓;目标的总速度 V 和目标的周向速度 V_f 变化基本一致,都是先逐渐减小再逐渐增大,其中在弹道最高点处,两者的值最小,这是因为目标在飞行的过程中首先把动能转化为了势能,到达最高点处后又逐渐把势能转化为了动能;目标的径向速度 V_r 在飞行过程中逐渐减小。

2. 弹道中段目标的进动特性

弹道中段目标是以进动形式飞行,进动可以看作是弹体绕自身对称轴的自旋和绕进动轴的锥旋的复合[20]。

给定一锥体目标,设其底半径为 R,半锥角为 α,目标质心为 O,轴向惯量为 I_z、横向

惯量为 I_t、自旋速率为 ω_z，假设在极短的时间内对锥体施加一撞击力矩 τ，形成既定的横向角速率为 ω_t，与此同时也形成了初始进动角 θ、初始进动角速率 Ω 和进动周期 $T^{[23][25]}$。锥体目标的进动示意图如图 9.5 所示。

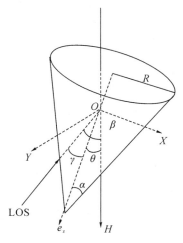

图 9.5　锥体目标的进动示意图

根据文献[20][22]可知，进动角 θ 和进动周期 T 的计算公式如下：

$$T = \frac{2\pi I_t}{\sqrt{Q^2 + (I_s\omega_s)^2}} \tag{9.9}$$

$$\theta = \arctan\left(\frac{Q}{I_s\omega_s}\right) \tag{9.10}$$

其中，$Q = I_t\omega_t$ 为冲量矩，I_s 为目标的纵向转动惯量，ω_s 为自旋角速率。

不考虑弹头质心运动时，雷达视线（Line Of Sight，LOS）和锥体对称轴 e_z 的夹角即为目标视线角[23][25]

$$\gamma = \arccos[\cos\theta\cos\beta + \sin\theta\sin\beta\cos(2\pi t/T)] \tag{9.11}$$

式中，β 为雷达视线与弹头角动量 H 之间的夹角。

令进动角 $\theta = 5°$，进动周期 $T = 2.5$ s，目标视线角 γ 的变化规律如图 9.6 所示。

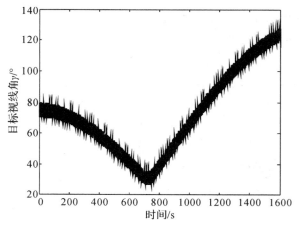

图 9.6　目标视线角 γ 变化规律

9.2.2　弹道中段目标的雷达特性及特征提取

中段目标的雷达特性是目标识别的基础，而特征提取是目标识别的关键。本节首先运用电磁仿真软件 FEKO 建立了弹头、轻诱饵、重诱饵，以及气球四类目标的模型，然后针对各类目标的 RCS 和 HRRP 特性进行了分析，并介绍了相关特征提取技术。

1. 弹道中段目标的 RCS 特性

RCS 是窄带雷达获取的目标的主要特征，其定义为

$$\sigma = \lim_{R \to \infty} 4\pi R^2 \left| \frac{E_s}{E_i} \right|^2 \tag{9.12}$$

其中，R 表示目标与雷达之间的距离，E_i 表示入射电场强度，E_s 表示散射电场强度。

弹道目标的中段飞行过程中，目标群主要由弹头、发射碎片、诱饵以及有源干扰等组成[3][19]。本书主要选取弹道中段目标中的弹头、轻诱饵、重诱饵以及气球作为研究对象，首先运用 FEKO 建立了四类目标的模型，如图 9.7 所示。

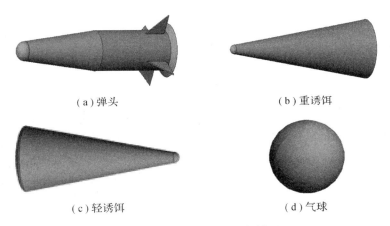

(a)弹头　　　　　　　　　　　(b)重诱饵

(c)轻诱饵　　　　　　　　　　(d)气球

图 9.7　弹道中段各类目标模型

弹道中段目标群的属性参数如表 9.1 所示。

表 9.1　弹道中段目标群的属性参数

目标类别	模型	物理属性	运动特征
弹头	平底锥柱头体	弹长 2 米、底面半径 0.2 米	进动
重诱饵	平底锥	长度 1.5 米、底面半径 0.3 米	进动
轻诱饵	锥球体	长度 1.8 米、底面半径 0.3 米	翻滚
气球	球体	直径 1 米	自旋

在忽略目标表面涂覆材料对其电磁散射特性的影响的条件下，令入射波频率为 10 GHz，剖分单元取入射波长的 1/3，采用物理光学法测量弹头、轻诱饵、重诱饵以及气球的全角度 RCS，结果如图 9.8～图 9.11 所示。

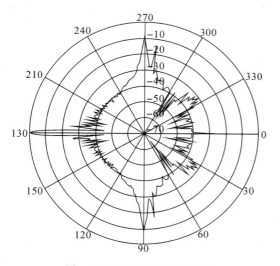

图 9.8　弹头全角度 RCS 图

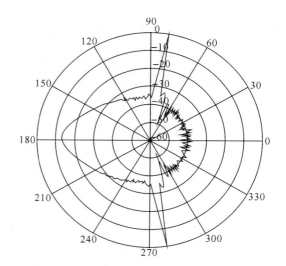

图 9.9　重诱饵全角度 RCS 图

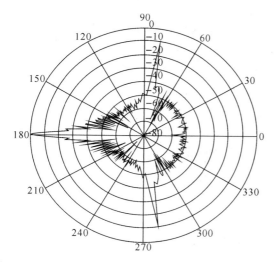

图 9.10　轻诱饵全角度 RCS 图

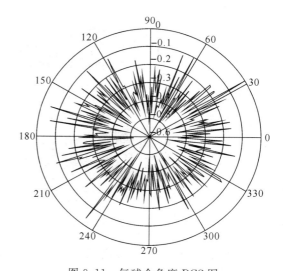

图 9.11　气球全角度 RCS 图

仿真参数设置如下：设置导弹发射点为 $-10.2°$N、$-10.4°$E，落点为 $-48.4°$N、$-10.4°$E，关机点速度为 5000 m/s，高度为 100 km，弹道倾角为 36.5°；雷达部署在 36.5°N、$-11°$E，高度 0 km；弹头进动角和进动周期分别为 4° 和 4 s，重诱饵进动角和进动周期分别为 8° 和 2 s，轻诱饵的翻滚周期为 3 s，采样频率为 10 Hz。根据目标视线角随时间的变化关系，采用插值法获取目标的动态 RCS 数据，弹头、重诱饵、轻诱饵和气球的动态 RCS 曲线如图 9.12 所示。

由图 9.12 可以看出，由于弹头、重诱饵、轻诱饵和气球的结构不同，各自的散射特性也存在明显的差异，所以四者的散射动态 RCS 曲线存在较大差别；但是各类目标的动态 RCS 曲线都存在明显的周期性。

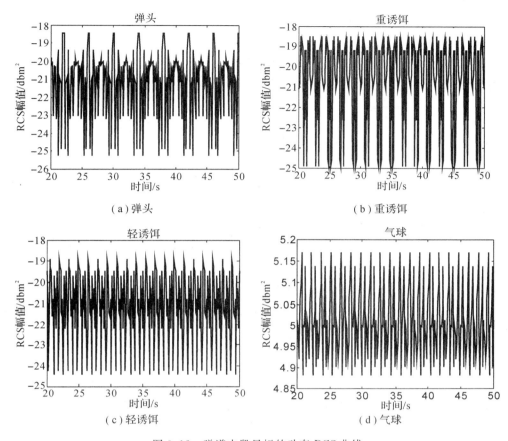

（a）弹头　　　　　　　　　　　　　（b）重诱饵

（c）轻诱饵　　　　　　　　　　　　（d）气球

图 9.12　弹道中段目标的动态 RCS 曲线

2. 基于 RCS 序列的弹道中段目标特征提取方法

RCS 是目标对雷达信号散射能力的度量指标，其变化规律直接反映了弹道中段的结构[24]。考虑到弹道目标识别过程中先验知识匮乏，而且对识别的实时性要求高等特点，本节选取了物理意义明显，在缺乏识别数据库的情况下，根据一般的先验信息就可以大致判断目标类型的特征，主要有 RCS 均值、RCS 标准差以及 RCS 极差。

基于 RCS 序列的弹道中段目标特征提取流程如图 9.13 所示。

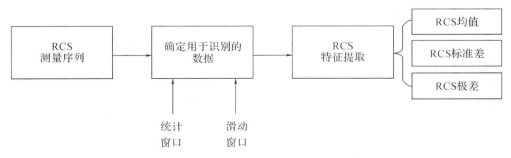

图 9.13　基于 RCS 序列的弹道中段目标特征提取流程

假设在统计窗口内获取了 N 次弹道中段目标的 RCS 值，则目标的 RCS 均值、RCS 标

准差以及 RCS 极差的定义如下

（1）RCS 均值：

$$\bar{\sigma} = \frac{1}{N} \sum_{k=1}^{N} \mathrm{rcs}(k) \tag{9.13}$$

（2）RCS 标准差：

$$s = \sqrt{\frac{1}{N} \sum_{k=1}^{N} (\mathrm{rcs}(k) - \overline{\mathrm{rcs}})^2} \tag{9.14}$$

（3）RCS 极差：

$$\Delta\sigma = \max_{1 \leqslant k \leqslant N} \{\mathrm{rcs}(k)\} - \min_{1 \leqslant k \leqslant N} \{\mathrm{rcs}(k)\} \tag{9.15}$$

3. 弹道中段目标的 HRRP 特性

通过频率步进的方式计算目标在多个频点的回波数据，并对其进行逆傅立叶变换，便可以获取目标的 HRRP 数据。设 t 时刻的一组回波序列为 $X_t(n)$，$n = 1, 2, \cdots, N$，其中 N 为步进频率的频点数目，则目标在 t 时刻的 HRRP 数据为

$$
\begin{aligned}
x(t) &= [x_t(1), x_t(2), \cdots, x_t(N)] \\
&= \mathrm{IFFT}([X_t(1), X_t(2), \cdots, X_t(N)])
\end{aligned} \tag{9.16}
$$

式中，$x_t(n)$ 为对应距离单元的值。式（9.16）得到的是目标的复距离像，通过对其取模得到目标的实数距离像为 $x(t) = [|x_t(1)|, |x_t(2)|, \cdots, |x_t(N)|]$。

设置雷达工作频率为 $8.75 \sim 12.75$ GHz，共 128 个频点，步进频率为 31.25 MHz。根据文献[26]中的方法，通过 FEKO 仿真得到每个频点的数据，并通过逆傅立叶变换得到弹头、重诱饵、轻诱饵和气球在 $0° \sim 180°$ 范围内的 HRRP 数据如图 9.14 所示。

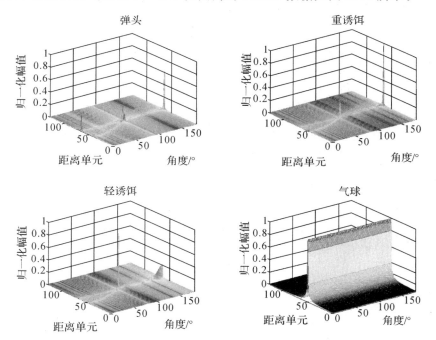

图 9.14 四种目标在 $0° \sim 180°$ 范围内的 HRRP 数据

以上只是获得了各类目标的静态 HRRP 数据，设置的仿真参数和 9.2.3 节的第一部分

相同，连续观测 30 s，获得各类目标的动态 HRRP 如图 9.15 所示。

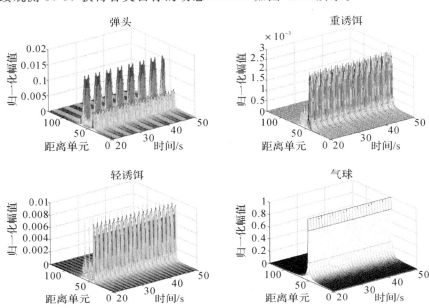

图 9.15　四种目标的动态 HRRP 数据

从图 9.14 和图 9.15 可以看出，弹头、轻诱饵和重诱饵三者的 HRRP 具有一定的相似性，而气球与弹头、轻诱饵、重诱饵的 HRRP 差别较大，这是因为弹头、轻诱饵和重诱饵三者的几何形状相似，而气球与三者完全不同。

4. 基于 HRRP 的弹道中段目标特征提取方法

弹道中段目标的 HRRP 直接反映了目标的结构特点，所以可以作为弹道中段目标识别的重要依据。基于与 9.2.3 节第二部分相同的考虑，本部分基于 HRRP 提取的特征主要有目标径向长度均值、径向长度变化周期以及强散射中心数目，其中目标径向长度均值是弹道中段目标的重要属性之一，而强散射中心数目直接反映了弹道中段目标的结构复杂程度。基于 HRRP 的弹道中段目标特征提取流程如图 9.16 所示。

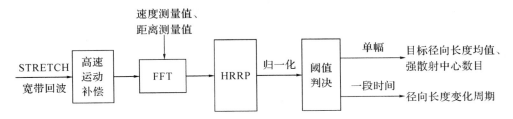

图 9.16　基于 HRRP 的弹道中段目标特征提取流程

假设在统计窗口内共获得 N 次 HRRP 长度，分别记为 $L_i(i=1,2,\cdots,N)$，则根据文献[27]提出的方法，可知

（1）目标径向长度均值：

$$\overline{L} = \frac{1}{N}\sum_{i=1}^{N} L_i \tag{9.17}$$

（2）强散射中心数目：

设 HRRP 中波峰的最大值为 $T_{\max}$，则定义强散射点为：$x_m(k) \geqslant 0.15 T_{\max}$，由此可确定目标强散射点的数目 m。

（3）径向长度变化周期：

径向长度变化周期 T 可根据文献[3]提出的方法进行提取。

9.3 基于 IFPN 的单特征识别方法

本节首先针对基于 IFPN 的单特征识别方法原理进行了分析，接着设计了基于 IFPN 的弹道中段目标识别算法，最后根据上文，采用基于 RCS 序列和基于 HRRP 提取的弹道中段目标特征分别验证了该方法。

9.3.1 识别原理

假设 X 为一个弹道中段目标群，它由 n 个目标组成，目标 x 有 p 个特性向量 $\boldsymbol{Y}_1, \boldsymbol{Y}_2, \cdots, \boldsymbol{Y}_p$，每个特性向量刻画了目标 x 的一个雷达特性，不同目标的特性向量数可能并不相同，每个特性向量由描述该目标的多个特征构成。

假设目标 x 的第 i 个特性向量 $\boldsymbol{Y}_i (1 \leqslant i \leqslant p)$ 表示目标 x 的雷达特性 A，记为

$$\boldsymbol{Y}_i = (y_1^i, y_2^i, \cdots, y_k^i)^{\mathrm{T}}$$

其中，$y_j^i (1 \leqslant j \leqslant k)$ 表示由目标雷达特性 A 提取出的第 j 个特征，k 表示提取出的特征总数。

令弹道中段目标群 X 为论域，假设 X 中的目标可以分为 m 个类别，每个类别可以用论域 X 上的一个直觉模糊集表示，记为 $X_1, X_2, \cdots, X_m$。

基于 IFPN 的单特征识别方法能够达到根据目标的特征进行综合推理判断，从而将待识别的目标 x 划分到与其最相似的直觉模糊集 $X_i (1 \leqslant i \leqslant m)$ 中的目的。

9.3.2 识别算法设计

基于 IFPN 的单特征目标识别方法可以分为五步：

（1）特征提取。根据获取的中段目标的雷达特性 A，运用提取算法提取目标的特征 $y_1^i, y_2^i, \cdots, y_k^i$。

（2）对提取的特征进行直觉模糊化。

① 在目标类别论域上，根据目标类别建立相应的目标类别直觉模糊集；

② 根据先验信息在各个特征论域上建立相应的特征直觉模糊集；

③ 根据各个特征的特点，建立目标的特征属性函数，即隶属度函数和非隶属度函数。

假设根据特征 $y_1^i, y_2^i, \cdots, y_k^i$ 建立的目标特征属性函数为

$$F = \{f_1^i(y_1^i, \langle \mu_1^i, \gamma_1^i \rangle, \Theta_1^i), f_2^i(y_2^i, \langle \mu_2^i, \gamma_2^i \rangle, \Theta_2^i), \cdots, f_k^i(y_k^i, \langle \mu_k^i, \gamma_k^i \rangle, \Theta_k^i)\}$$

其中，$f_j^i(y_j^i, \langle \mu_j^i, \gamma_j^i \rangle, \Theta_j^i)$ 表示根据目标 x 的雷达特性 A 提取的第 j 个特征属性函数；y_j^i 表示目标的特征；Θ_j^i 表示属性函数的参数集；μ_j^i 和 γ_j^i 分别表示隶属度函数和非隶属度函数，可选取高斯型函数、梯形函数或者三角形函数，也可根据实际情况建立隶属度函数和非隶属度函数。

（3）建立弹道中段目标识别规则库。根据文献[28][29]中的规则提取方法从先验信息中提取规则，建立弹道中段目标识别规则库。其主要步骤如下：

① 根据先验信息，建立直觉模糊规则信息表；

② 从直觉模糊规则信息中提取逻辑关系；

③ 确定规则可信度；

④ 选取决策规则。

（4）构建 IFPN 推理模型。根据 IFPR 和 IFPN 的对应关系，将步骤（3）建立的弹道中段目标识别规则库转化为基于 IFPN 的目标识别模型。

（5）判断目标类别。

① 计算提取的目标特征值对相应的特征直觉模糊集的隶属度和非隶属度；

② 将这些隶属度和非隶属度作为库所的 Token 值输入 IFPN 的推理模型，经过推理分析，输出关于各个目标的类型判断结果。

基于 IFPN 的单特征识别方法的基本流程如图 9.17 所示。

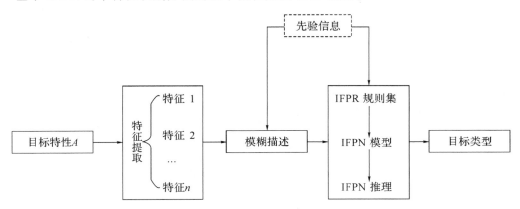

图 9.17　基于 IFPN 的单特征识别方法的基本流程

9.3.3　实验及分析

本节分别采用 9.2.2 节基于 RCS 序列提取的特征以及基于 HRRP 提取的特征验证该识别方法。

1. 实验一

根据 9.2.2 节可知，从弹道目标的 RCS 序列中提取出的特征主要有 RCS 均值、RCS 标准差以及 RCS 极差。对本章建立的弹头、重诱饵、轻诱饵和气球四类目标进行仿真实验发现，通过特征提取所得到的四类目标的 RCS 均值、RCS 标准差以及 RCS 极差总在一定的范围内波动。

根据目标类型以及目标的特征，定义如下直觉模糊集：

（1）在目标论域 X 上，按目标类型定义 4 个直觉模糊集 X_1，X_2，X_3 和 X_4，分别表示弹头、重诱饵、轻诱饵和气球；

（2）在目标 RCS 均值论域 $\bar{\sigma}$ 上，按目标 RCS 均值定义 4 个直觉模糊集 $\bar{\sigma}_1$，$\bar{\sigma}_2$，$\bar{\sigma}_3$ 和 $\bar{\sigma}_4$，分别表示弹头、重诱饵、轻诱饵和气球的 RCS 均值；

（3）在 RCS 标准差论域 s 上，按 RCS 标准差定义 4 个直觉模糊集 s_1，s_2，s_3 和 s_4，分别表示弹头、重诱饵、轻诱饵和气球的 RCS 标准差；

（4）在 RCS 极差论域 $\Delta\sigma$ 上，按 RCS 极差定义 4 个直觉模糊集 $\Delta\sigma_1$，$\Delta\sigma_2$，$\Delta\sigma_3$ 和 $\Delta\sigma_4$，分别表示弹头、重诱饵、轻诱饵和气球的 RCS 极差。

根据以上三种目标特征的特点，选取高斯型函数作为其隶属函数和非隶属函数。建立弹道中段目标识别直觉模糊规则信息表，如表 9.2 所示。

表 9.2 弹道中段目标识别直觉模糊规则信息表

目标 X	目标 特 征												目标类别 X
	$\bar{\sigma}$				s				$\Delta\sigma$				
	$\bar{\sigma}_1$	$\bar{\sigma}_2$	$\bar{\sigma}_3$	$\bar{\sigma}_4$	s_1	s_2	s_3	s_4	$\Delta\sigma_1$	$\Delta\sigma_2$	$\Delta\sigma_3$	$\Delta\sigma_4$	
x_1	f_{111}	f_{112}	f_{113}	f_{114}	f_{121}	f_{122}	f_{123}	f_{124}	f_{131}	f_{132}	f_{133}	f_{134}	X_1 / X_2 / X_3 / X_4
x_2	f_{211}	f_{212}	f_{213}	f_{214}	f_{221}	f_{222}	f_{223}	f_{224}	f_{231}	f_{232}	f_{233}	f_{234}	X_1 / X_2 / X_3 / X_4
x_3	f_{311}	f_{312}	f_{313}	f_{314}	f_{321}	f_{322}	f_{323}	f_{324}	f_{331}	f_{332}	f_{333}	f_{334}	X_1 / X_2 / X_3 / X_4
x_4	f_{411}	f_{412}	f_{413}	f_{414}	f_{421}	f_{422}	f_{423}	f_{424}	f_{431}	f_{432}	f_{433}	f_{434}	X_1 / X_2 / X_3 / X_4

表 9.2 所蕴含的逻辑关系为

$$(\bar{\sigma}(x)\in\bar{\sigma}_1 \vee \bar{\sigma}(x)\in\bar{\sigma}_2 \vee \bar{\sigma}(x)\in\bar{\sigma}_3 \vee \bar{\sigma}(x)\in\bar{\sigma}_4)$$
$$\wedge(s(x)\in s_1 \vee s(x)\in s_2 \vee s(x)\in s_3 \vee s(x)\in s_4)$$
$$\wedge(\Delta\sigma(x)\in\Delta\sigma_1 \vee \Delta\sigma(x)\in\Delta\sigma_2 \vee \Delta\sigma(x)\in\Delta\sigma_3 \vee \Delta\sigma(x)\in\Delta\sigma_4)$$
$$\Rightarrow(x\in X_1 \vee x\in X_2 \vee x\in X_3 \vee x\in X_4)$$

$$(9.18)$$

根据式（9.18）可以从表 9.2 中提取 64 组规则，分别为

$$\text{RL}_1 : \begin{cases} \bar{\sigma}(x) \in \bar{\sigma}_1 \land s(x) \in s_1 \land \Delta\sigma(x) \in \Delta\sigma_1 \Rightarrow x \in X_1 (\text{CF}_{\text{RL}_{11}}) \\ \bar{\sigma}(x) \in \bar{\sigma}_1 \land s(x) \in s_1 \land \Delta\sigma(x) \in \Delta\sigma_1 \Rightarrow x \in X_2 (\text{CF}_{\text{RL}_{12}}) \\ \bar{\sigma}(x) \in \bar{\sigma}_1 \land s(x) \in s_1 \land \Delta\sigma(x) \in \Delta\sigma_1 \Rightarrow x \in X_3 (\text{CF}_{\text{RL}_{13}}) \\ \bar{\sigma}(x) \in \bar{\sigma}_1 \land s(x) \in s_1 \land \Delta\sigma(x) \in \Delta\sigma_1 \Rightarrow x \in X_4 (\text{CF}_{\text{RL}_{14}}) \end{cases}$$

$$\text{RL}_2 : \begin{cases} \bar{\sigma}(x) \in \bar{\sigma}_1 \land s(x) \in s_2 \land \Delta\sigma(x) \in \Delta\sigma_1 \Rightarrow x \in X_1 (\text{CF}_{\text{RL}_{21}}) \\ \bar{\sigma}(x) \in \bar{\sigma}_1 \land s(x) \in s_2 \land \Delta\sigma(x) \in \Delta\sigma_1 \Rightarrow x \in X_2 (\text{CF}_{\text{RL}_{22}}) \\ \bar{\sigma}(x) \in \bar{\sigma}_1 \land s(x) \in s_2 \land \Delta\sigma(x) \in \Delta\sigma_1 \Rightarrow x \in X_3 (\text{CF}_{\text{RL}_{23}}) \\ \bar{\sigma}(x) \in \bar{\sigma}_1 \land s(x) \in s_2 \land \Delta\sigma(x) \in \Delta\sigma_1 \Rightarrow x \in X_4 (\text{CF}_{\text{RL}_{24}}) \end{cases}$$

$$\vdots$$

$$\text{RL}_{64} : \begin{cases} \bar{\sigma}(x) \in \bar{\sigma}_4 \land s(x) \in s_4 \land \Delta\sigma(x) \in \Delta\sigma_4 \Rightarrow x \in X_1 (\text{CF}_{\text{RL}_{641}}) \\ \bar{\sigma}(x) \in \bar{\sigma}_4 \land s(x) \in s_4 \land \Delta\sigma(x) \in \Delta\sigma_4 \Rightarrow x \in X_2 (\text{CF}_{\text{RL}_{642}}) \\ \bar{\sigma}(x) \in \bar{\sigma}_4 \land s(x) \in s_4 \land \Delta\sigma(x) \in \Delta\sigma_4 \Rightarrow x \in X_3 (\text{CF}_{\text{RL}_{643}}) \\ \bar{\sigma}(x) \in \bar{\sigma}_4 \land s(x) \in s_4 \land \Delta\sigma(x) \in \Delta\sigma_4 \Rightarrow x \in X_4 (\text{CF}_{\text{RL}_{644}}) \end{cases}$$

计算第 n 组规则中的第 m 条规则的可信度：

已知 $\text{RL}_{nm} : \bar{\sigma}(x) \in \bar{\sigma}_i \land s(x) \in s_j \land \Delta\sigma(x) \in \Delta\sigma_k \Rightarrow x \in X_l (\text{CF}_{nm})$，可采用如下规则确定每条规则的可信度：

(1) 如果 $i = j = k = l$，那么 $\text{CF}_{nm} = \langle 1, 0 \rangle$；

(2) 如果 i, j, k 中有两个等于 l，那么 $\text{CF}_{nm} = \langle \frac{2}{3}, \frac{1}{3} \rangle$；

(3) 如果 i, j, k 中有两个不等于 l，那么 $\text{CF}_{nm} = \langle \frac{1}{3}, \frac{2}{3} \rangle$；

(4) 如果 i, j, k 都不等于 l，那么 $\text{CF}_{nm} = \langle 0, 1 \rangle$。

上述方法基于一种朴素的思想来确定规则的可信度，即：如果规则前提中提取的特征值都属于结论得出的目标类别确定的特征直觉模糊集，则该条规则的可信度最高；如果规则前提中提取的特征值都不属于结论得出的目标类别确定的特征直觉模糊集，则该条规则的可信度最低；如果规则前提中提取的特征值部分属于结论得出的目标类别确定的特征直觉模糊集，则该条规则的可信度介于最高和最低之间。

文献[28][29]的方法在确定规则可信度时，需要大量的先验数据，而弹道目标识别本身就存在数据匮乏的特点，所以文献[28][29]中的方法无法用于确定弹道目标识别规则的可信度。本节提出的方法基于一种朴素的思想，较好地解决了弹道目标识别规则可信度的确定问题。

根据上述方法，可以计算第 1 组规则 RL_1 中的每条规则的可信度，具体值如下：

$$\mathrm{CF}_{\mathrm{RL}_{11}} = \langle 1, 0 \rangle, \mathrm{CF}_{\mathrm{RL}_{12}} = \mathrm{CF}_{\mathrm{RL}_{13}} = \mathrm{CF}_{\mathrm{RL}_{14}} = \langle 0, 1 \rangle$$

比较可知，第 1 组规则中的 RL_{11} 的可信度最大，因此从第一组规则中选取 RL_{11} 作为提取的规则加入规则库。关于规则可信度大小的判断，可以采用 2.1 节中的直觉模糊数大小的判定规则进行判断。

同理，运用上述方法，可以在剩余 63 组规则中选取出 63 条可信度最高的规则加入规则库。

设定阈值筛选规则，即从提取的 64 条规则中选取可信度较高的规则构建目标识别规则库。设阈值为 $\lambda = \langle \alpha, \beta \rangle$，经过筛选后，最终提取 40 条规则构建目标识别规则库 S_1，具体如下：

R_1：IF $\bar{\sigma}(x) \in \bar{\sigma}_1$ AND $s(x) \in s_1$ AND $\Delta\sigma(x) \in \Delta\sigma_1$ THEN $x \in X_1(\lambda_1, \mathrm{CF}_1, \omega_1^1, \omega_1^2, \omega_1^3)$

R_2：IF $\bar{\sigma}(x) \in \bar{\sigma}_1$ AND $s(x) \in s_1$ AND $\Delta\sigma(x) \in \Delta\sigma_2$ THEN $x \in X_1(\lambda_2, \mathrm{CF}_2, \omega_2^1, \omega_2^2, \omega_2^3)$

R_3：IF $\bar{\sigma}(x) \in \bar{\sigma}_1$ AND $s(x) \in s_1$ AND $\Delta\sigma(x) \in \Delta\sigma_3$ THEN $x \in X_1(\lambda_3, \mathrm{CF}_3, \omega_3^1, \omega_3^2, \omega_3^3)$

R_4：IF $\bar{\sigma}(x) \in \bar{\sigma}_1$ AND $s(x) \in s_1$ AND $\Delta\sigma(x) \in \Delta\sigma_4$ THEN $x \in X_1(\lambda_4, \mathrm{CF}_4, \omega_4^1, \omega_4^2, \omega_4^3)$

R_5：IF $\bar{\sigma}(x) \in \bar{\sigma}_1$ AND $s(x) \in s_2$ AND $\Delta\sigma(x) \in \Delta\sigma_1$ THEN $x \in X_1(\lambda_5, \mathrm{CF}_5, \omega_5^1, \omega_5^2, \omega_5^3)$

R_6：IF $\bar{\sigma}(x) \in \bar{\sigma}_1$ AND $s(x) \in s_2$ AND $\Delta\sigma(x) \in \Delta\sigma_2$ THEN $x \in X_2(\lambda_6, \mathrm{CF}_6, \omega_6^1, \omega_6^2, \omega_6^3)$

R_7：IF $\bar{\sigma}(x) \in \bar{\sigma}_1$ AND $s(x) \in s_3$ AND $\Delta\sigma(x) \in \Delta\sigma_1$ THEN $x \in X_1(\lambda_7, \mathrm{CF}_7, \omega_7^1, \omega_7^2, \omega_7^3)$

R_8：IF $\bar{\sigma}(x) \in \bar{\sigma}_1$ AND $s(x) \in s_3$ AND $\Delta\sigma(x) \in \Delta\sigma_3$ THEN $x \in X_3(\lambda_8, \mathrm{CF}_8, \omega_8^1, \omega_8^2, \omega_8^3)$

R_9：IF $\bar{\sigma}(x) \in \bar{\sigma}_1$ AND $s(x) \in s_4$ AND $\Delta\sigma(x) \in \Delta\sigma_1$ THEN $x \in X_1(\lambda_9, \mathrm{CF}_9, \omega_9^1, \omega_9^2, \omega_9^3)$

R_{10}：IF $\bar{\sigma}(x) \in \bar{\sigma}_1$ AND $s(x) \in s_4$ AND $\Delta\sigma(x) \in \Delta\sigma_4$ THEN $x \in X_4(\lambda_{10}, \mathrm{CF}_{10}, \omega_{10}^1, \omega_{10}^2, \omega_{10}^3)$

R_{11}：IF $\bar{\sigma}(x) \in \bar{\sigma}_2$ AND $s(x) \in s_1$ AND $\Delta\sigma(x) \in \Delta\sigma_1$ THEN $x \in X_1(\lambda_{11}, \mathrm{CF}_{11}, \omega_{11}^1, \omega_{11}^2, \omega_{11}^3)$

R_{12}：IF $\bar{\sigma}(x) \in \bar{\sigma}_2$ AND $s(x) \in s_1$ AND $\Delta\sigma(x) \in \Delta\sigma_2$ THEN $x \in X_2(\lambda_{12}, \mathrm{CF}_{12}, \omega_{12}^1, \omega_{12}^2, \omega_{12}^3)$

R_{13}：IF $\bar{\sigma}(x) \in \bar{\sigma}_2$ AND $s(x) \in s_2$ AND $\Delta\sigma(x) \in \Delta\sigma_1$ THEN $x \in X_2(\lambda_{13}, \mathrm{CF}_{13}, \omega_{13}^1, \omega_{13}^2, \omega_{13}^3)$

R_{14}：IF $\bar{\sigma}(x) \in \bar{\sigma}_2$ AND $s(x) \in s_2$ AND $\Delta\sigma(x) \in \Delta\sigma_2$ THEN $x \in X_2(\lambda_{14}, \mathrm{CF}_{14}, \omega_{14}^1, \omega_{14}^2, \omega_{14}^3)$

R_{15}：IF $\bar{\sigma}(x) \in \bar{\sigma}_2$ AND $s(x) \in s_2$ AND $\Delta\sigma(x) \in \Delta\sigma_3$ THEN $x \in X_2(\lambda_{15}, \mathrm{CF}_{15}, \omega_{15}^1, \omega_{15}^2, \omega_{15}^3)$

R_{16}：IF $\bar{\sigma}(x) \in \bar{\sigma}_2$ AND $s(x) \in s_2$ AND $\Delta\sigma(x) \in \Delta\sigma_4$ THEN $x \in X_2(\lambda_{16}, \mathrm{CF}_{16}, \omega_{16}^1, \omega_{16}^2, \omega_{16}^3)$

R_{17}：IF $\bar{\sigma}(x) \in \bar{\sigma}_2$ AND $s(x) \in s_3$ AND $\Delta\sigma(x) \in \Delta\sigma_2$ THEN $x \in X_2(\lambda_{17}, \mathrm{CF}_{17}, \omega_{17}^1, \omega_{17}^2, \omega_{17}^3)$

R_{18}：IF $\bar{\sigma}(x) \in \bar{\sigma}_2$ AND $s(x) \in s_3$ AND $\Delta\sigma(x) \in \Delta\sigma_3$ THEN $x \in X_3(\lambda_{18}, \mathrm{CF}_{18}, \omega_{18}^1, \omega_{18}^2, \omega_{18}^3)$

R_{19}：IF $\bar{\sigma}(x) \in \bar{\sigma}_2$ AND $s(x) \in s_4$ AND $\Delta\sigma(x) \in \Delta\sigma_2$ THEN $x \in X_2(\lambda_{19}, \mathrm{CF}_{19}, \omega_{19}^1, \omega_{19}^2, \omega_{19}^3)$

R_{20}：IF $\bar{\sigma}(x) \in \bar{\sigma}_2$ AND $s(x) \in s_4$ AND $\Delta\sigma(x) \in \Delta\sigma_4$ THEN $x \in X_4(\lambda_{20}, \mathrm{CF}_{20}, \omega_{20}^1, \omega_{20}^2, \omega_{20}^3)$

R_{21}：IF $\bar{\sigma}(x) \in \bar{\sigma}_3$ AND $s(x) \in s_1$ AND $\Delta\sigma(x) \in \Delta\sigma_1$ THEN $x \in X_1(\lambda_{21}, \mathrm{CF}_{21}, \omega_{21}^1, \omega_{21}^2, \omega_{21}^3)$

R_{22}：IF $\bar{\sigma}(x) \in \bar{\sigma}_3$ AND $s(x) \in s_1$ AND $\Delta\sigma(x) \in \Delta\sigma_3$ THEN $x \in X_3(\lambda_{22}, \mathrm{CF}_{22}, \omega_{22}^1, \omega_{22}^2, \omega_{22}^3)$

R_{23}：IF $\bar{\sigma}(x) \in \bar{\sigma}_3$ AND $s(x) \in s_2$ AND $\Delta\sigma(x) \in \Delta\sigma_2$ THEN $x \in X_2(\lambda_{23}, \mathrm{CF}_{23}, \omega_{23}^1, \omega_{23}^2, \omega_{23}^3)$

R_{24}：IF $\bar{\sigma}(x) \in \bar{\sigma}_3$ AND $s(x) \in s_2$ AND $\Delta\sigma(x) \in \Delta\sigma_3$ THEN $x \in X_3(\lambda_{24}, \mathrm{CF}_{24}, \omega_{24}^1, \omega_{24}^2, \omega_{24}^3)$

R_{25}: IF $\bar{\sigma}(x)\in\bar{\sigma}_3$ AND $s(x)\in s_3$ AND $\Delta\sigma(x)\in\Delta\sigma_1$ THEN $x\in X_3(\lambda_{25}, \mathrm{CF}_{25}, \omega_{25}^1, \omega_{25}^2, \omega_{25}^3)$

R_{26}: IF $\bar{\sigma}(x)\in\bar{\sigma}_3$ AND $s(x)\in s_3$ AND $\Delta\sigma(x)\in\Delta\sigma_2$ THEN $x\in X_3(\lambda_{26}, \mathrm{CF}_{26}, \omega_{26}^1, \omega_{26}^2, \omega_{26}^3)$

R_{27}: IF $\bar{\sigma}(x)\in\bar{\sigma}_3$ AND $s(x)\in s_3$ AND $\Delta\sigma(x)\in\Delta\sigma_3$ THEN $x\in X_3(\lambda_{27}, \mathrm{CF}_{27}, \omega_{27}^1, \omega_{27}^2, \omega_{27}^3)$

R_{28}: IF $\bar{\sigma}(x)\in\bar{\sigma}_3$ AND $s(x)\in s_3$ AND $\Delta\sigma(x)\in\Delta\sigma_4$ THEN $x\in X_3(\lambda_{28}, \mathrm{CF}_{28}, \omega_{28}^1, \omega_{28}^2, \omega_{28}^3)$

R_{29}: IF $\bar{\sigma}(x)\in\bar{\sigma}_3$ AND $s(x)\in s_4$ AND $\Delta\sigma(x)\in\Delta\sigma_3$ THEN $x\in X_3(\lambda_{29}, \mathrm{CF}_{29}, \omega_{29}^1, \omega_{29}^2, \omega_{29}^3)$

R_{30}: IF $\bar{\sigma}(x)\in\bar{\sigma}_3$ AND $s(x)\in s_4$ AND $\Delta\sigma(x)\in\Delta\sigma_4$ THEN $x\in X_4(\lambda_{30}, \mathrm{CF}_{30}, \omega_{30}^1, \omega_{30}^2, \omega_{30}^3)$

R_{31}: IF $\bar{\sigma}(x)\in\bar{\sigma}_4$ AND $s(x)\in s_1$ AND $\Delta\sigma(x)\in\Delta\sigma_1$ THEN $x\in X_1(\lambda_{31}, \mathrm{CF}_{31}, \omega_{31}^1, \omega_{31}^2, \omega_{31}^3)$

R_{32}: IF $\bar{\sigma}(x)\in\bar{\sigma}_4$ AND $s(x)\in s_1$ AND $\Delta\sigma(x)\in\Delta\sigma_4$ THEN $x\in X_4(\lambda_{32}, \mathrm{CF}_{32}, \omega_{32}^1, \omega_{32}^2, \omega_{32}^3)$

R_{33}: IF $\bar{\sigma}(x)\in\bar{\sigma}_4$ AND $s(x)\in s_2$ AND $\Delta\sigma(x)\in\Delta\sigma_2$ THEN $x\in X_2(\lambda_{33}, \mathrm{CF}_{33}, \omega_{33}^1, \omega_{33}^2, \omega_{33}^3)$

R_{34}: IF $\bar{\sigma}(x)\in\bar{\sigma}_4$ AND $s(x)\in s_2$ AND $\Delta\sigma(x)\in\Delta\sigma_4$ THEN $x\in X_4(\lambda_{34}, \mathrm{CF}_{34}, \omega_{34}^1, \omega_{34}^2, \omega_{34}^3)$

R_{35}: IF $\bar{\sigma}(x)\in\bar{\sigma}_4$ AND $s(x)\in s_3$ AND $\Delta\sigma(x)\in\Delta\sigma_3$ THEN $x\in X_3(\lambda_{35}, \mathrm{CF}_{35}, \omega_{35}^1, \omega_{35}^2, \omega_{35}^3)$

R_{36}: IF $\bar{\sigma}(x)\in\bar{\sigma}_4$ AND $s(x)\in s_3$ AND $\Delta\sigma(x)\in\Delta\sigma_4$ THEN $x\in X_4(\lambda_{36}, \mathrm{CF}_{36}, \omega_{36}^1, \omega_{36}^2, \omega_{36}^3)$

R_{37}: IF $\bar{\sigma}(x)\in\bar{\sigma}_4$ AND $s(x)\in s_4$ AND $\Delta\sigma(x)\in\Delta\sigma_1$ THEN $x\in X_4(\lambda_{37}, \mathrm{CF}_{37}, \omega_{37}^1, \omega_{37}^2, \omega_{37}^3)$

R_{38}: IF $\bar{\sigma}(x)\in\bar{\sigma}_4$ AND $s(x)\in s_4$ AND $\Delta\sigma(x)\in\Delta\sigma_2$ THEN $x\in X_4(\lambda_{38}, \mathrm{CF}_{38}, \omega_{38}^1, \omega_{38}^2, \omega_{38}^3)$

R_{39}: IF $\bar{\sigma}(x)\in\bar{\sigma}_4$ AND $s(x)\in s_4$ AND $\Delta\sigma(x)\in\Delta\sigma_3$ THEN $x\in X_4(\lambda_{39}, \mathrm{CF}_{39}, \omega_{39}^1, \omega_{39}^2, \omega_{39}^3)$

R_{40}: IF $\bar{\sigma}(x)\in\bar{\sigma}_4$ AND $s(x)\in s_4$ AND $\Delta\sigma(x)\in\Delta\sigma_4$ THEN $x\in X_4(\lambda_{40}, \mathrm{CF}_{40}, \omega_{40}^1, \omega_{40}^2, \omega_{40}^3)$

规则 R_1 的含义是：如果目标 x 的 RCS 均值 $\bar{\sigma}(x)$ 属于 $\bar{\sigma}_1$（即弹头的 RCS 均值范围），目标的 RCS 标准差 $s(x)$ 属于 s_1（即弹头的 RCS 标准差范围）并且目标的 RCS 极差 $\Delta\sigma(x)$ 属于 $\Delta\sigma_1$（即弹头的 RCS 极差范围），则可以判定目标 x 为弹头。规则库中其余规则的含义类似。命题的权值可以根据每个特征的特点以及它在识别目标中的重要程度来设定，本次实验令权值都为 1/3，规则阈值可以由领域专家给出。

规则库 S_1 中的各个命题与 IFPN 模型中库所的对应关系如表 9.3 所示。

表 9.3　规则库 S_1 中的各个命题与 IFPN 模型中库所的对应关系

命题	对应库所	命题	对应库所
$\bar{\sigma}(x)\in\bar{\sigma}_1$	p_1	$\Delta\sigma(x)\in\Delta\sigma_1$	p_9
$\bar{\sigma}(x)\in\bar{\sigma}_2$	p_2	$\Delta\sigma(x)\in\Delta\sigma_2$	p_{10}
$\bar{\sigma}(x)\in\bar{\sigma}_3$	p_3	$\Delta\sigma(x)\in\Delta\sigma_3$	p_{11}
$\bar{\sigma}(x)\in\bar{\sigma}_4$	p_4	$\Delta\sigma(x)\in\Delta\sigma_4$	p_{12}
$s(x)\in s_1$	p_5	$x\in X_1$	p_{13}
$s(x)\in s_2$	p_6	$x\in X_2$	p_{14}
$s(x)\in s_3$	p_7	$x\in X_3$	p_{15}
$s(x)\in s_4$	p_8	$x\in X_4$	p_{16}

根据第三章中基于 IFPN 的知识表示方法，建立规则库 S_1 的 IFPN 模型，即目标识别模型，如图 9.18 所示。为便于表示模型，图中重复画了部分库所。

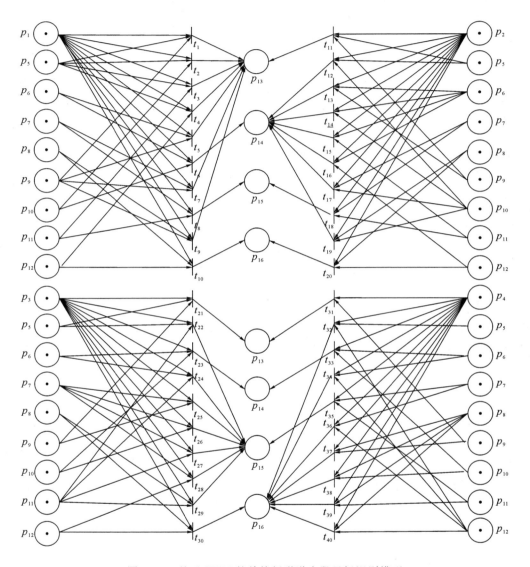

图 9.18　基于 IFPN 的单特征弹道中段目标识别模型

假设 X 为一个弹道中段目标群，它由四个目标组成，其中 x_1 为真弹头，x_2 为重诱饵，x_3 为轻诱饵，x_4 为气球。仿真参数设置与 9.2.2 节相同，特征提取统计窗长度为 10 s，滑动窗长为 1 s，连续观测 100 s，弹头、重诱饵和轻诱饵以及气球的 RCS 均值、RCS 标准差以及 RCS 极差变化曲线分别如图 9.19、图 9.20 和图 9.21 所示。

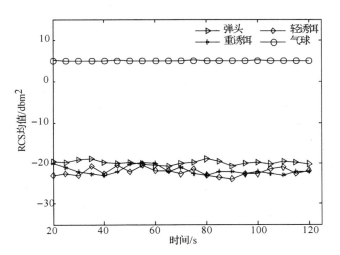

图 9.19　四类目标的 RCS 均值变化曲线

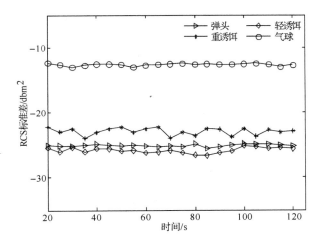

图 9.20　四类目标的 RCS 标准差变化曲线

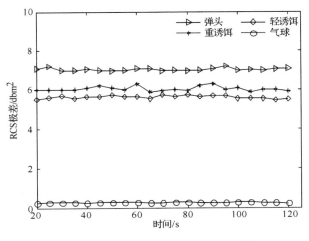

图 9.21　四类目标的 RCS 极差变化曲线

运用本节提出的方法进行识别，得到弹头、重诱饵、轻诱饵以及气球对直觉模糊集 $X_1 \sim X_4$ 的隶属度和非隶属度变化曲线如图 9.22 所示。

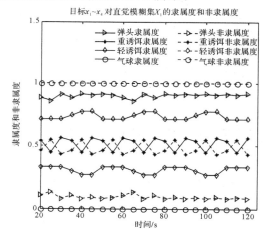

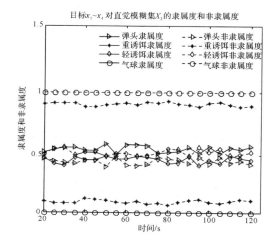

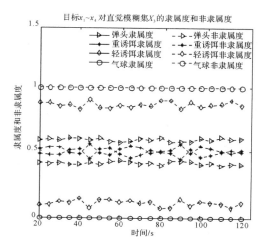

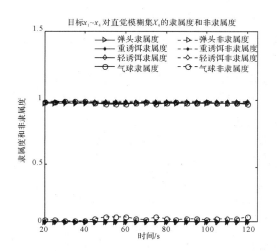

图 9.22　四类目标对直觉模糊集 $X_1 \sim X_4$ 的隶属度和非隶属度变化曲线

由图 9.22 可知，将从弹头、重诱饵、轻诱饵和气球的 RCS 序列中提取的 RCS 均值、RCS 标准差以及 RCS 极差作为目标识别的数据，运用基于 IFPN 的单特征识别方法可以较为准确地判断各个目标的类别。尤其是可以很容易地把气球与弹头、重诱饵、轻诱饵区分开来，但是在区分弹头、重诱饵、轻诱饵时存在误判的可能，这是因为气球与弹头、重诱饵、轻诱饵的结构存在较大的差别，而弹头、重诱饵和轻诱饵具有一定的相似性，而且重诱饵和轻诱饵在一定程度上能模仿弹头的某些特征，这也说明了基于单特征的识别方法不能很好地满足弹道目标识别的要求。

假设识别结束后，计算得出的目标 x_1 对直觉模糊集 X_1 的属性函数为 $f_{X_1}(x_1) = \langle \mu_{X_1}(x_1), \gamma_{X_1}(x_1) \rangle = \langle 0.863, 0.106 \rangle$，其中 $\mu_{X_1}(x_1) = 0.863$ 为目标 x_1 对直觉模糊集 X_1 的隶属度，表示对目标 x_1 属于直觉模糊集 X_1 的支持程度为 0.863，$\gamma_{X_1}(x_1) = 0.106$ 为目标 x_1 对直觉模糊集 X_1 的非隶属度，表示对目标 x_1 属于直觉模糊集 X_1 的反对程度为 0.106，$\pi_{X_1}(x_1) = 1 - \mu_{X_1}(x_1) - \gamma_{X_1}(x_1) = 0.031$ 表示目标 x_1 对直觉模糊集 X_1 的犹豫度，表示既不支持也不反对目标 x_1 属于直觉模糊集 X_1 的程度为 0.031。根据这一结果，在识别结束后，可以判定目标 x_1 是弹头的可能性为 0.863，不是弹头的可能性为 0.106，无法判断 x_1 是否为弹头的程度为 0.031。与基于模糊理论的识别方法相比，运用基于 IFPN 的单特征识别方法得出的结果中包含更加丰富的信息，由于增加了非隶属度，其对结果的描述更加清晰全面，因而对目标类别的判断更为准确。

在运用基于 IFPN 的单特征识别方法进行识别的过程中，可以充分利用 Petri 网的并行运算能力，因而可以迅速得出识别结果，该方法可以较好地满足弹道目标识别对实时性要求高的需求。

2. 实验二

根据 9.2.2 节可知，从弹道目标的一维距离像中提取出的特征主要有目标径向长度均值、强散射点数目和径向长度变化周期等。

对本章建立的弹头、重诱饵、轻诱饵和气球四类目标进行仿真实验发现，通过特征提取所得到的四类目标的目标径向长度均值、强散射中心数目和径向长度变化周期总在一定的范围内波动。

根据目标类型以及目标的特征，定义如下直觉模糊集：

（1）在目标论域 X 上，按目标类型定义 4 个直觉模糊集 X_1，X_2，X_3 和 X_4，分别表示弹头、重诱饵、轻诱饵和气球；

（2）在目标径向长度均值论域 L 上，按目标径向长度均值定义 4 个直觉模糊集 L_1，L_2，L_3 和 L_4，分别表示弹头、重诱饵、轻诱饵和气球的目标径向长度均值；

（3）在强散射中心数目论域 m 上，按强散射中心数目定义 4 个直觉模糊集 m_1，m_2，m_3 和 m_4，分别表示弹头、重诱饵、轻诱饵和气球的强散射中心数目；

（4）在径向长度变化周期论域 T 上，按一维像起伏度定义 4 个直觉模糊集 T_1，T_2，T_3 和 T_4，分别表示弹头、重诱饵、轻诱饵和气球的径向长度变化周期。

根据三种目标特征的特点，选取高斯型函数描述径向长度均值和径向长度变化周期，选取梯形函数描述强散射中心数目。

运用实验一中的方法提取基于 HRRP 的目标识别规则库 S_2，S_2 由 40 条规则组成，具体如下：

R_1：IF $L(x) \in L_1$ AND $m(x) \in m_1$ AND $T(x) \in T_1$ THEN $x \in X_1(\lambda_1, \mathrm{CF}_1, \omega_1^1, \omega_1^2, \omega_1^3)$

R_2：IF $L(x) \in L_1$ AND $m(x) \in m_1$ AND $T(x) \in T_2$ THEN $x \in X_1(\lambda_2, \mathrm{CF}_2, \omega_2^1, \omega_2^2, \omega_2^3)$

R_3：IF $L(x) \in L_1$ AND $m(x) \in m_1$ AND $T(x) \in T_3$ THEN $x \in X_1(\lambda_3, \mathrm{CF}_3, \omega_3^1, \omega_3^2, \omega_3^3)$

R_4：IF $L(x) \in L_1$ AND $m(x) \in m_1$ AND $T(x) \in T_4$ THEN $x \in X_1(\lambda_4, \mathrm{CF}_4, \omega_4^1, \omega_4^2, \omega_4^3)$

R_5：IF $L(x) \in L_1$ AND $m(x) \in m_2$ AND $T(x) \in T_1$ THEN $x \in X_1(\lambda_5, \mathrm{CF}_5, \omega_5^1, \omega_5^2, \omega_5^3)$

R_6：IF $L(x) \in L_1$ AND $m(x) \in m_2$ AND $T(x) \in T_2$ THEN $x \in X_2(\lambda_6, \mathrm{CF}_6, \omega_6^1, \omega_6^2, \omega_6^3)$

R_7：IF $L(x) \in L_1$ AND $m(x) \in m_3$ AND $T(x) \in T_1$ THEN $x \in X_1(\lambda_7, \mathrm{CF}_7, \omega_7^1, \omega_7^2, \omega_7^3)$

R_8：IF $L(x) \in L_1$ AND $m(x) \in m_3$ AND $T(x) \in T_3$ THEN $x \in X_3(\lambda_8, \mathrm{CF}_8, \omega_8^1, \omega_8^2, \omega_8^3)$

R_9：IF $L(x) \in L_1$ AND $m(x) \in m_4$ AND $T(x) \in T_1$ THEN $x \in X_1(\lambda_9, \mathrm{CF}_9, \omega_9^1, \omega_9^2, \omega_9^3)$

R_{10}：IF $L(x) \in L_1$ AND $m(x) \in m_4$ AND $T(x) \in T_4$ THEN $x \in X_4(\lambda_{10}, \mathrm{CF}_{10}, \omega_{10}^1, \omega_{10}^2, \omega_{10}^3)$

R_{11}：IF $L(x) \in L_2$ AND $m(x) \in m_1$ AND $T(x) \in T_1$ THEN $x \in X_1(\lambda_{11}, \mathrm{CF}_{11}, \omega_{11}^1, \omega_{11}^1, \omega_{11}^3)$

R_{12}：IF $L(x) \in L_2$ AND $m(x) \in m_1$ AND $T(x) \in T_2$ THEN $x \in X_2(\lambda_{12}, \mathrm{CF}_{12}, \omega_{12}^1, \omega_{12}^2, \omega_{12}^3)$

R_{13}：IF $L(x) \in L_2$ AND $m(x) \in m_2$ AND $T(x) \in T_1$ THEN $x \in X_2(\lambda_{13}, \mathrm{CF}_{13}, \omega_{13}^1, \omega_{13}^2, \omega_{13}^3)$

R_{14}：IF $L(x) \in L_2$ AND $m(x) \in m_2$ AND $T(x) \in T_2$ THEN $x \in X_2(\lambda_{14}, \mathrm{CF}_{14}, \omega_{14}^1, \omega_{14}^2, \omega_{14}^3)$

R_{15}：IF $L(x) \in L_2$ AND $m(x) \in m_2$ AND $T(x) \in T_3$ THEN $x \in X_2(\lambda_{15}, \mathrm{CF}_{15}, \omega_{15}^1, \omega_{15}^2, \omega_{15}^3)$

R_{16}：IF $L(x) \in L_2$ AND $m(x) \in m_2$ AND $T(x) \in T_4$ THEN $x \in X_2(\lambda_{16}, \mathrm{CF}_{16}, \omega_{16}^1, \omega_{16}^2, \omega_{16}^3)$

R_{17}：IF $L(x) \in L_2$ AND $m(x) \in m_3$ AND $T(x) \in T_2$ THEN $x \in X_2(\lambda_{17}, \mathrm{CF}_{17}, \omega_{17}^1, \omega_{17}^2, \omega_{17}^3)$

R_{18}：IF $L(x) \in L_2$ AND $m(x) \in m_3$ AND $T(x) \in T_3$ THEN $x \in X_3(\lambda_{18}, \mathrm{CF}_{18}, \omega_{18}^1, \omega_{18}^2, \omega_{18}^3)$

R_{19}：IF $L(x) \in L_2$ AND $m(x) \in m_4$ AND $T(x) \in T_2$ THEN $x \in X_2(\lambda_{19}, \mathrm{CF}_{19}, \omega_{19}^1, \omega_{19}^2, \omega_{19}^3)$

R_{20}：IF $L(x) \in L_2$ AND $m(x) \in m_4$ AND $T(x) \in T_4$ THEN $x \in X_4(\lambda_{20}, \mathrm{CF}_{20}, \omega_{20}^1, \omega_{20}^2, \omega_{20}^3)$

R_{21}：IF $L(x) \in L_3$ AND $m(x) \in m_1$ AND $T(x) \in T_1$ THEN $x \in X_1(\lambda_{21}, \mathrm{CF}_{21}, \omega_{21}^1, \omega_{21}^2, \omega_{21}^3)$

R_{22}：IF $L(x) \in L_3$ AND $m(x) \in m_1$ AND $T(x) \in T_1$ THEN $x \in X_3(\lambda_{22}, \mathrm{CF}_{22}, \omega_{22}^1, \omega_{22}^2, \omega_{22}^3)$

R_{23}：IF $L(x) \in L_3$ AND $m(x) \in m_2$ AND $T(x) \in T_2$ THEN $x \in X_2(\lambda_{23}, \mathrm{CF}_{23}, \omega_{23}^1, \omega_{23}^2, \omega_{23}^3)$

R_{24}：IF $L(x) \in L_3$ AND $m(x) \in m_2$ AND $T(x) \in T_3$ THEN $x \in X_3(\lambda_{24}, \mathrm{CF}_{24}, \omega_{24}^1, \omega_{24}^2, \omega_{24}^3)$

R_{25}：IF $L(x) \in L_3$ AND $m(x) \in m_3$ AND $T(x) \in T_1$ THEN $x \in X_3(\lambda_{25}, \mathrm{CF}_{25}, \omega_{25}^1, \omega_{25}^2, \omega_{25}^3)$

R_{26}: IF $L(x) \in L_3$ AND $m(x) \in m_3$ AND $T(x) \in T_2$ THEN $x \in X_3 (\lambda_{26}, \mathrm{CF}_{26}, \omega_{26}^1, \omega_{26}^2, \omega_{26}^3)$

R_{27}: IF $L(x) \in L_3$ AND $m(x) \in m_3$ AND $T(x) \in T_3$ THEN $x \in X_3 (\lambda_{27}, \mathrm{CF}_{27}, \omega_{27}^1, \omega_{27}^2, \omega_{27}^3)$

R_{28}: IF $L(x) \in L_3$ AND $m(x) \in m_3$ AND $T(x) \in T_4$ THEN $x \in X_3 (\lambda_{28}, \mathrm{CF}_{28}, \omega_{28}^1, \omega_{28}^2, \omega_{28}^3)$

R_{29}: IF $L(x) \in L_3$ AND $m(x) \in m_4$ AND $T(x) \in T_3$ THEN $x \in X_3 (\lambda_{29}, \mathrm{CF}_{29}, \omega_{29}^1, \omega_{29}^2, \omega_{29}^3)$

R_{30}: IF $L(x) \in L_3$ AND $m(x) \in m_4$ AND $T(x) \in T_4$ THEN $x \in X_4 (\lambda_{30}, \mathrm{CF}_{30}, \omega_{30}^1, \omega_{30}^2, \omega_{30}^3)$

R_{31}: IF $L(x) \in L_4$ AND $m(x) \in m_1$ AND $T(x) \in T_1$ THEN $x \in X_1 (\lambda_{31}, \mathrm{CF}_{31}, \omega_{31}^1, \omega_{31}^2, \omega_{31}^3)$

R_{32}: IF $L(x) \in L_4$ AND $m(x) \in m_1$ AND $T(x) \in T_4$ THEN $x \in X_4 (\lambda_{32}, \mathrm{CF}_{32}, \omega_{32}^1, \omega_{32}^2, \omega_{32}^3)$

R_{33}: IF $L(x) \in L_4$ AND $m(x) \in m_2$ AND $T(x) \in T_2$ THEN $x \in X_2 (\lambda_{33}, \mathrm{CF}_{33}, \omega_{33}^1, \omega_{33}^2, \omega_{33}^3)$

R_{34}: IF $L(x) \in L_4$ AND $m(x) \in m_2$ AND $T(x) \in T_4$ THEN $x \in X_4 (\lambda_{34}, \mathrm{CF}_{34}, \omega_{34}^1, \omega_{34}^2, \omega_{34}^3)$

R_{35}: IF $L(x) \in L_4$ AND $m(x) \in m_3$ AND $T(x) \in T_3$ THEN $x \in X_3 (\lambda_{35}, \mathrm{CF}_{35}, \omega_{35}^1, \omega_{35}^2, \omega_{35}^3)$

R_{36}: IF $L(x) \in L_4$ AND $m(x) \in m_3$ AND $T(x) \in T_4$ THEN $x \in X_4 (\lambda_{36}, \mathrm{CF}_{36}, \omega_{36}^1, \omega_{36}^2, \omega_{36}^3)$

R_{37}: IF $L(x) \in L_4$ AND $m(x) \in m_4$ AND $T(x) \in T_1$ THEN $x \in X_4 (\lambda_{37}, \mathrm{CF}_{37}, \omega_{37}^1, \omega_{37}^2, \omega_{37}^3)$

R_{38}: IF $L(x) \in L_4$ AND $m(x) \in m_4$ AND $T(x) \in T_2$ THEN $x \in X_4 (\lambda_{38}, \mathrm{CF}_{38}, \omega_{38}^1, \omega_{38}^2, \omega_{38}^3)$

R_{39}: IF $L(x) \in L_4$ AND $m(x) \in m_4$ AND $T(x) \in T_3$ THEN $x \in X_4 (\lambda_{39}, \mathrm{CF}_{39}, \omega_{39}^1, \omega_{39}^2, \omega_{39}^3)$

R_{40}: IF $L(x) \in L_4$ AND $m(x) \in m_4$ AND $T(x) \in T_4$ THEN $x \in X_4 (\lambda_{40}, \mathrm{CF}_{40}, \omega_{40}^1, \omega_{40}^2, \omega_{40}^3)$

规则 R_1 的含义是：如果目标 x 的目标径向长度均值 $L(x)$ 属于 L_1（即弹头的径向长度均值范围），强散射中心数目论域 $m(x)$ 属于 m_1（即弹头的强散射中心数目范围）并且径向长度变化周期 $T(x)$ 属于 T_1（即弹头的径向长度变化周期范围），则可以判定目标 x 为弹头。规则库中其余规则的含义类似。

根据第三章中基于 IFPN 的知识表示方法，建立规则库 S_2 的 IFPN 模型，即目标识别模型，如图 9.23 所示。为便于表示模型，图中重复画了部分库所。

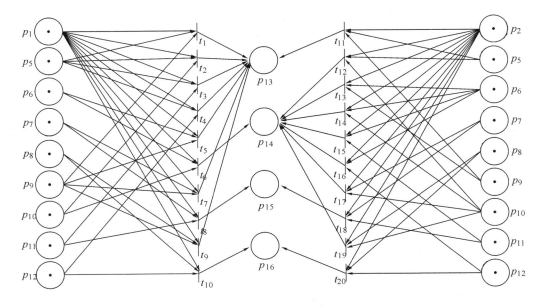

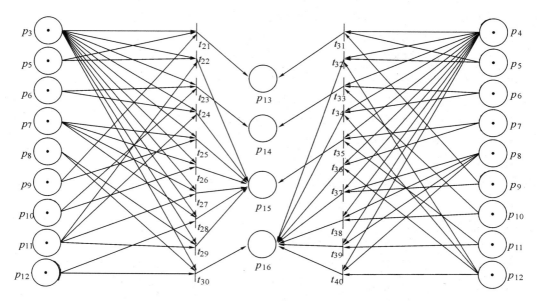

图 9.23 基于 IFPN 的单特征弹道中段目标识别模型

规则中命题的权值可以根据每个特征对判断目标的重要程度设定，本次实验令其都为 1/3，规则阈值可以由领域专家给出。

规则库 S_2 中的各个命题与 IFPN 模型中库所的对应关系如表 9.4 所示。

表 9.4 规则库 S_2 中的各个命题与 IFPN 模型中库所的对应关系

命题	对应库所	命题	对应库所
$L(x) \in L_1$	p_1	$T(x) \in T_1$	p_9
$L(x) \in L_2$	p_2	$T(x) \in T_2$	p_{10}
$L(x) \in L_3$	p_3	$T(x) \in T_3$	p_{11}
$L(x) \in L_4$	p_4	$T(x) \in T_4$	p_{12}
$m(x) \in m_1$	p_5	$x \in X_1$	p_{13}
$m(x) \in m_2$	p_6	$x \in X_2$	p_{14}
$m(x) \in m_3$	p_7	$x \in X_3$	p_{15}
$m(x) \in m_4$	p_8	$x \in X_4$	p_{16}

假设 X 为一个弹道中段目标群，它由四个目标组成，其中 x_1 为弹头，x_2 为重诱饵，x_3 为轻诱饵，x_4 为气球。仿真参数设置与 9.2.2 节相同，特征提取统计窗长度为 10 s，滑动窗长度为 1 s，连续观测 100 s，弹头、重诱饵、轻诱饵以及气球的目标径向长度均值、强散射中心数目和径向长度变化周期变化曲线分别如图 9.24、图 9.25 和图 9.26 所示。

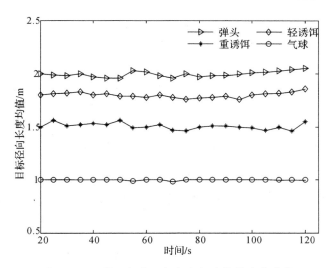

图 9.24 四类目标的目标径向长度均值变化曲线

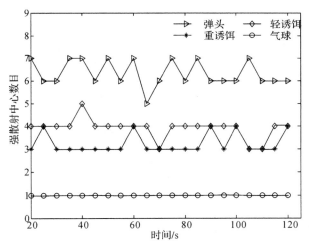

图 9.25 四类目标的强散射中心数目变化曲线

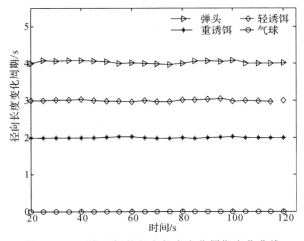

图 9.26 四类目标的径向长度变化周期变化曲线

运用本节提出的方法进行识别，得到弹头、重诱饵、轻诱饵以及气球对直觉模糊集 $X_1 \sim X_4$ 的隶属度和非隶属度变化曲线如图 9.27 所示。

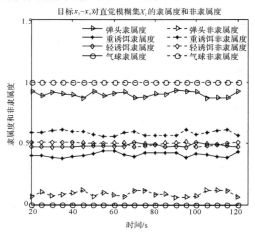

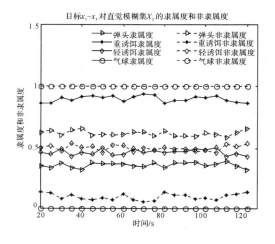

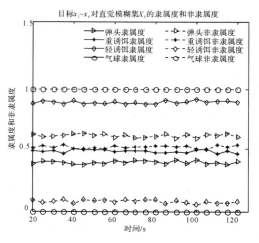

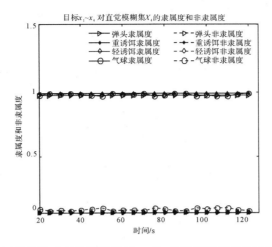

图 9.27 四类目标对直觉模糊集 $X_1 \sim X_4$ 的隶属度和非隶属度变化曲线

由图 9.27 可知，将从弹头、重诱饵、轻诱饵和气球的动态 HRRP 数据中提取的目标径向长度均值、强散射中心数目和径向长度变化周期作为目标识别的数据，运用基于 IFPN 的单特征识别方法可以较为准确地判断各个目标的类别。从图中可以得出如下结论：

（1）目标 x_1 关于直觉模糊集 X_1 的隶属度最大，非隶属度最小；目标 x_2 关于直觉模糊集 X_2 的隶属度最大，非隶属度最小；目标 x_3 关于直觉模糊集 X_3 的隶属度最大，非隶属度最小；目标 x_4 关于直觉模糊集 X_4 的隶属度最大，非隶属度最小。

这说明根据识别结果可以判定，目标 x_1 最有可能是弹头，目标 x_2 最有可能是重诱饵，目标 x_3 最有可能是轻诱饵，目标 x_4 最有可能是气球，识别结果与实际相符。

（2）目标 x_4 关于直觉模糊集 X_1、X_2、X_3 和 X_4 的隶属度最小，非隶属度最大，分别接近 0 和 1，而目标 x_1、x_2、x_3 和 x_4 关于直觉模糊集 X_4 的隶属度最小，非隶属度最大，分别接近 0 和 1，这说明根据识别结果可以很容易地把目标 x_1、x_2、x_3 与 x_4 区分开来，这是因为气球是一个球形结构，在结构上与弹头、重诱饵和轻诱饵存在较大差异，而弹道中段目标的 HRRP 与目标的实际外形之间存在着紧密的联系，所以很容易将气球与其他目标区分开来。

（3）在判断目标 x_1、x_2、x_3 和 x_4 属于直觉模糊集 X_1、X_2 和 X_3 的可能性时，存在误判的可能，这是因为弹头、重诱饵和轻诱饵在结构上具有一定的相似性，这也说明了基于单特征的识别方法不能很好地满足弹道目标识别的要求。

9.4 基于 IFPN 的多特征融合识别方法

9.4.1 基于 IFPN 的多特征融合的弹道目标识别

根据 9.3.3 节的实验结果可知，在弹道目标识别的过程中，由于诱饵与弹头具有一定的相似性，而且诱饵能够模拟弹头的部分特征，所以基于单特征的目标识别方法的识别效果并不十分理想，在某些情况下甚至存在将诱饵识别为真弹头的可能。虽然诱饵能够模拟弹头的部分特征，但是它并不能模拟弹头的所有特征，所以从目标的多个特性中提取不同的特征进行综合识别不仅可以避免基于单特征识别方法的缺点，而且可以综合利用其优点，识别的精度也将大幅提高。为此，本节提出基于 IFPN 的多特征融合的识别方法，其识别流程如图 9.28 所示。

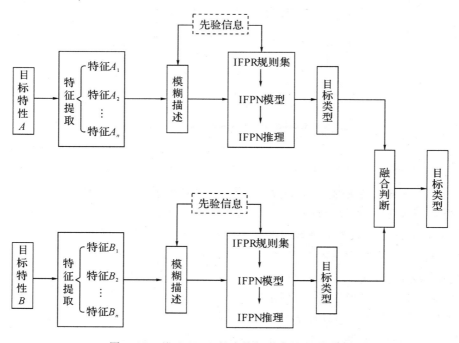

图 9.28 基于 IFPN 的多特征融合的识别流程

从图 9.28 可知，在进行多特征的融合识别前，首先需要针对目标的特性进行特征提取；然后运用基于 IFPN 的单特征识别方法进行识别；最后在得出各个目标关于直觉模糊集 X_1、X_2、X_3 和 X_4 的属性函数后，运用融合判决规则对各个识别结果进行融合，并判断目标类别。

针对识别结果的融合可采用以下融合规则：

假设雷达提供了目标 x_i 的 n 个特性，分别为特性 A_1，A_2，$\cdots$，A_n，首先对其进行特征提取，接着运用基于 IFPN 的单特征目标识别方法推理，并得出的目标 x_i 对目标类别直觉模糊集 X_1、X_2、X_3 和 X_4 的属性函数分别为 $f_{X_1}^{A_1}(x_i)$，$f_{X_2}^{A_1}(x_i)$，$f_{X_3}^{A_1}(x_i)$，$f_{X_4}^{A_1}(x_i)$，$f_{X_1}^{A_2}(x_i)$，$f_{X_2}^{A_2}(x_i)$，$f_{X_3}^{A_2}(x_i)$，$f_{X_4}^{A_2}(x_i)$，$\cdots$，$f_{X_1}^{A_n}(x_i)$，$f_{X_2}^{A_n}(x_i)$，$f_{X_3}^{A_n}(x_i)$，$f_{X_4}^{A_n}(x_i)$，其中根据目标特性 A_i 计算出的目标 x_i 对目标类别直觉模糊集 X_1、X_2、X_3 和 X_4 的属性函数为 $f_{X_1}^{A_i}(x_i)$，$f_{X_2}^{A_i}(x_i)$，$f_{X_3}^{A_i}(x_i)$，$f_{X_4}^{A_i}(x_i)$，即

$$f_{X_1}^{A_i}(x_i) = \langle \mu_{X_1}^{A_i}(x_i), \gamma_{X_1}^{A_i}(x_i) \rangle$$

$$f_{X_2}^{A_i}(x_i) = \langle \mu_{X_2}^{A_i}(x_i), \gamma_{X_2}^{A_i}(x_i) \rangle$$

$$f_{X_3}^{A_i}(x_i) = \langle \mu_{X_3}^{A_i}(x_i), \gamma_{X_3}^{A_i}(x_i) \rangle$$

$$f_{X_4}^{A_i}(x_i) = \langle \mu_{X_4}^{A_i}(x_i), \gamma_{X_4}^{A_i}(x_i) \rangle$$

经过融合后，目标 x_i 对直觉模糊集 X_1、X_2、X_3 和 X_4 的属性函数分别为

$$f_{X_1}(x_i) = \langle \mu_{X_1}(x_i), \gamma_{X_1}(x_i) \rangle = \max\{f_{X_1}^{A_1}(x_i), f_{X_1}^{A_2}(x_i), \cdots, f_{X_1}^{A_n}(x_i)\}$$

$$f_{X_2}(x_i) = \langle \mu_{X_2}(x_i), \gamma_{X_2}(x_i) \rangle = \max\{f_{X_2}^{A_1}(x_i), f_{X_2}^{A_2}(x_i), \cdots, f_{X_2}^{A_n}(x_i)\}$$

$$f_{X_3}(x_i) = \langle \mu_{X_3}(x_i), \gamma_{X_3}(x_i) \rangle = \max\{f_{X_3}^{A_1}(x_i), f_{X_3}^{A_2}(x_i), \cdots, f_{X_3}^{A_n}(x_i)\}$$

$$f_{X_4}(x_i) = \langle \mu_{X_4}(x_i), \gamma_{X_4}(x_i) \rangle = \max\{f_{X_4}^{A_1}(x_i), f_{X_4}^{A_2}(x_i), \cdots, f_{X_4}^{A_n}(x_i)\}$$

(9.19)

其中

$$\begin{cases} \mu_{X_1}(x_i) = \max\{\mu_{X_1}^{A_1}(x_i), \mu_{X_1}^{A_2}(x_i), \cdots, \mu_{X_1}^{A_n}(x_i)\} \\ \gamma_{X_1}(x_i) = \min\{\gamma_{X_1}^{A_1}(x_i), \gamma_{X_1}^{A_2}(x_i), \cdots, \gamma_{X_1}^{A_n}(x_i)\} \end{cases}$$

$$\begin{cases} \mu_{X_2}(x_i) = \max\{\mu_{X_2}^{A_1}(x_i), \mu_{X_2}^{A_2}(x_i), \cdots, \mu_{X_2}^{A_n}(x_i)\} \\ \gamma_{X_2}(x_i) = \min\{\gamma_{X_2}^{A_1}(x_i), \gamma_{X_2}^{A_2}(x_i), \cdots, \gamma_{X_2}^{A_n}(x_i)\} \end{cases}$$

$$\begin{cases} \mu_{X_3}(x_i) = \max\{\mu_{X_3}^{A_1}(x_i), \mu_{X_3}^{A_2}(x_i), \cdots, \mu_{X_3}^{A_n}(x_i)\} \\ \gamma_{X_3}(x_i) = \min\{\gamma_{X_3}^{A_1}(x_i), \gamma_{X_3}^{A_2}(x_i), \cdots, \gamma_{X_3}^{A_n}(x_i)\} \end{cases}$$

$$\begin{cases} \mu_{X_4}(x_i) = \max\{\mu_{X_4}^{A_1}(x_i), \mu_{X_4}^{A_2}(x_i), \cdots, \mu_{X_4}^{A_n}(x_i)\} \\ \gamma_{X_4}(x_i) = \min\{\gamma_{X_4}^{A_1}(x_i), \gamma_{X_4}^{A_2}(x_i), \cdots, \gamma_{X_4}^{A_n}(x_i)\} \end{cases}$$

9.4.2　连续识别融合

在根据多特征融合识别方法计算出目标 x_i 对直觉模糊集 X_1、X_2、X_3 和 X_4 的属性函数后，需要对目标类别进行排序并对目标类别进行判断。

（1）目标类别的排序规则。

在计算出目标 x_i 对直觉模糊集 X_1、X_2、X_3 和 X_4 的隶属度和非隶属度后，记

$$f_{X_1}(x_i) = \langle \mu_{X_1}(x_i), \gamma_{X_1}(x_i) \rangle$$

$$f_{X_2}(x_i) = \langle \mu_{X_2}(x_i), \gamma_{X_2}(x_i) \rangle$$

$$f_{X_3}(x_i) = \langle \mu_{X_3}(x_i), \gamma_{X_3}(x_i) \rangle$$

$$f_{X_4}(x_i) = \langle \mu_{X_4}(x_i), \gamma_{X_4}(x_i) \rangle$$

分别求出其记分函数和精确函数，并根据 2.1 节中的直觉模糊数大小的判定规则判定其大小。

假设 $f_{X_j}(x_i) = \max\{f_{X_1}(x_i), f_{X_2}(x_i), f_{X_3}(x_i), f_{X_4}(x_i)\}$，可判定 x_i 最有可能属于直觉模糊集 X_j，即目标 x_i 为直觉模糊集 X_j 所定义的目标类别的可能性最大；

假设 $f_{X_k}(x_i) = \min\{f_{X_1}(x_i), f_{X_2}(x_i), f_{X_3}(x_i), f_{X_4}(x_i)\}$，可判定 x_i 最不可能属于直觉模糊集 X_k，即目标 x_i 为直觉模糊集 X_k 所定义的目标类别的可能性最小。

（2）目标类别的判决规则。

在得出目标的排序后，根据如下规则判断目标的类别：

假设目标 x_i 对直觉模糊集 X_j 的属性函数为 $f_{X_j}(x_i) = \langle \mu_{X_j}(x_i), \gamma_{X_j}(x_i) \rangle$，则可根据下式判断 x_i 是否属于直觉模糊集 X_j，具体为

$$\text{IF} \begin{cases} \mu_{X_j}(x_i) \geqslant \alpha_{X_j} \\ \gamma_{X_j}(x_i) \leqslant \beta_{X_j} \end{cases} \text{THEN } x_i \in X_j$$

$$\text{IF} \begin{cases} \mu_{X_j}(x_i) < \alpha_{X_j} \\ \gamma_{X_j}(x_i) > \beta_{X_j} \end{cases} \text{THEN } x_i \notin X_j \tag{9.20}$$

ELSE refuse classification

其中，$\lambda_{X_j} = \langle \alpha_{X_j}, \beta_{X_j} \rangle$ 为阈值，用来判断目标 x_i 是否属于直觉模糊集 X_j。当 $\langle \mu_{X_j}(x_i), \gamma_{X_j}(x_i) \rangle$ 完全满足阈值时，可判定 x_i 属于直觉模糊集 X_j，即目标 x_i 为直觉模糊集 X_j 所定义的目标类别；当 $\langle \mu_{X_j}(x_i), \gamma_{X_j}(x_i) \rangle$ 完全不满足阈值时，可判定 x_i 不属于直觉模糊集 X_j，即目标 x_i 不是直觉模糊集 X_j 所定义的目标类别；其他情况拒绝判断。

弹道目标识别的准确率决定着反导成功的概率，所以单次识别精度并不能满足反导的需求，为提高识别准确率，需要进行连续多次识别，并将识别结果进行融合。文献[3][6]提出一种较好的连续识别融合原则，并将其用于基于多特征的模糊识别方法中，为此本节将这一原则引入到基于 IFPN 的多特征融合识别方法中。

弹道目标的连续识别融合应该遵循以下原则[3][6]：如果第 k 次的识别结果与第 $k-1$ 次一致，那么融合后得到的识别结果的可信度应该比单次高；如果第 k 次的识别结果与第 $k-1$ 次不一致，那么融合后得到的识别结果的可信度应该比单次低。

根据以上原则，本节提出了如下的连续识别融合方法：

首先采用本节提出的基于 IFPN 的多特征融合识别方法进行识别，假设第 k 次识别结束后，得到目标 x_i 对直觉模糊集 X_j 的属性函数为 $f_{X_j}^k(x_i) = \langle \mu_{X_j}^k(x_i), \gamma_{X_j}^k(x_i) \rangle$，而在第 $k-1$ 次融合识别结束后，得到的目标 x_i 对直觉模糊集 X_j 的属性函数为 $f_{X_j}^{k-1}(x_i) = \langle \mu_{X_j}^{k-1}(x_i), \gamma_{X_j}^{k-1}(x_i) \rangle$，且经过第 $k-1$ 次连续识别融合得到的目标 x_i 对直觉模糊集 X_j 的属性函数为 $\overline{f_{X_j}^{k-1}}(x_i) = \langle \overline{\mu_{X_j}^{k-1}}(x_i), \overline{\gamma_{X_j}^{k-1}}(x_i) \rangle$，则第 k 次连续识别融合的结果为 $\overline{f_{X_j}^k}(x_i) = \langle \overline{\mu_{X_j}^k}(x_i), \overline{\gamma_{X_j}^k}(x_i) \rangle$。其中，

$$\overline{\mu_{X_j}^k}(x_i) = \begin{cases} \overline{\mu_{X_j}^{k-1}}(x_i) + \omega_j[1 - \overline{\mu_{X_j}^{k-1}}(x_i)]\mu_{X_j}^k(x_i), & \text{IF} \begin{cases} \overline{\mu_{X_j}^{k-1}}(x_i) \geqslant \alpha_{X_j} \\ \overline{\gamma_{X_j}^{k-1}}(x_i) \leqslant \beta_{X_j} \end{cases} \text{AND} \begin{cases} \mu_{X_j}^k(x_i) \geqslant \alpha_{X_j} \\ \gamma_{X_j}^k(x_i) \leqslant \beta_{X_j} \end{cases} \\ \overline{\mu_{X_j}^{k-1}}(x_i) - \omega_j[1 - \mu_{X_j}^k(x_i)]\overline{\mu_{X_j}^{k-1}}(x_i), & \text{IF} \begin{cases} \overline{\mu_{X_j}^{k-1}}(x_i) < \alpha_{X_j} \\ \overline{\gamma_{X_j}^{k-1}}(x_i) > \beta_{X_j} \end{cases} \text{AND} \begin{cases} \mu_{X_j}^k(x_i) < \alpha_{X_j} \\ \gamma_{X_j}^k(x_i) > \beta_{X_j} \end{cases} \\ \overline{\mu_{X_j}^{k-1}}(x_i) + \mu_{X_j}^k(x_i) - 0.5, & \text{其他} \end{cases}$$

$$\overline{\gamma_{X_j}^k}(x_i) = \begin{cases} \overline{\gamma_{X_j}^{k-1}}(x_i) - \omega_j[1 - \gamma_{X_j}^k(x_i)]\overline{\gamma_{X_j}^{k-1}}(x_i), & \text{IF} \begin{cases} \overline{\mu_{X_j}^{k-1}}(x_i) \geqslant \alpha_{X_j} \\ \overline{\gamma_{X_j}^{k-1}}(x_i) \leqslant \beta_{X_j} \end{cases} \text{AND} \begin{cases} \mu_{X_j}^k(x_i) \geqslant \alpha_{X_j} \\ \gamma_{X_j}^k(x_i) \leqslant \beta_{X_j} \end{cases} \\ \overline{\gamma_{X_j}^{k-1}}(x_i) + \omega_j[1 - \overline{\gamma_{X_j}^{k-1}}(x_i)]\gamma_{X_j}^k(x_i), & \text{IF} \begin{cases} \overline{\mu_{X_j}^{k-1}}(x_i) < \alpha_{X_j} \\ \overline{\gamma_{X_j}^{k-1}}(x_i) > \beta_{X_j} \end{cases} \text{AND} \begin{cases} \mu_{X_j}^k(x_i) < \alpha_{X_j} \\ \gamma_{X_j}^k(x_i) > \beta_{X_j} \end{cases} \\ \overline{\gamma_{X_j}^{k-1}}(x_i) + \gamma_{X_j}^k(x_i) - 0.5, & \text{其他} \end{cases}$$

$\lambda_{X_j} = \langle \alpha_{X_j}, \beta_{X_j} \rangle$ 为阈值，与目标类别判决中的阈值相同，ω_j 为控制收敛速度的权重因子。

9.4.3　实验及分析

建立多特征融合识别规则库 S_4，S_4 由 S_1、S_2 和 S_3 组成，其中 S_3 包含如下规则：

R_{81}：IF $x \in X_1(\text{RCS})$ OR $x \in X_1(\text{HRRP})$ THEN $x \in X_1(\lambda_{81}, \text{CF}_{81})$

R_{82}：IF $x \in X_2(\text{RCS})$ OR $x \in X_2(\text{HRRP})$ THEN $x \in X_2(\lambda_{82}, \text{CF}_{82})$

R_{83}：IF $x \in X_3(\text{RCS})$ OR $x \in X_3(\text{HRRP})$ THEN $x \in X_3(\lambda_{83}, \text{CF}_{83})$

R_{84}：IF $x \in X_4(\text{RCS})$ OR $x \in X_4(\text{HRRP})$ THEN $x \in X_4(\lambda_{84}, \text{CF}_{84})$

规则的阈值以及可信度可由领域专家给出。规则 R_{81} 的含义是：如果基于目标的 RCS 特征判断目标 x 为弹头，或者基于目标的 HRRP 判断目标 x 为弹头，则可以判定目标 x 为弹头。规则库中其余规则的含义类似。

规则库 S_3 中的各个命题与 IFPN 模型中库所的对应关系如表 9.5 所示。

表 9.5　规则库 S_3 中的各个命题与 IFPN 模型中库所的对应关系

命题	对应库所	命题	对应库所
$x \in X_1(\text{RCS})$	p_1	$x \in X_4(\text{RCS})$	p_7
$x \in X_1(\text{HRRP})$	p_2	$x \in X_4(\text{HRRP})$	p_8
$x \in X_2(\text{RCS})$	p_3	$x \in X_1$	p_9
$x \in X_2(\text{HRRP})$	p_4	$x \in X_2$	p_{10}
$x \in X_3(\text{RCS})$	p_5	$x \in X_3$	p_{11}
$x \in X_3(\text{HRRP})$	p_6	$x \in X_4$	p_{12}

基于 IFPN 的多特征融合识别模型如图 9.29 所示，其中规则库 S_1 和 S_2 的模型未画出，可分别参考图 9.18 和图 9.23。

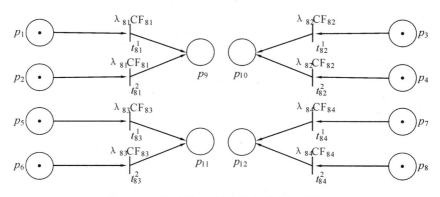

图 9.29　基于 IFPN 的多特征融合识别模型

首先根据 9.3.3 节的识别结果进行多特征融合识别，然后再进行连续识别融合。令阈值 $\lambda_{X_j} = \langle \alpha_{X_j}, \beta_{X_j} \rangle = \langle 0.6, 0.3 \rangle$，权重因子 $\omega_j = 0.3$，连续融合的识别结果如图 9.30 和图 9.31 所示。

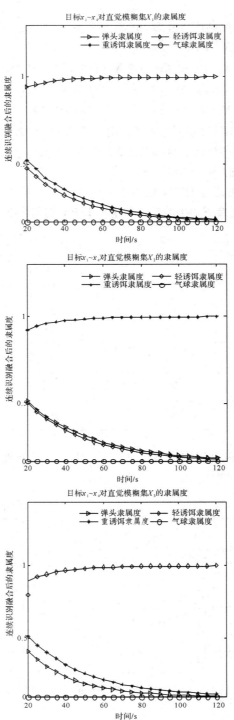

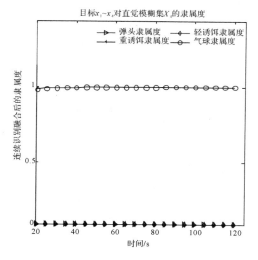

图 9.30 连续识别融合后四类目标对直觉模糊集 $X_1 \sim X_4$ 的隶属度变化曲线

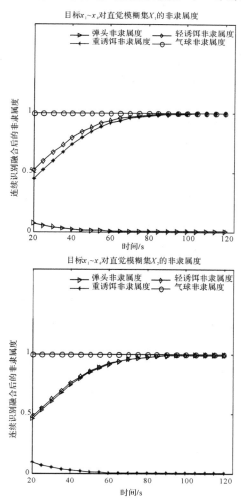

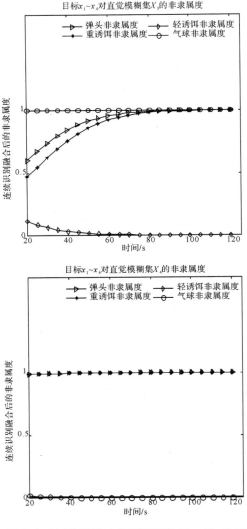

图 9.31　连续识别融合后四类目标对直觉模糊集 $X_1 \sim X_4$ 的非隶属度变化曲线

图 9.30 和图 9.31 分别表示连续识别融合后四类目标对直觉模糊集 $X_1 \sim X_4$ 的隶属度和非隶属度变化曲线。由图 9.30 和图 9.31 可以看出，在经过连续识别融合后：

（1）目标 x_1 对直觉模糊集 X_1 的隶属度迅速上升并逐渐接近于 1，非隶属度迅速下降并逐渐接近于 0，而目标 x_2、x_3 和 x_4 对直觉模糊集 X_1 的隶属度迅速下降并逐渐接近于 0，非隶属度迅速上升并逐渐接近于 1；

（2）目标 x_2 对直觉模糊集 X_2 的隶属度迅速上升并逐渐接近于 1，非隶属度迅速下降并逐渐接近于 0，而目标 x_1、x_3 和 x_4 对直觉模糊集 X_2 的隶属度迅速下降并逐渐接近于 0，非隶属度迅速上升并逐渐接近于 1；

（3）目标 x_3 对直觉模糊集 X_3 的隶属度迅速上升并逐渐接近于 1，非隶属度迅速下降并逐渐接近于 0，而目标 x_1、x_2 和 x_4 对直觉模糊集 X_3 的隶属度迅速下降并逐渐接近于 0，非隶属度迅速上升并逐渐接近于 1；

（4）目标 x_4 对直觉模糊集 X_4 的隶属度迅速上升并逐渐接近于 1，非隶属度迅速下降并逐渐接近于 0，而目标 x_1、x_2 和 x_3 对直觉模糊集 X_4 的隶属度迅速下降并逐渐接近于 0，非隶属度迅速上升并逐渐接近于 1。

根据以上识别结果，可以判定目标 x_1 为弹头，目标 x_2 为重诱饵，目标 x_3 为轻诱饵，目标 x_4 为气球。

与基于单特征的识别方法相比，在采用多特征融合并经过连续识别融合后，不仅能够迅速准确地判定目标的类别，而且可以避免误判的发生。

综上所述，本节提出的基于 IFPN 的多特征融合识别方法具有以下特点：

（1）由于同时利用了目标的多个特征并进行了连续识别融合，所以可以有效地提高识别的精度，较好地满足弹道目标识别对可靠性的需求；

（2）对先验信息的要求较低，只需获知弹道目标各个特征的大概范围即可；

（3）识别算法简洁，而且在目标识别过程中能充分利用 Petri 网的并行运算能力，因此可以迅速得出识别结果，能较好地满足弹道目标识别实时性高的需求；

（4）由于增加了非隶属度，其对结果的描述更加清晰全面，便于决策分析，因而对目标类别的判断更为准确。

本 章 小 结

本章针对弹道目标识别过程中存在的大量不确定性信息，以弹道中段目标为研究对象，将 IFPN 理论引入弹道中段目标识别领域，提出了基于 IFPN 的弹道中段目标识别方法。该方法首先选取中段目标群中的弹头，轻、重诱饵，以及气球作为研究对象，建立了各类目标的模型，并仿真分析了各类目标的特性；其次针对弹道目标识别过程中存在的大量不确定性信息，将 IFPN 理论与弹道目标识别相结合，提出基于 IFPN 的单特征识别方法，并分别运用目标的 RCS 和 HRRP 特征进行了仿真实验；再次针对单特征识别存在精度不高的问题，提出了基于 IFPN 的多特征融合的识别方法；而后分别提出了基于多特征的识别结果融合规则，目标类别的排序规则以及目标类别的判决规则；最后针对单次识别精度不高的问题，提出了连续识别融合方法，并进行了仿真实验。

实验及分析表明基于 IFPN 的弹道中段目标识别方法具有以下优点：对先验信息的要求较低，只需获知弹道目标各个特征的大概范围即可；识别速度快，由于在识别过程中充分利用了 Petri 网的并行运算能力，所以识别速度较快，能较好地满足弹道目标识别实时性高的需求；识别精度高，由于同时综合了目标的多个特征并进行了连续识别融合，所以可以有效地提高识别的精度，能较好地满足弹道目标识别对可靠性的需求；由于增加了非隶属度，识别方法对结果的描述更加清晰全面，便于决策分析，因而对目标类别的判断更为准确。综上所述，该方法为弹道中段目标识别提供了新的解决思路。

参 考 文 献

[1] 周万幸. 弹道导弹雷达目标识别技术[M]. 北京：电子工业出版社，2011.

[2] 范成礼. 中段反导智能辅助决策方法研究[D]. 空军工程大学，2015.

[3] 冯德军. 弹道中段目标雷达识别与评估研究[D]. 长沙：国防科技大学，2006.

[4] 冯德军，丹梅，来庆福，等. 模糊分类树在弹道目标识别中的应用[J]. 导弹与航天运载技术，2010，309(5)：30－33.

[5] 柏仲干，周丰，王国玉，等. 弹道中段目标的融合识别[J]. 系统工程与电子技术，2006，28(9)：1338－1340.

[6] 刘进，冯德军，赵锋，等. 弹道中段雷达目标识别仿真系统的关键模型及实现[J]. 系统仿真学报，2008，20(17)：4588－4592.

[7] 吴瑕，周焰. 模糊传感器与区间型多属性决策的信息融合方法[J]. 宇航学报，2011，32(6)：1409－1415.

[8] 马梁. 弹道中段目标微动特性及综合识别方法[D]. 国防科技大学，2011.

[9] 雷阳，雷英杰，周创明，等. 基于直觉模糊核匹配追踪的目标识别方法[J]. 电子学报，2011，39(6)：1441－1446.

[10] 雷阳，孔韦韦，雷英杰. 基于直觉模糊c均值聚类核匹配追踪的弹道中段目标识别方法[J]. 通信学报，2012，33(11)：136－143.

[11] 郑寇全，雷英杰，王睿. 基于线性 IFTS 的弹道中段目标融合识别方法[J]. 控制与决策，2014，29(6)：1047－1052.

[12] 余晓东，雷英杰，孟飞翔，等. 基于 PS－IFKCM 的弹道中段目标识别方法[J]. 系统工程与电子技术，2015，37(1)：17－23.

[13] 余晓东. 基于直觉模糊核匹配追踪的弹道目标识别方法研究[D]. 空军工程大学，2015.

[14] 范成礼，邢清华，付强，等. 基于直觉模糊核聚类的弹道中段目标识别方法[J]. 系统工程与电子技术，2013，35(7)：1362－1367.

[15] 孟飞翔，雷英杰，余晓东，等. 基于直觉模糊 Petri 网的知识表示和推理[J]. 电子学报，2016，44(1)：77－86.

[16] 周创明，申晓勇，雷英杰. 基于直觉模糊 Petri 网的敌意图识别方法研究[J]. 计算机应用，2009，29(9)：2464－2467.

[17] 张滢，杨任农，邬蒙，等. 直觉模糊 Petri 网的空战战术决策[J]. 计算机工程与应用，2012，48(30)：224－228.

[18] 孙晓玲，王宁. 基于直觉模糊 Petri 网的故障诊断[J]. 计算机工程与科学. 2014，36(9)：1530－1535.

[19] Tanks D R. National missile defense：policy issues and technological capabilities. Washington，SvecConway Priting Inc，2000.

[20] 金光虎. 中段弹道目标 ISAR 成像及物理特性反演技术研究[D]. 长沙：国防科技大学，2009.

［21］　Yuan J，Shi H B，Liu C，et al. Backward Concurrent Reasoning Based on Fuzzy Petri Nets［C］. 2008 IEEE International Conference on Fuzzy Systems，2008：832 － 837.

［22］　郑小亮. 基于地基雷达仿真系统的目标识别技术研究［D］. 电子科技大学，2006.

［23］　刘永祥，黎湘，庄钊文. 空间目标进动特性及在雷达识别中的应用［J］. 自然科学进展，2004，14(11)：1329 － 1332.

［24］　金文彬，刘永祥，任双桥，等. 锥体目标空间进动特性分析及其参数提取［J］. 宇航学报，2004，25(4)：408 － 410.

［25］　马梁. 弹道中段目标微动特性及综合识别方法［D］. 国防科技大学，2011.

［26］　帅玮祎，王晓丹，薛爱军. 基于 FEKO 软件的全极化一维距离像仿真［D］. 弹箭与制导学报，2014，34(5)：173 － 179.

［27］　Hussain M A. HRR，length and velocity decision regions for rapid target identification［C］. Proceedings of SPIE － the International Society for Optical Engineering，1999，3810：40 － 52.

［28］　路艳丽. 直觉模糊粗糙集理论及其在态势评估中的应用研究［D］. 西安：空军工程大学，2008.

［29］　申晓勇. 直觉模糊 Petri 网理论及其在防空 C^4ISR 中的应用研究［D］. 西安：空军工程大学，2010.